EDITION ALCATEL-SEL-STIFTUNG

Springer
Berlin
Heidelberg
New York
Barcelona
Budapest
Hongkong
London
Mailand
Paris
Santa Clara
Singapur
Tokio

Prof. Dr.-Ing. Helmut Schönfelder war 1955-69 in einer Fernseh-Studiogerätefirma als Entwicklungsingenieur und Laborleiter mit den Grundlagen des Farbfernsehens und mit der Entwicklung der ersten PAL-Studios befaßt. Er promovierte 1958 zum Dr.-Ing. an der TH Darmstadt bei Prof. F.W. Gundlach. Ab 1969 Ordinarius an der TU Braunschweig für das Fachgebiet Nachrichtentechnik, widmete er sich in Lehre und Forschung der Qualitätsverbesserung des Farbfernsehens und der Entwicklung neuer Fernsehsysteme.

1975-79 Vorsitzender der Fernseh- und Kinotechnischen Gesellschaft (FKTG), 1986 Ehrenmitglied; 1983-89 Leiter des Fachausschusses 3.1 (Fernsehen und Bildübertragung) der Informationstechnischen Gesellschaft im VDE (ITG); 1990 Fellow der Society of Motion Picture and Television Engineers (SMPTE) in USA; 1988 Richard-Theile-Goldmedaille der FKTG und Verdienstkreuz 1. Klasse des Verdienstordens der Bundesrepublik Deutschland.

Helmut Schönfelder

Fernsehtechnik im Wandel

Technologische Fortschritte verändern die Fernsehwelt

Mit 103 Abbildungen,
davon 14 in Farbe

Springer

Prof.em. Dr.-Ing. Helmut Schönfelder
Technische Universität Braunschweig
Institut für Nachrichtentechnik
Schleinitzstraße 22
D-38092 Braunschweig

ISBN-13:978-3-642-79350-9 e-ISBN-13:978-3-642-79349-3
DOI: 10.1007/978-3-642-79349-3

Die Deutsche Bibliothek-CIP-Einheitsaufnahme
Schönfelder, Helmut: Fernsehtechnik im Wandel: technologische Fortschritte verändern die Fernsehwelt/Helmut Schönfelder.-Berlin; Heidelberg; New York; Barcelona; Budapest; Hongkong; London; Mailand; Paris; Santa Clara; Singapur; Tokio: Springer, 1996
(Edition ALCATEL-SEL-Stiftung)
ISBN-13:978-3-642-79350-9

Softcover reprint of the hardcover 1st edition 1996

Satz: Reproduktionsfertige Vorlage vom Autor
Umschlaggestaltung: Künkel+Lopka, Ilvesheim
Gedruckt auf säurefreiem Papier SPIN 10485202 45/3142 – 5 4 3 2 1 0

Vorwort

Wenn man die technische Entwicklung des Fernsehens analysiert, kann man Stabilisierungsperioden auf dem jeweiligen technologischen Stand beobachten, die meist zu der irrigen Annahme führten, die Entwicklung sei nun abgeschlossen, und man müsse sich mit der erreichten Bildqualität bzw. dem medientechnischen Leistungsstand zufriedengeben. Der jeweils nächste Technologiesprung änderte das stets sofort und löste eine Innovationsflut bei den Fernseh-Fachleuten aus. Während so die Physiker und Technologen die Weiterentwicklungen in der Fernsehtechnik befruchteten, läßt sich bei einigen entscheidenden Fortschritten beobachten, daß geniale Entwickler einfach den Sprung in eine fernsehtechnische Weiterentwicklung wagten und durch den sich abzeichnenden wirtschaftlichen Erfolg die Technologen zu nachträglichen Höchstleistungen zwangen. Natürlich sind diese Vorgänge auch in anderen Disziplinen zu beobachten, aber die durch den Unterhaltungsrundfunk besonders populäre Fernsehtechnik ist vorzüglich geeignet, dieses Zusammenspiel zwischen den technologischen Fortschritten und dem Technikwandel zu zeigen.

Ein solches Thema ließ sich gut einfügen in das 1986 von der SEL-Stiftung an der Universität Stuttgart gegründete "Stiftungskolleg zur Förderung von Forschung und Lehre über Theorie und Anwendung der Kommunikation". So gab man mir im Sommersemester 1994 die Gelegenheit, in einer Vortragsreihe das Thema "Fernsehtechnik im Wandel der Technologien" darzustellen. Daraus entstand das vorliegende Buch, dessen Kapitel den 8 Vortrags-Doppelstunden entsprechen.

Um die Zusammenhänge zwischen den technologischen Fortschritten und den Veränderungen der Fernsehwelt darstellen zu können, werden in den einzelnen Kapiteln, die auch im wesentlichen mit der chronologischen Fernsehentwicklung konform gehen, jeweils die Grundlagen anschaulich erklärt. Dabei wird auf größeren formelmäßigen Aufwand verzichtet, so daß sich auch der technisch interessierte Nichtfachmann über die Entwicklungsschritte der Fernsehtechnik informieren kann.

Fernsehingenieure werden sicher gerne noch einmal die historischen Entwicklungsstufen des eigenen Fachgebietes an sich vorüberziehen lassen. Es wird dabei deutlich, daß jeweils nach Erreichen der betreffenden Technologiestufe geradezu zwangsläufig der nächste Schritt in der Fernsehentwicklung vollzogen wurde.

Das Buch erscheint zu einem Zeitpunkt, da die technologischen Voraussetzungen erreicht wurden, um den wohl größten Schritt in eine zukünftige rein digitale Fernsehwelt zu tun. Die beiden letzten Kapitel beschäftigen sich mit dem neuesten Stand dieser Entwicklung, die das Fernsehen in die Welt der Computer- und Multimedia-Technik zu integrieren gestattet. Es ist sicher interessant zu erkennen, daß dieser letzte große Schritt erst nach Erfahrungen mit der Teildigitalisierung im Studio und Heimempfänger gegangen werden konnte.

Um die für dieses Buch so wichtigen Zusammenhänge zwischen den technologischen Fortschritten und den fernsehtechnischen Weiterentwicklungen zu verdeutlichen, wurden in den Text Kästen mit Erläuterungen zum "Technologischen Hintergrund" eingesetzt. So kann man sich schon beim Durchblättern mit den wichtigsten Entwicklungsschritten vertraut machen.

Eine gute Erläuterung - speziell der Farbfernsehentwicklung - bieten die in den Text eingestreuten Farbfotos. Für diese ausgezeichnete drucktechnische Ausstattung habe ich dem Springer-Verlag zu danken. Großen Anteil an der redaktionellen Umsetzung meines Manuskriptes in die vorliegende Buchform haben insbesondere die Herren *Dr. H. Wössner* und *P. Straßer* vom Springer-Verlag, wofür ich mich sehr bedanke. Ein besonderer Dank geht an Frau *C. Bartz*, die die druckfertige Aufbereitung des Textes besorgte, sowie an Frau *S. Sengpiel* für die sorgfältige Anfertigung der Zeichnungen. Herrn *Prof. U. Reimers*, TU Braunschweig, danke ich für die kritische Durchsicht der beiden Kapitel 7 und 8.

Für die Überlassung je eines Fotos in Bild 3.16 und auf der Titelseite danke ich Herrn *G. Schaas* von der Firma Loewe Opta GmbH in Kronach, für das Bild 4.23 Herrn *H.-W. Kalb* vom Süddeutschen Rundfunk Stuttgart, für Bild 4.24 Herrn *Klemmer* von der Firma BTS in Griesheim und für das Bild 6.10 Herrn *Prof. G. Mahler*, ehemals HHI Berlin.

Nicht zuletzt sei ein Dankeschön den Herren *Prof. G. Zeidler, P. Landsberg, Prof. J. Mittelstraß* und *Dr. D. Klumpp* sowie der SEL-Stiftung gesagt für die Förderung dieses Buches durch die Herausgabe im Rahmen der Edition Alcatel-SEL-Stiftung und schließlich auch meinem Kollegen Herrn *Prof. W. Kaiser*, Stuttgart, für die Ermunterung, das vorliegende Buch zu schreiben.

Bad Harzburg, Februar 1996 H. Schönfelder

Inhaltsverzeichnis

1 Die Anfänge der Bewegtbildübertragung – Verknüpfungen mit der technologischen Weiterentwicklung

Schon bei den allerersten Versuchen, optische Bilder elektronisch zu übertragen, zeigte sich in aller Deutlichkeit, wie stark die Realisierung eines Nachrichten-Übertragungssystems und dessen Verbesserungen vom jeweiligen technologischen Entwicklungsstand abhängig sind. Telegrafie-Verfahren konnten bereits gegen Ende des 18. Jahrhunderts entwickelt werden, da die Kennzeichnung alphanumerischer Zeichen mit den einfachsten elektronischen Mitteln möglich war [1]. Telefonsysteme waren dagegen erst ab Mitte des vorigen Jahrhunderts realisierbar, nachdem *Philipp Reis* 1861 die ersten elektroakustischen Wandler demonstriert hatte.

Für die elektronische Übertragung von Bildern mußte dagegen zunächst die ungleich schwierigere Aufgabe der elektrooptischen Wandlung gelöst werden. Hierzu bedurfte es des Zusammenwirkens mehrerer Fachdisziplinen: Lichttechnik, Optik, Elektronenoptik, Photonik, Festkörperphysik und Chemie. Erst Anfang der zwanziger Jahre standen die entsprechend leistungsfähigen Photozellen mit Elektronenvervielfacher zur Verfügung, so daß die ersten Faksimile-Übertragungseinrichtungen ("Bildtelegraphie") entwickelt werden konnten [2].

Die Übertragung von Bewegtbildern erfordert allerdings so schnelle Abtastvorgänge, daß die dann sehr geringen Ausgangsströme der Photozelle noch zusätzlich verstärkt werden müssen. Die bereits 1906 von dem österreichischen Physiker *Robert von Lieben* zum Patent angemeldete *"Lieben-Röhre"* war in den zwanziger Jahren soweit weiterentwikkelt, daß Ende dieses Jahrzehnts mit den ersten Fernseh-Übertragungsversuchen begonnen werden konnte [2].

1.1 Quantisierung der Bildvorlage

Die besondere Problematik einer Bildübertragung liegt darin, daß es sich – im Gegensatz zu der eindimensionalen Sprachübertragung (nur mit dem einen Parameter Schalldruck) – um ein zweidimensionales Übertragungsverfahren handelt. Es muß nämlich nicht nur die Luminanzinformation (bei Farbübertragung auch die Chrominanz) eines jeden Bildpunktes auf die Wiedergabeseite übermittelt werden, sondern auch dessen Position.

Eine erste zulässige Informationsreduktion besteht nun darin, daß man benachbarte Bildpunkte zu quadratischen Bildelementen zusammenfaßt. Wie in ***Bild 1.1*** dargestellt, würde eine zu grobe Quantisierung die – als Beispiel für ein alphanumerisches Zeichen dargestellte – "2" mit treppen- und kantenförmigen Konturen wiedergeben, was man als "Quantisierungsfehler" bezeichnet. Diese Fehler lassen sich weitgehend vermeiden, wenn man sich mit der Größe des Bildelementes an den Winkel der Grenzauflösung des Auges $\delta = 1{,}5'$ anpaßt.

Man nennt diese Informationsreduktion dann "Irrelevanzreduktion", weil nur die für das Auge irrelevanten Anteile aus dem Bildinhalt entfernt werden. Da der Übertragungsaufwand mit der Zahl der Bildelemente steigt, ist es wichtig, daß die Größe des Bildelementes an die Auflösung

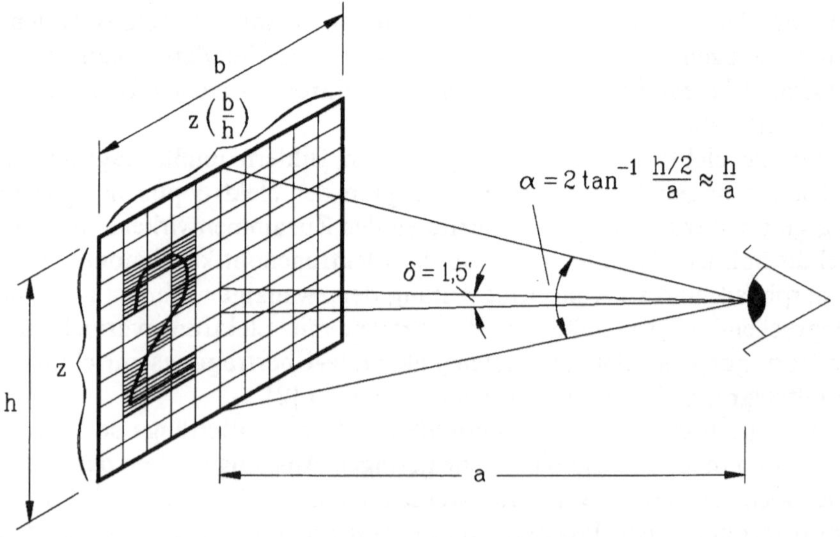

Bild 1.1: Abschätzung der Bildelementenzahl bei quantisierter Bildvorlage

des Auges – beschrieben durch den Winkel der Grenzauflösung δ – angepaßt wird.

Man bezieht sich nach *Bild 1.1* auf einen festgelegten Betrachtungsabstand a, der etwa 4mal Bildhöhe h betragen soll, so daß sich ein Betrachtungswinkel

$$\alpha = 2\tan^{-1}\frac{h/2}{a} \tag{1.1}$$

$$= 2\tan^{-1} 0{,}125 \approx 15°$$

ergibt. Um die Zahl der mindestens notwendigen vertikalen Bildelemente näherungsweise zu ermitteln, muß nun lediglich festgestellt werden, wie oft der Winkel der Grenzauflösung des Auges δ im Betrachtungswinkel α enthalten ist:

$$z_{min} \approx \frac{\alpha}{\delta} = \frac{15°}{1{,}5'/60} = 600\,. \tag{1.2}$$

Bei einem Seitenverhältnis von b/h = 4/3 ergibt sich dann eine gesamte Bildpunktzahl von:

$$\rho = z \cdot z\left(\frac{b}{h}\right) = z^2\left(\frac{b}{h}\right) \tag{1.3}$$

$$= 600^2 \cdot \frac{4}{3} = 480 \cdot 10^3.$$

Das zweidimensionale Übertragungsproblem bei der Bildübermittlung äußert sich nun darin, daß man den Luminanzwert (bei Farbübertragung auch den Chrominanzwert) jedes Bildelementes auf die Wiedergabeseite übertragen müßte, was $\rho = 480 \cdot 10^3$ Übertragungskanäle erfordern würde. Die Anwendung einer Frequenzmultiplex-Technik für die gleichzeitige Übermittlung aller Bildelement-Informationen müßte zu einer fast unlösbaren Aufgabe führen [3, Abschn. 1.3.2]. Praktisch seit Beginn von Bildübertragungsversuchen hat man sich daher für eine sequentielle Übermittlung der Bildelement-Informationen entschieden. Dazu bedarf es eines Abtastvorganges, um die im Bild parallel existierenden Bildpunkte in eine serielle Bildpunktinformation umsetzen zu können (Parallel/Seriell-Wandler).

1.2 Serielle Übertragung durch Bildabtastung

In *Bild 1.2* ist das Prinzip des bildpunktsequentiellen Abtastvorgangs zunächst ganz allgemein dargestellt. Man hat sich schon in den Pionierzeiten des Fernsehens für die zeilenweise Abtastung entschieden, weil dann die Synchronisieraufgaben einfach zu lösen sind und eine Korrelation zwischen benachbarten Bildelementen besteht, so daß eine Dekorrelation ("Aperturentzerrung" = Bildschärfeverbesserung; siehe Abschn. 3.2) mit einfachen Filtertechniken möglich ist.

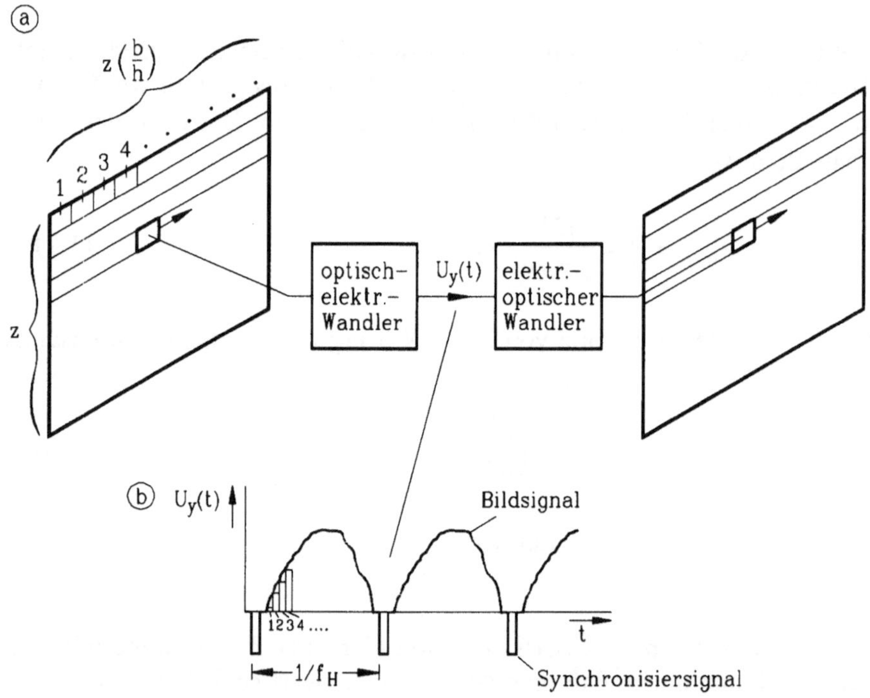

Bild 1.2: Sequentielle Übertragung der Bildelement-Informationen
a) Zeilenweise Abtastung
b) Zeilenoszillogramm des übertragenen Fernsehsignals

Die zeilenweise über die Bildvorlage nach *Bild 1.2a* geführte Blende - in der Größe des gewünschten Bildelementes - erfaßt die einzelnen Bildpunktinformationen seriell, so daß sich nach der optisch-elektrischen Wandlung der in *Bild 1.2b* beispielhaft gezeigte Zeitverlauf des Bildsignals ergibt. Am Ende jeder Zeile wird ein Synchronisiersignal eingefügt, das auch der Wiedergabeseite meldet, wann die Blende an den linken Bildrand zurückspringen muß. Nach Ablauf eines Bildes meldet ein vertikales Synchronisiersignal der Aufnahme- und Wiedergabeseite, daß die beiden Blenden vom rechten unteren zum linken oberen Bildrand zurückspringen müssen. Auf diese Weise sind Aufnahme- und Wiedergaberaster synchron.

Auf der Wiedergabeseite wird also das Bild aus zeilenweise hintereinander aufleuchtenden Bildpunkten zusammengesetzt (Seriell/Parallel-Wandler). Das gelingt aber nur dann ideal, wenn hierfür ein Bildspeicher zur Verfügung steht, wie z.B. die Hard-Copy-Aufzeichnung auf Papier bei der Faksimile-Übertragung [3, Abschn. 6.1] oder bei dem in Abschnitt 3.4 dieses Buches beschriebenen modernen digitalen Fernsehempfänger mit Bildspeicher. In den Pionierjahren des Fernsehens (20er bis 50er Jahre) gab es noch keinerlei Bildspeicher-Technologien. Für die Zusammensetzung des Wiedergabebildes aus den hintereinander aufleuchtenden Bildpunkten müssen dann die Trägheitseffekte des Auges ("Visionspersistenz") genutzt werden. Diese zeitliche Integrationswirkung des Sehvorgangs reicht aber bei der üblichen Bildfrequenz von 25 Hz (angepaßt an die 24 Bilder/s beim Kinofilm) nicht aus, so daß erhebliche Flimmereffekte auftreten. Erst nach dem Übergang von der mechanischen zur elektrischen Abtastmethode konnte das auch heute noch angewandte "Zeilensprungverfahren" (Abschn. 1.6) eingeführt werden, das den Bildflimmereffekt wesentlich reduziert.

1.3 Elektromechanische Abtastung

Als man Ende der zwanziger Jahre mit Fernsehversuchen begann, standen noch keine elektronischen Abtastverfahren zur Verfügung. Der technologische Stand entsprach dem der elektromechanischen Faksimile-Übertragungstechnik, und das waren rein mechanische Abtastverfahren mit Nipkow-Scheibe, Spiegelrad, Spiegelschraube oder Trommelabtastung [2]. Für die Bewegtbildübertragung eignete sich vor allem die Nipkow-Scheibe, die bereits 1884 von *Paul Nipkow* zum Patent angemeldet wurde. ***Bild 1.3a*** zeigt das Prinzip. Die auf einer Spirale angebrachten Löcher schreiben während einer Umdrehung der Scheibe hintereinander auf der Bildbühne die einzelnen Zeilen. Auf der Bildvorlage entsteht ein wandernder Lichtpunkt. Das reflektierte Licht ist mit dem Bildinhalt moduliert und wird mittels einer Fotozelle in das Bildsignal umgewandelt. Dieses Verfahren wird häufig auch für transparente

Vorlagen – z.B. für die Filmabtastung – eingesetzt und heißt dann "flying-spot"- oder "Lichtpunkt"-Abtaster. Auch im Empfänger wurde nach ***Bild 1.3b*** zunächst eine Nipkow-Scheibe eingesetzt, die natürlich mit der senderseitigen Scheibe synchronisiert sein mußte. Davor war eine Flächenglimmlampe angeordnet, deren Leuchtfläche etwa die Größe der Bildbühne auf der Nipkow-Scheibe hatte und deren Helligkeit im Rhythmus des Bildsignals schwankte. Das Bild war allerdings so klein, daß es mit einer Lupe betrachtet werden mußte. ***Bild 1.4*** zeigt ein Foto dieses ersten Fernsehempfängers auf der Berliner Funkausstellung 1928. Man sieht deutlich die 9 x 12 cm große Lupe.

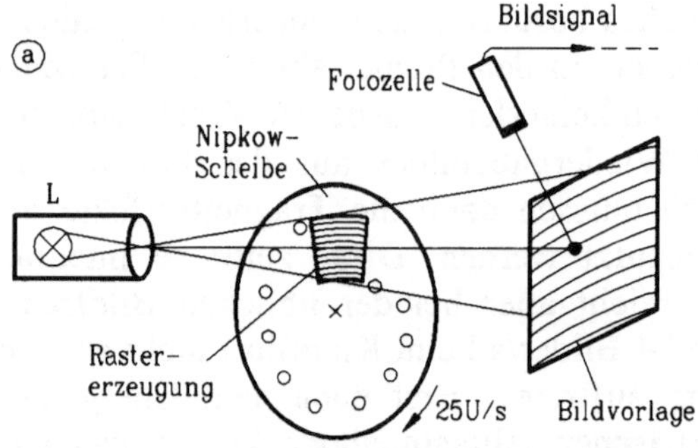

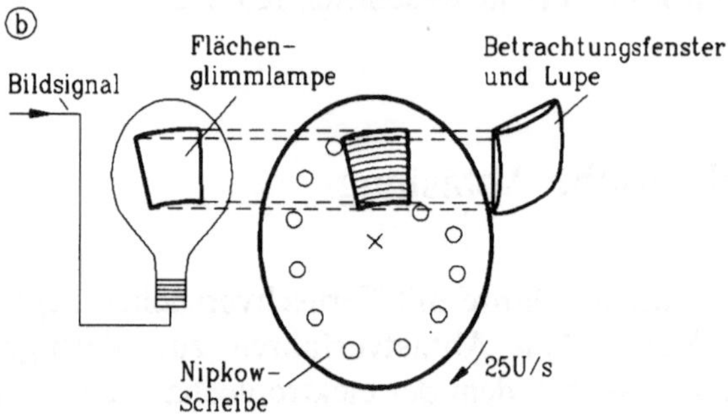

Bild 1.3: Mechanische Bildabtastung mit Nipkowscheibe
(a) Senderseite, (b) Empfängerseite

Die Zeit der mechanischen Bildschreibtechnik war aber auf der Empfängerseite schon bald zu Ende. Die Braunsche Röhre war ja zu jener Zeit in der Oszillographentechnik bereits eingeführt, so daß der Gedanke nahelag, diese Röhre auch für die Fernseh-Bildwiedergabe zu verwenden. Ein großer Vorteil war die rein elektronische Erzeugung des Rasters. ***Bild 1.5*** zeigt den auf der Berliner Funkausstellung 1932 von

Bild 1.4: Erster Fernsehempfänger der *Fernseh AG*, Berlin, mit Nipkow-Scheibe (1928)

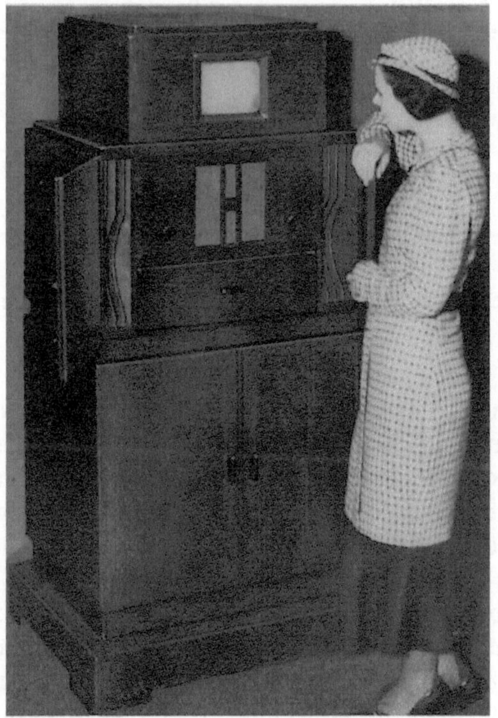

Bild 1.5: Erster Fernsehempfänger FE 1 der *Telefunken AG*

Telefunken erstmals präsentierten Fernsehempfänger FE 1 mit einer Braunschen Röhre. Als man später die Geometrieverzerrungen bei Bildröhren mit Weitwinkelablenkung (kurzer Röhrenhals) beherrschen lernte, konnten auch größere Bildschirme realisiert werden.

1.4 Zeilenzahl und Bandbreite

Die Darbietung der ersten Fernsehbilder auf der Berliner Funkausstellung 1928 erfolgte mit nur 30 Zeilen. Ein Grund für diese geringe Zeilenzahl war der unzureichende technologische Stand bei der Nipkowscheiben-Herstellung, der nur 30 Lichtöffnungen mit relativ großem Durchmesser zuließ. Nach der ***Tabelle 1.1*** war es durch Verfeinerung der Nipkowscheiben-Technologie 1931 möglich, die Fernsehabtastung auf 90 Zeilen und 1934 auf 180 Zeilen anzuheben.

Jahr	**z**	**b/h**	ρ	f_B	f'_{gr}
1928	30	1	900	10 Hz	4,5 kHz
1931	90	4/3	10 800	25 Hz	135 kHz
1934	180	4/3	43 000	25 Hz	540 kHz
1937	441	4/3	260 000	25 Hz	3,25 MHz
1952	625	4/3	520 000	25 Hz	6,50 MHz

Tabelle 1.1: Chronologische Entwicklung von Zeilenzahl und Bandbreite

Wie sehr die Erhöhung der Zeilenzahl zur Verbesserung der Bildqualität beitrug, sieht man an ***Bild 1.6*** mit den für die mechanische Abtastung typischen bogenförmigen Zeilen. Die Bildschärfe nimmt mit zunehmender Verfeinerung des Abtastvorganges zu, gleichzeitig nehmen die an diagonalen Bilddetails (siehe Brückenbogen) auftretenden Treppenstrukturen merklich ab [4]. Sie sind – wie auch bereits in *Bild 1.1* gezeigt wurde – eine Folge des zu groben Abtastrasters wegen zu geringer Zeilenzahl. In einer modernen Interpretation spricht man bei der zeilenweisen Zerlegung von einem Abtastvorgang mit Zeilenfrequenz (vergl. *Bild 1.7*), so daß man die auftretenden Treppenstrukturen auch als Aliasfehler durch zu geringe Abtastfrequenz bezeichnen kann.

Bild 1.6: Fernsehbilder von einem mechanischen Abtaster (mit Nipkow-Scheibe)
Oben: 30 Zeilen, Mitte: 60 Zeilen, Unten: 180 Zeilen

Die mit der Zeilenzahl nach *Bild 1.6* zunehmende Bildschärfe hat ihren Preis in dem Anwachsen des Übertragungsaufwandes. Er wird beschrieben durch die erforderliche Frequenzbandbreite. Diese Bandbreite berechnet sich mit der Bildpunktzahl ρ nach Gleichung (1.3) und der Bildfrequenz f_B zu:

$$f'_{gr} = \frac{\rho / 2}{1 / f_B}. \qquad (1.4)$$

Dabei ist f'_{gr} die höchste für die Bildübertragung benötigte Frequenz (= Bandbreite). Sie entsteht dann, wenn die Bildpunkte der Vorlage nach *Bild 1.1* abwechselnd schwarz und weiß sind (Mosaikmuster!). Da zu je 2 benachbarten Bildpunkten ein abgetasteter Sinuswechsel gehört, erhält man nach Gleichung (1.4) die höchste abgetastete Frequenz – d.h.

die Bandbreite – aus der halben Bildpunktzahl $\rho/2$ pro Bildperiode $1/f_B$. Setzt man (1.3) in (1.4) ein, dann erhält man die Bandbreiteformel:

$$f'_{gr} = \frac{1}{2} z^2 \left(\frac{b}{h}\right) f_B. \qquad (1.5)$$

Bemerkenswert ist der quadratische Anstieg der Bandbreite mit der Zeilenzahl. Damit wurde der jahrelange Kampf um die höhere Zeilenzahl direkt abhängig von der Sendertechnologie. Im Jahre 1928 stand für die Fernsehübertragung nur der Kurzwellenbereich mit einer Kanalbandbreite 2 · 4,5 kHz zur Verfügung (was allerdings weltweiten Fernsehempfang bedeutet hätte). Man beschränkte sich deshalb auf eine Zeilenzahl von nur $z = 30$ und eine Bildfrequenz von lediglich $f_B =$ 10 Hz, was zwar sehr unscharfe (siehe *Bild 1.6* oben) und stark flimmernde Bilder zur Folge hatte, nach Gleichung (1.5) aber zu der (in *Tabelle 1.1* eingetragenen) gewünschten Hörrundfunk-Bandbreite 4,5 kHz führte.

Mit fortschreitender Erweiterung der Sendertechnik in den Ultrakurzwellenbereich war es dann nach *Tabelle 1.1* möglich, 1931 bereits auf 90 Zeilen und 1934 auf 180 Zeilen überzugehen. Man erkennt an der Spalte ρ, wie sich die nach Gleichung (1.3) ermittelte Bildpunktzahl erhöht, was ja zu der in *Bild 1.6* zu beobachtenden Steigerung der Bildschärfe führt. 180 Zeilen war dann auch die Norm, mit der auf der Berliner Olympiade 1936 die ersten Fernsehübertragungen durchgeführt wurden. Die damals erreichte Bildqualität zeigen die beiden unteren Schirmbildaufnahmen in *Bild 1.6*.

In Spalte f'_{gr} von *Tabelle 1.1* erkennt man den Preis für diese Bildschärfeverbesserung durch höhere Zeilenzahl: Die Zunahme der nach Gleichung (1.4) bzw. (1.5) ermittelten Übertragungsbandbreite, die in den dreißiger Jahren nur durch die neue Ultrakurzwellentechnik realisiert werden konnte.

Für den Gebrauch der Bandbreiteformel (1.5) in der Praxis kommen noch zwei Korrekturfaktoren hinzu. Der erste berücksichtigt die Austastlücken in der Horizontalen des Bildes $\Delta T_H/T_H$ = 19 % und in der Vertikalen des Bildes $\Delta T_B/T_B$ = 8 %. Sie sind für den Rücklauf an den jeweiligen Bildanfang beim Abtasten erforderlich und berücksichtigen das Einfügen der Synchronisierimpulse nach *Bild 1.2b*. Mit den relativen Austastlücken 19 % und 8 % (CCIR-Norm) ergibt sich für die Bandbreiteformel (1.5) ein Korrekturfaktor [3, Abschn. 1.3.4.1]:

$$\frac{1-\Delta T_B / T_B}{1-\Delta T_H / T_H} = \frac{1-0{,}08}{1-0{,}19} = \frac{0{,}92}{0{,}81} = 1{,}14. \qquad (1.6)$$

Daß die Bandbreite durch die Berücksichtigung der vertikalen Austastlücke ΔT_B reduziert wird, erklärt sich mit der um 0,92 verringerten Zeilenzahl, so daß entsprechend weniger Bildpunkte aufgelöst werden können. Dagegen wird durch die horizontale Austastlücke ΔT_H die Bandbreite vergrößert, da für die Abtastung der horizontalen Bildpunkte eine um den Faktor 0,81 reduzierte Horizontalperiode zur Verfügung steht, was zu entsprechend höheren Videofrequenzen führt.

1.5 Bandbreite mit Kell-Faktor

Der zweite Korrekturfaktor für die Bandbreiteformel (1.5) ergibt sich aus der Tatsache, daß Schwebungsstrukturen entstehen, wenn mit den z Zeilen von *Bild 1.1* ebenso viele Bildpunkte in der Vertikalen des Bildes abgetastet werden sollen. Bereits 1940 wurde dieser Effekt von einem Team bei der *Radio Corporation of America* experimentell untersucht [5]. Nach dem ersten der drei Autoren wurde der damals mit $k = 0{,}64$ gefundene Wert "Kell-Faktor" genannt. Danach durften mit z Zeilen nur $z \cdot 0{,}64$ Bildpunkte übertragen werden, wenn Interferenzstrukturen vermieden werden sollten.

Im Lichte einer modernen Abtasttheorie kann die örtliche Zerlegung der Bildvorlage durch ein Zeilenraster als Abtastvorgang aufgefaßt werden [6]. Es ist dann möglich, die Entstehung von Interferenzen und Schwebungen sowie die Notwendigkeit der Einführung eines Kell-Faktors aus der spektralen Betrachtungsweise von ***Bild 1.7*** abzuleiten.

Ist der örtliche Zeilenabstand in *Bild 1.7a* Y_Z, dann ergibt sich nach ***Bild 1.7c*** als Ortsfrequenz die "Abtastfrequenz" $1/Y_Z$ mit den Oberwellen $2/Y_Z$ usw. Die Helligkeitsverteilung in der Vertikalen des Bildes sei durch den linearen Frequenzgangabfall (1) gekennzeichnet. Dann bilden sich zur Abtastfrequenz und deren Oberwellen die Seitenbänder (2) aus, da das Basisband (1) die Abtastfrequenz $1/Y_Z$ amplitudenmoduliert.

Störende Interferenzeffekte - auch "Aliasfehler" genannt - ließen sich nach der Abtasttheorie vermeiden, wenn vor der Abtastung das Basisband (1) mit einem Tiefpaßfilter TP der Bandbreite $W = 1/2Y_Z$ - also gleich der halben Abtastfrequenz = "Nyquistgrenze" - bandbegrenzt würde. Doch läßt sich solch ein Vorfilter in einer Fernsehkamera nicht realisieren, da es ein optisches Tiefpaßfilter mit zudem noch unendlich steiler Bandbegrenzung sein müßte. Die durch Überschneidung der Seitenbänder auftretenden Interferenzen (in *Bild 1.7c* schraffiert) müssen daher in Kauf genommen werden.

Zusätzlich aber entstehen auch Schwebungsstrukturen durch Überlagerung der nach *Bild 1.7c* in der Nähe der Nyquistgrenze liegenden Frequenzanteile des Basisbandes (1) und des unteren Seitenbandes (2). Diese Störeffekte könnten durch ein Nachfilter in der Kameraelektronik vermieden werden. Im Idealfall müßte das ein steil begrenzendes Tiefpaßfilter mit der Bandgrenze $W = 1/2Y_Z$ (halbe Abtastfrequenz) sein. Wie in ***Bild 1.7d*** dargestellt, würde dieses Tiefpaßfilter TP alle Frequenzanteile des unteren Seitenbandes (2) unterdrücken, so daß die Bildung von Schwebungsfrequenzen vermieden wird. Da es sich jedoch um einen vertikalen Tiefpaß handeln müßte, wäre der Aufwand in der Kameraelektronik zu groß. Die Schwebungsstrukturen müssen daher ebenfalls in Kauf genommen werden.

Um das Auftreten von Frequenzen in der Nähe der Nyquistgrenze demonstrieren zu können, wird nach ***Bild 1.7a*** als Bildvorlage ein Strichraster mit Zeilenbreite – und somit halber Abtastfrequenz = Nyquistgrenze – verwendet. Durch die leichte Schräglage verringert sich die Signalfrequenz etwas, so daß sich die in *Bild 1.7c* stark ausgezogene Linie unterhalb der Nyquistfrequenz $1/2Y_Z$ ergibt. Vergleicht man nun die korrespondierenden Blendenstellungen in benachbarten Zeilen, dann erkennt man unter (I) in *Bild 1.7a*, daß die Blendeninhalte einen Rechteckwechsel mit halber Abtastfrequenz (Nyquistfrequenz) und maximaler Amplitude darstellen. Dagegen ergeben sich in der Position (II) in allen vertikal benachbarten Blendenstellungen gleiche Mittelwerte – also die Amplitude Null des Rechteckwechsels. ***Bild 1.***7b zeigt in Zeilenrichtung (Horizontale x des Bildes) die Amplitudenverteilung der Rechteckwechsel. Es ist exakt die Schwebungsfrequenz. Da sie eine Amplitudenmodulation der vertikal entstehenden Rechteckwechsel bewirkt, erscheint sie im Frequenzspektrum nach *Bild 1.7c* als Differenz der beiden stark ausgezogenen Frequenzlinien in unmittelbarer Nähe der Nyquistgrenze.

Zwar ist der Aufwand für ein vertikales Tiefpaßfilter TP nach *Bild 1.7d* zu groß, jedoch entstehen speziell in der Bildwiedergaberöhre Auflösungsverluste, die sich wie ein Roll-off-Tiefpaß (in *Bild 1.7d* gestrichelt eingezeichnet) auswirken. Er dämpft die obere Frequenzlinie (stark ausgezogen in *Bild 1.7d*) um so mehr, je niedriger die Strichrasterfrequenz gewählt wird, wodurch die Schwebungsstruktur zurückgeht. Das Experiment entscheidet letztlich, welche Anzahl Bildpunkte in der Vertikalen des Bildes gerade noch ohne störende Schwebungsstruktur wiedergegeben werden kann. Der Reduktionsfaktor k gegenüber der Nyquistfrequenz $W = 1/2Y_Z$ ist dann der "Kell-Faktor". Der Bandgrenze W entspricht ein Strichraster von z Zeilen, wobei die schwarzen und

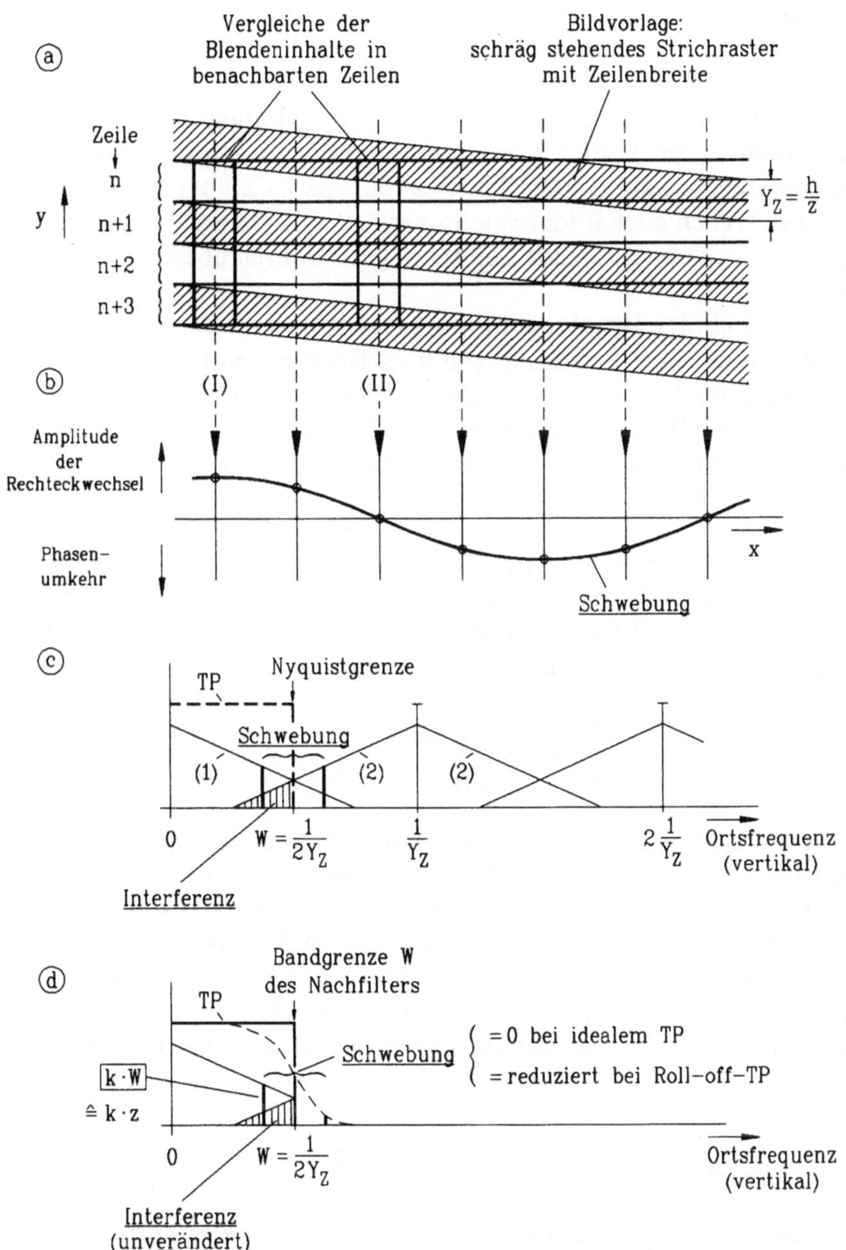

Bild 1.7: Erklärung des Kell-Faktors aus der Abtasttheorie
(a) Zeilenweise Abtastung eines schrägen Strichrasters, (b) Schwebungsverlauf für die Zeilen, c) Interferenz und Schwebung im Spektrum, (d) Nachfilterung vermeidet Schwebung

die weißen Strichrasterlinien zusammengezählt werden. Die gerade noch (ohne sichtbare Schwebungsstruktur) zulässigen Strichrasterlinien oder Bildpunkte k · W entsprechen also k · z.

Das historische Experiment von *Kell et al.* [5] ergab 1940 – wie bereits erwähnt – den Wert k = 0,64. Mit den für das europäische CCIR-Fernsehsystem gewählten 625 Zeilen wären das k · z = 0,64 · 625 = 400 Strichrasterzeilen oder Bildpunkte in vertikaler Richtung des Bildfeldes, die gerade noch ohne störende Schwebungsstrukturen übertragen werden können.

Hinsichtlich der Bandbreiteformel (1.5) wäre nun festzustellen, daß mit z Zeilen nur eine Auflösung von k · z Bildpunkten in der Vertikalen des Bildes genutzt werden kann. Dann ist es aber sinnvoll, auch für die Horizontale des Bildes eine um den gleichen Faktor k reduzierte Auflösung zu wählen, so daß die Bandbreite um diesen Faktor k kleiner gewählt werden kann, was aus Gründen der Übertragungsökonomie zu begrüßen ist.

Berücksichtigt man nun den Korrekturfaktor für die Austastlücken nach Gleichung (1.6) mit 1,14 sowie den in diesem Kapitel ermittelten Kell-Faktor k = 0,67 (für die Europa-Norm von 0,64 auf 0,67 erhöht), dann erweitert sich Gleichung (1.5) wie folgt:

$$f_{gr} = \frac{1}{2} z^2 \left(\frac{b}{h}\right) f_B \cdot \underbrace{1{,}14 \cdot 0{,}67}_{0{,}76} \, . \qquad (1.7)$$

Die nach Gleichung (1.2) für die normalen Betrachtungsverhältnisse nach *Bild 1.1* ermittelten 600 Zeilen wurden - unter Berücksichtigung der vertikalen Austastlücke - für die europäische CCIR-Norm auf z = 625 erhöht. Das Seitenverhältnis wurde b/h = 4:3 (in Anpassung an das frühere Spielfilmformat) und die Bildfrequenz f_B = 25 Hz (in Anpassung an die Filmbildfrequenz 24 Bilder/s) gewählt [3, Abschn. 1.3.4]. Damit ergibt sich für das europäische 625-Zeilen-Fernsehen mit Gleichung (1.7):

$$f_{gr} = \frac{1}{2} 625^2 \left(\frac{4}{3}\right) \cdot 25 \cdot 0{,}76 = 5 \text{ MHz.}$$

In der untersten Zeile von Tafel 1.1 ist diese 1952 eingeführte europäische Fernsehnorm eingetragen, wobei f'_{gr} = 6,5 MHz die noch unkorrigierte Bandbreite darstellt. Unter Berücksichtigung der Austastlücken und des Kell-Faktors reduziert sich die Bandbreite auf f_{gr} = 6,5 MHz · 0,76 = 5 MHz.

1.6 Flimmerreduktion durch Zeilensprung

Wenn die in Abschnitt 1.2 *(Bild 1.2)* beschriebene serielle Übertragung des Bildes über eine Leitung auch bei der Bewegtbildübermittlung des Fernsehens funktionieren soll, dann muß zur geometrischen Integrationswirkung des Auges (Vermeidung der Zeilenstruktur) noch die zeitliche Integrationswirkung hinzukommen. Diese sogenannte "Visionspersistenz" (Nachwirkung) stellt eine leider nur unvollkommene Speicherwirkung des Auges dar und führt daher zu Flimmerstörungen, deren Entstehung man dem ***Bild 1.8a*** entnehmen kann.

In diesem Bild ist der zeitliche Helligkeitsverlauf B_p an einem festen Bildpunkt dargestellt. Bei einer Bildfrequenz von 25 Hz entsteht nach jeweils einer Bildperiode 1/25 s = 40 ms ein Lichtblitz (Impuls in *Bild 1.8a*), wenn der Kathodenstrahl über den betrachteten Bildpunkt läuft. Auf diese Impulsreihe mit 25 Hz Pulsfrequenz reagiert das Auge nach *Bild 1.8a* mit einem Integrationsverlauf. Wegen des unvollkommenen Speichereffektes bleibt jedoch eine 25-Hertz-Helligkeitsschwankung übrig, die vom Betrachter als 25-Hertz-Helligkeitsflimmern wahrgenommen wird.

Diese unzumutbare Flimmerstörung ließe sich reduzieren, wenn nach *Bild 1.8a* bereits nach 20 ms ein weiterer Lichtimpuls (gestrichelt) erzeugt würde. Dann verdoppelt sich die Flimmerfrequenz auf 50 Hz und die Amplitude der Helligkeitsschwankung reduziert sich erheblich. Das würde jedoch auch eine Verdoppelung der Bildfrequenz f_B und damit nach Gleichung (1.7) eine zweifach größere Bandbreite bedeuten. In der Kinotechnik hilft man sich durch einen weiteren Lichtsektor auf der Flügelblende, so daß ein Filmbild während der Bildperiode zweimal projiziert wird [7, Abschn. VB]. In der Fernsehtechnik ließe sich eine ähnliche Lösung realisieren, wenn man im Heimempfänger einen Bildspeicher zur Verfügung hätte. Das bieten jedoch nur die neuesten Digitalen Fernsehempfänger (Abschn. 3.4). In der Anfangszeit des Fernsehens wäre solch eine Lösung aus technologischen Gründen undenkbar gewesen. Damals - in den dreißiger Jahren - löste man das Problem der doppelten Lichtblitzfrequenz ohne Bandbreitenerhöhung durch das sogenannte "Zeilensprung-Verfahren". Bis heute wurde diese - manchmal auch "Zwischenzeilen-Verfahren" genannte - Flimmerreduktionsmethode für den Fernseh-Rundfunk beibehalten.

Das Prinzip des Zeilensprungverfahrens ist in ***Bild 1.8b*** dargestellt [3, Abschn. 1.3.5.2]. Die 7 Zeilen des angenommenen vereinfachten "Modellsystems" werden nicht in einem Vollbild (T_B = 40 ms) unmittelbar aufeinanderfolgend geschrieben ("Progressive Abtastung"), sondern in einem 1. Teilbild die ungeraden Zeilen 1, 3, 5, 7 und nach 20 ms in einem 2. Teilbild die geraden Zeilen 2, 4, 6. Dadurch leuchtet zunächst der beispielhaft angenommene Bildpunkt P auf, wenn der Kathodenstrahl ihn anregt, und nach der Teilbilddauer 20 ms der Bildpunkt P' aus der Nachbarzeile des zweiten Teilbildes. Die im Zeilenabstand benachbarten Bildpunkte P und P' leuchten damit im 50-Hz-Rhythmus auf. Bei normalem Betrachtungsabstand integriert das Auge zwei benachbarte Zeilen (Geometrische Integrationswirkung), so daß die Lichtblitze von der gleichen Stelle des Bildschirms zu kommen scheinen und so das Flimmern mit 50-Hz-Lichtblitzfrequenz erheblich reduziert wird.

Voraussetzung ist allerdings, daß die beiden Bildpunkte P und P' etwa die gleiche Information beinhalten, also zu einer größeren Fläche des Bildinhaltes gehören. Man spricht deshalb davon, daß das "Großflächenflimmern" beseitigt wird. Enthält dagegen das Bild feine Details in der Form horizontaler Kanten, dann wird durch das Zeilensprungverfahren sogar das sogenannte "Kantenflackern" hervorgerufen. Dies entsteht dadurch, daß bei einer horizontalen Kante der Bildpunkt P z.B. zum Weißwert und der Bildpunkt P' zum Schwarzwert gehört, so daß sich beide nicht mehr ergänzen und P mit 25 Hz flackert. Das gilt natürlich dann auch für alle horizontalen Details (Strichrasterlinien und Kanten) und ist der Preis, den man für die Reduktion des Großflächenflimmerns bezahlen muß.

Man kann dieses Verfahren als eine frühe Form der "Nachrichtenreduktion" - heute "Datenreduktion" genannt (Kap. 5) - bezeichnen, wobei es sich um eine reine "Irrelevanzreduktion" handelt. Die Bandbreite wird ja durch das Zeilensprungverfahren quasi wieder halbiert auf den für das progressive Raster mit Gleichung (1.7) ermittelten Wert $f_{gr} = 5$ MHz, während das bei der Bildbetrachtung besonders störende Großflächenflimmern erheblich reduziert werden kann, dafür aber ein weniger störendes Kantenflackern auftritt. Mit dem Zeilensprungverfahren hat man sich also an die Augeneigenschaften besser angepaßt, d.h. man hat nur die für das Auge irrelevanten Anteile reduziert ("Irrelevanzreduktion").

Später in Kapitel 3 wird dann gezeigt, wie es durch die Weiterentwicklung der Halbleitertechnologie möglich wird, in einem Digitalen Fernsehempfänger relativ kostengünstig Bildspeicher einzubauen, die auch das beim Zeilensprungverfahren noch störende Kantenflackern zu beseitigen gestatten und gleichzeitig das Großflächenflimmern ganz vermeiden. Es sei aber noch einmal besonders darauf hingewiesen, daß das - Ende der dreißiger Jahre beim Übergang auf die elektronische Raster-

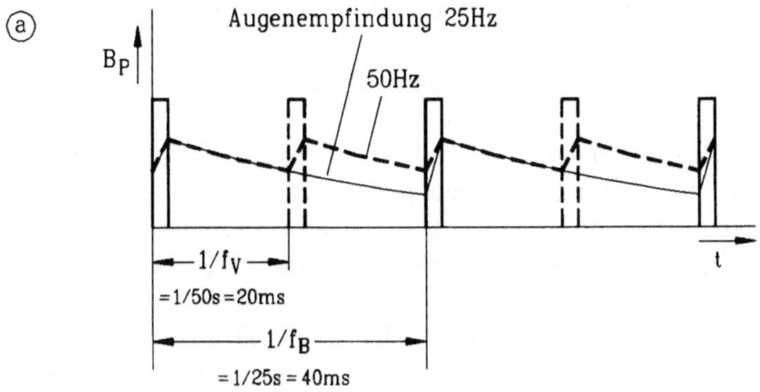

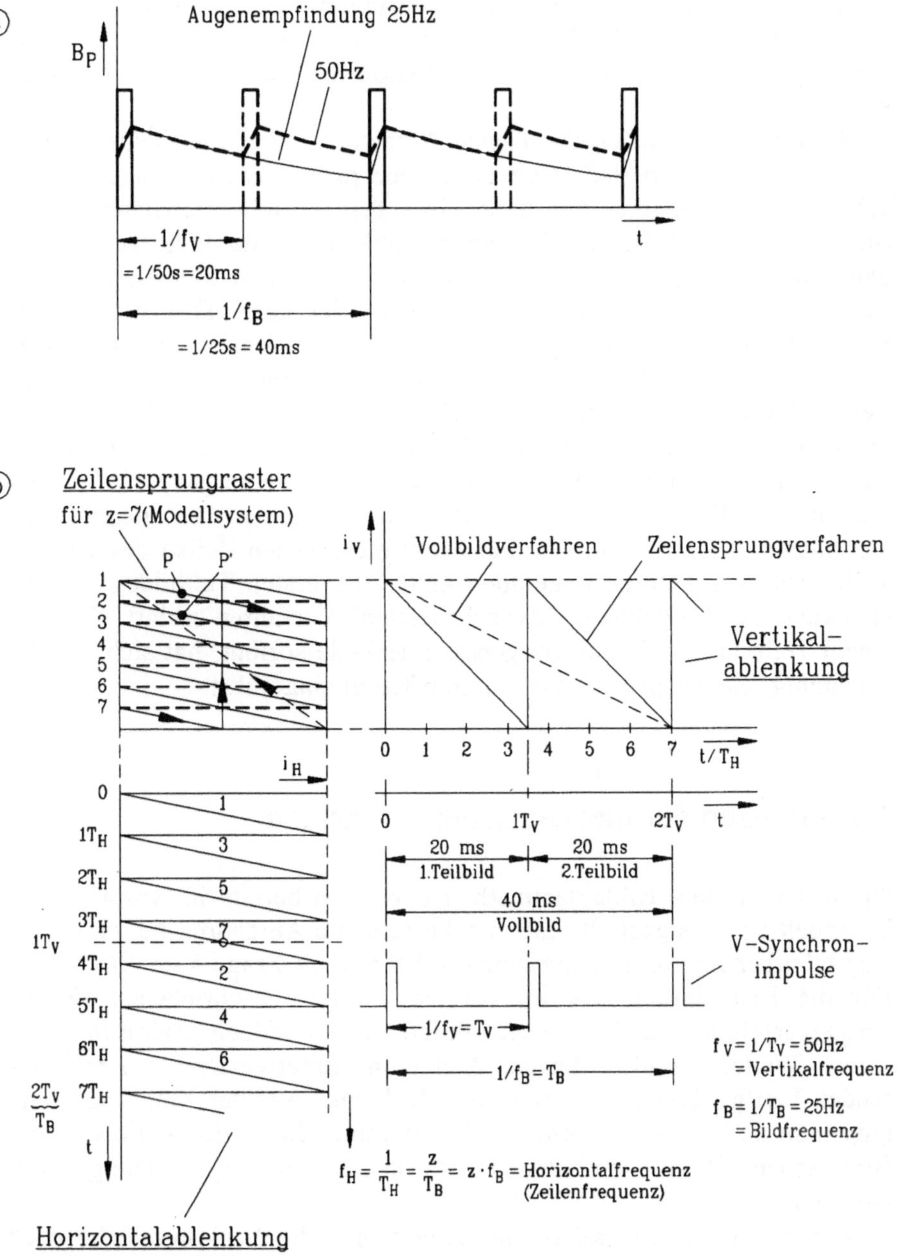

a
Augenempfindung 25Hz
B_P
50Hz
t
1/f_V
=1/50s=20ms
1/f_B
=1/25s=40ms
b
Zeilensprungraster
für z=7(Modellsystem)
P
P'
1
2
3
4
5
6
7
i_V
Vollbildverfahren
Zeilensprungverfahren
Vertikal-
ablenkung
0 1 2 3 4 5 6 7
t/T_H
i_H
0
1T_H
2T_H
3T_H
1T_V
4T_H
5T_H
6T_H
2T_V
T_B
7T_H
t
0
1T_V
2T_V
t
20 ms
1.Teilbild
20 ms
2.Teilbild
40 ms
Vollbild
V-Synchron-
impulse
1/f_V=T_V
1/f_B=T_B
f_V=1/T_V=50Hz
=Vertikalfrequenz
f_B=1/T_B=25Hz
=Bildfrequenz
f_H = 1/T_H = z/T_B = z · f_B = Horizontalfrequenz
(Zeilenfrequenz)
Horizontalablenkung

Bild 1.8: Reduktion des Großflächenflimmerns
a) Entstehung des Großflächenflimmerns
b) Flimmerreduktion durch Zeilensprungverfahren

erzeugung eingeführte – Zeilensprungverfahren als eine mit den damaligen bescheidenen technologischen Möglichkeiten recht geschickt und wirkungsvoll arrangierte Flimmerreduktionsmethode bezeichnet werden kann.

Während sich bei mechanischen Abtastern erhebliche Schwierigkeiten ergeben würden, läßt sich die Zeilensprungmethode bei elektronischer Rastererzeugung mit ganz einfachen Mitteln realisieren. Nach *Bild 1.8b* muß lediglich die Vertikalablenkperiode halbiert werden, damit während eines Vollbildes (40 ms) die Vertikalablenkung in zwei Teilbildern (jeweils 20 ms) durchlaufen werden kann. Die Bildfrequenz f_B = 25 Hz wird also verdoppelt, so daß sich jetzt eine Vertikalfrequenz von $f_v = 2f_B$ = 50 Hz ergibt. Als zweite Bedingung muß eine ungerade Zeilenzahl gewählt werden (z.B. 625 oder 7, wie beim Modellsystem nach *Bild 1.8b*), dann fällt der Ablauf des ersten Teilbildes T_V genau auf eine halbe Zeilendauer des horizontalen Ablenkvorgangs (*Bild 1.8b* links unten). Damit springt der Kathodenstrahl genau in Zeilenmitte an den oberen Bildrand und schreibt exakt die geraden Zeilen des zweiten Teilbildes zwischen die ungeraden Zeilen des ersten Teilbildes, woraus sich auch die Bezeichnung "Zwischenzeilen"-Verfahren erklärt. Da nach einem Teilbild das Raster um genau eine Zeile springt, hat sich die Bezeichnung "Zeilensprung"-Verfahren offiziell eingeführt.

1.7 Grenzen der mechanischen Abtastung

Die mechanischen Bildabtastmethoden wurden bereits in Abschnitt 1.3 behandelt und festgestellt, daß für die schnelle Abtastung bei einer Bewegtbildübertragung nur die Nipkow-Scheibe in Frage kam *(Bild 1.3).* Für die Realisierung des im vorigen Kapitel beschriebenen Zeilensprungverfahrens zur Flimmerreduktion war sie jedoch praktisch ungeeignet. Weiterhin störte die der Abnutzung unterworfene und mit störenden Laufgeräuschen verbundene Mechanik. Auf der Empfängerseite ging man deshalb schon Anfang der dreißiger Jahre durch Einsatz der Braunschen Röhre auf eine elektronische Rastererzeugung über (Abschn. 1.3).

Auf der Sendeseite allerdings behielt man die Nipkowscheibe noch bis zum Ende der dreißiger Jahre bei. Zuletzt wurde sie noch 1939 bei einem Fernsehabtaster eingesetzt. Damals hatte sich die Zeilenzahl bereits auf 441 erhöht *(Tabelle 1.1).* Letztlich scheiterte die weitere Anwendung der Nipkowscheibe an dieser hohen Zeilenzahl. An der Darstellung in ***Bild 1.9*** soll gezeigt werden, daß bereits bei 441 Zeilen die Anwendung einer Spirallochscheibe unwirtschaftlich zu werden begann, weil man an die technologischen Grenzen dieses rein mechanischen Abtastsystems zu stoßen drohte.

Die damals realisierbare kleinste Lichtöffnung hatte einen Durchmesser von 40 µm. Das entspricht auch der Zeilenbreite, so daß sich nach *Bild 1.9* bei 441 Zeilen eine Bildbühnenhöhe von $0{,}04 \cdot 441 \approx 18$ mm ergibt (gezeichnet sind in Bild 1.9 nur 9 Zeilen und 9 Lichtöffnungen). Bei einem Seitenverhältnis von 4:3 (angepaßt an das damalige Filmbildformat) wird die Breite der Bildbühne $18 \text{ mm} \cdot 4/3 = 24 \text{ mm}$.

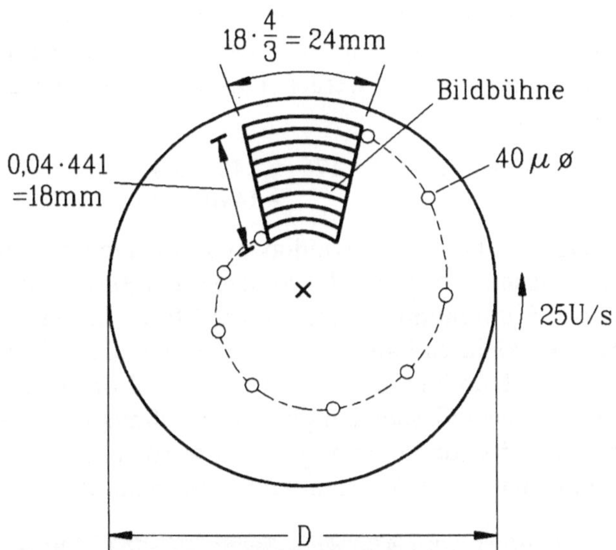

Bild 1.9: Nipkowscheibe für höhere Zeilenzahl

Für den Umfang der Nipkowscheibe erhält man damit

$$\pi \cdot D = 24 \text{ mm} \cdot 441 = 10{,}6 \text{ m}, \tag{1.8}$$

woraus sich der Durchmesser ableitet:

$$D = 10{,}6 \text{ m} / \pi \approx 3{,}5 \text{ m}. \tag{1.9}$$

Eine Spirallochscheibe mit 3,5 m Durchmesser stellt natürlich eine viel zu voluminöse Abtastanordnung dar und ist – da sie ja mit 25 U/s rotiert – technologisch kaum zu beherrschen.

Ein Ausweg bietet sich an, wenn man auf eine Mehrfachspirale für die Lochanordnung übergeht. Verteilt man z.B. die 441 Lichtöffnungen auf eine Siebenfach-Spirale, dann vergrößern sich die Abstände zwischen den Lichtöffnungen auf den siebenfachen Wert, so daß der Scheibendurchmesser auf 1/7 reduziert werden kann, um wieder den gleichen Abstand zwischen den Lichtöffnungen zu erhalten. Eine solche Nipkowscheibe mit Siebenfach-Spirale hat damit nur noch einen Durchmesser von $D = 3{,}5/7 = 0{,}5$ m. Allerdings muß sie auch siebenmal so schnell laufen, also mit $n = 25 \cdot 7 = 175$ U/s. Das führt zu einer sehr großen Umfangsgeschwindigkeit. Dabei ist noch zu berücksichtigen, daß sich in der praktischen Ausführung der Scheibendurchmesser auf $D = 0{,}72$ m erhöht, da an der Peripherie noch die Schlitze für die Synchronisierzeichen untergebracht werden müssen. Damit wird die Umfangsgeschwindigkeit:

$$\begin{aligned} v = \pi \cdot D \cdot n = \pi \cdot 0{,}72 \cdot 175 &= 400 \text{ m/s} \\ &= 1440 \text{ km/h.} \end{aligned} \tag{1.10}$$

Eine solch extreme Umfangsgeschwindigkeit führt auch zu einer hohen Zentrifugalkraft. Deshalb bestand die Scheibe aus einem dünnen Rahmen, der mit einer Aluminiumfolie von 10 μm Stärke bespannt war, um die Masse möglichst klein zu halten. In diese Folie waren die 441 Lichtöffnungen mit einem Durchmesser von 40 μm spiralförmig eingestanzt. Damit aber bei der hohen Geschwindigkeit von 400m/s die äußerst dünne Folie durch den Luftstrom nicht abgerissen werden konnte, mußte die Scheibe in einem Gehäuse mit Vakuum laufen [8, Kap. XVII].

Technologischer Hintergrund

Durch das Festhalten an der mechanischen Abtasttechnik wurden die technologischen Grenzen schon mit den 441 Zeilen des Jahres 1939 erreicht. An dem hierfür erforderlichen ungeheuren Aufwand sieht man zum erstenmal ganz deutlich, daß technologische Begrenzungen einer althergebrachten Technik einen totalen Umschwung in der Fernsehtechnik auslösen mußten. Die höheren Zeilenzahlen der vierziger Jahre – und der nachfolgenden Fernsehjahre – waren nur noch mit rein elektronischen Abtasttechniken zu erreichen.

1.8 Elektronische Bildaufnehmer

Der Übergang auf die elektronische Bildabtastung setzte natürlich auch die Entwicklung von optisch-elektrischen Flächensensoren voraus. Nach anfänglichen Bemühungen des Amerikaners *Farnsworth*, das Prinzip der Spirallochscheibe elektronenoptisch nachzubilden, was an der zu geringen Empfindlichkeit seiner "Dissector-Röhre" scheiterte, erfand der Russe *Zworykin* - der 1922 nach USA ausgewandert war - im Jahre 1933 sein "Ikonoskop". Es arbeitete mit dem Speichereffekt und hatte damit eine wesentlich höhere Empfindlichkeit [9, Kap. 5].

Nach der Prinzipdarstellung dieser ersten Live-Kamera in ***Bild 1.10a*** hat Zworykin den Speichereffekt durch eine Mosaikschicht von aufgedampften Silberteilchen erzielt. Sie wirken nach ***Bild 1.10b*** wie kleine Kondensatoren von Bildpunktgröße. Diese Elementarkondensatoren sind mit einem fotoelektrischen Überzug (z.B. Selen) versehen, der mit auftreffendem Licht Elektronen abgibt, die in den Bildpunkt-Kondensatoren gespeichert werden. Aufladezeit ist die Bildperiode - daher die relativ hohe Lichtempfindlichkeit. Die Helligkeitsverteilungen des optischen Bildes werden also in ein "Ladungsbild" umgewandelt. Der nach *Bild 1.10a* schräg von unten aus einem Elektronenstrahlsystem kommende Abtaststrahl wird Zeile für Zeile über die Elementarkondensatoren geführt und entlädt diese, d.h. er wandelt die Ladungsverteilung in ein Bildsignal um.

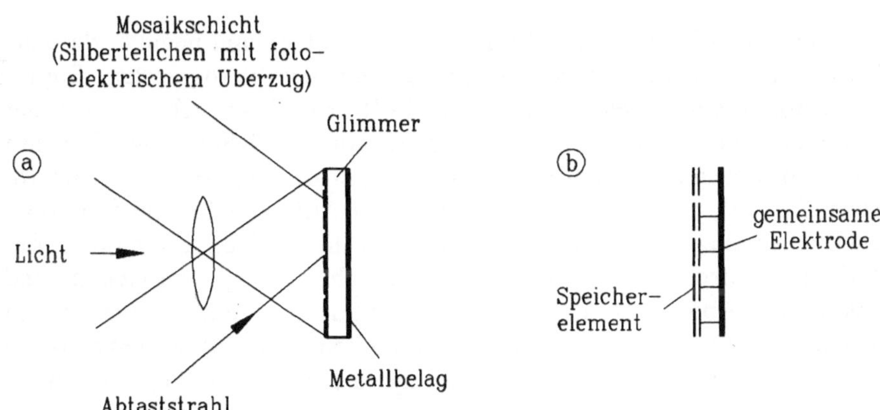

Bild 1.10: Historische Bildaufnahmeröhre Ikonoskop
(a) Prinzip des Bildsensors, (b) Funktionsbild der Mosaikplatte

Das Ikonoskop von *Zworykin* war in den dreißiger Jahren die einzig brauchbare Live-Aufnahmeanordnung für Fernsehzwecke. Die *Fernseh AG* brachte 1937 eine erste Fernsehkamera heraus, die mit einer Bildaufnahmeröhre des Ikonoskoptyps bestückt war. Sie ist in ***Bild 1.11*** dargestellt. Das zweite Objektiv gehört zu einem optischen Sucher. Die Bildschärfe (Entfernung) wurde mit der seitlich angebrachten Kurbel eingestellt.

Bild 1.11: Erste deutsche Ikonoskop-Fernsehkamera (*Fernseh AG* 1937)

Auch als 1953 der Fernsehrundfunk in Deutschland begann, da wurden zunächst solche Ikonoskop-Kameras (mit dem verbesserten "Super-Ikonoskop") verwendet [8, Abschn. XVII, 6]. Aber schon Ende der fünfziger Jahre rüstete man fast alle Schwarzweiß-Fernsehstudios mit der noch wesentlich empfindlicheren "Superorthikon"-Kamera aus [8, Abschn. XVII, 5; 9, Abschn. 5.2], was den Aufwand für die Studiobeleuchtung reduzierte. Parallel dazu wurden die Bildaufnahmeröhren mit Halbleiterfotoschicht ("Vidikon" [3, Abschn. 1.4.1]) entwickelt und eingeführt. Aber erst kurz vor dem Start des Farbfernsehens in Deutschland (1967) stand mit dem "Plumbikon" eine Bildaufnahmeröhre mit Halbleiterfotoschicht zur Verfügung, die die hohe Empfindlichkeit des Superorthikons aufwies, andererseits aber so geringe Abmessungen hatte, daß man kompaktere Farbfernsehkameras bauen konnte. In den achtziger Jahren begann dann der allmähliche Übergang zu Farbfernsehkameras mit reinen Halbleiter-Bildaufnehmern, nachdem es der Halbleiter-Technologie gelungen war, die Bildpunktdichte der Flächensensoren so weit zu erhöhen, daß die für Studiokameras mit 625 Zeilen geforderte Detailauflösung - bei vernachlässigbaren Aliasfehlern - erreicht werden kann (Abschn. 6.3).

Der Wegfall eines Vakuumgefäßes und der dadurch bedingte flache Aufbau eines Halbleiter-Bildsensors bringt erhebliche Vorteile für die Entwicklung einer leichten und kompakten Farbfernsehkamera, weshalb die Halbleiter-Bildsensoren auch zuerst bei den Reportagekameras Anwendung fanden. Das bei der Bildaufnahmeröhre jedoch relativ einfache Auslesen der Ladungsverteilung mit einem Elektronenstrahl, der ein Fernsehraster schreibt (*Bild 1.10a)*, muß beim Halbleiter-Bildaufnehmer durch eine getaktete Ladungsverschiebung ersetzt werden.

Das Prinzip des getakteten Durchschiebens der Ladungsverteilung ist für eine Halbleiter-Zeile in ladungsgekoppelter Technik ("Charge Coupled Device" = CCD) in ***Bild 1.12b*** dargestellt [3, Abschn. 1.4.3]. Die Einsattelungen im Potentialverlauf - die sogenannten "Potentialtöpfe" - in der "Inversionsschicht" nach ***Bild 1.12a*** sind "Verarmungszonen", die durch Anlegen einer Spannung an die Elektroden (z.B. alle Φ_2) hervorgerufen werden. Sie wirken wie Kondensatoren, in denen sich die durch Belichten der Substratseite erzeugten Photoelektronen sammeln. Das geschieht während der aktiven Zeilendauer. In der Austastlücke muß dann mit hoher Taktfrequenz die Ladungsverteilung in einen Zeilenspeicher geschoben werden, um in der nächsten Zeilenperiode eine Auslesung mit Fernsehtakt vornehmen zu können. An die Stelle des abtastenden Kathodenstrahls einer Bildaufnahmeröhre tritt also hier die getaktete Ladungsverschiebung.

Technologischer Hintergrund

> Die Technologie der getakteten Ladungsverschiebung bei einem Halbleiter-Bildaufnehmer ist ähnlich wie bei einem analogen Schieberegister, das in den siebziger Jahren mit der damals erstmalig realisierbaren Zeilenspeichertechnik eine Revolution der Farbfernsehübertragungstechnik bewirkte (Komponenten-Übertragungstechnik in Kap. 4). Man erkennt, wie technologische Weiterentwicklungen die Fernsehtechnik gleich an mehreren Stellen befruchten können (z.B. Kameratechnik und Übertragungstechnik).

Nach *Bild 1.12b* geschieht das Durchtakten der Ladungsverteilung durch Potentialumschaltungen an den CCD-Elektroden. In dem Zeitabschnitt t_1-t_2 wird so ein treppenförmiger Potentialverlauf erzeugt, der die

Ladung in den benachbarten Potentialtopf fließen läßt. Im Zeitabschnitt t_2-t_3 wird schließlich durch Anlegen von Taktpotential nur an den Elektroden Φ_3 die Ladung in der neuen Position fixiert. Durch Fortsetzung der Potentialumschaltung kann so die gesamte Ladungsverteilung der CCD-Zeile in den Speicherteil geschoben werden.

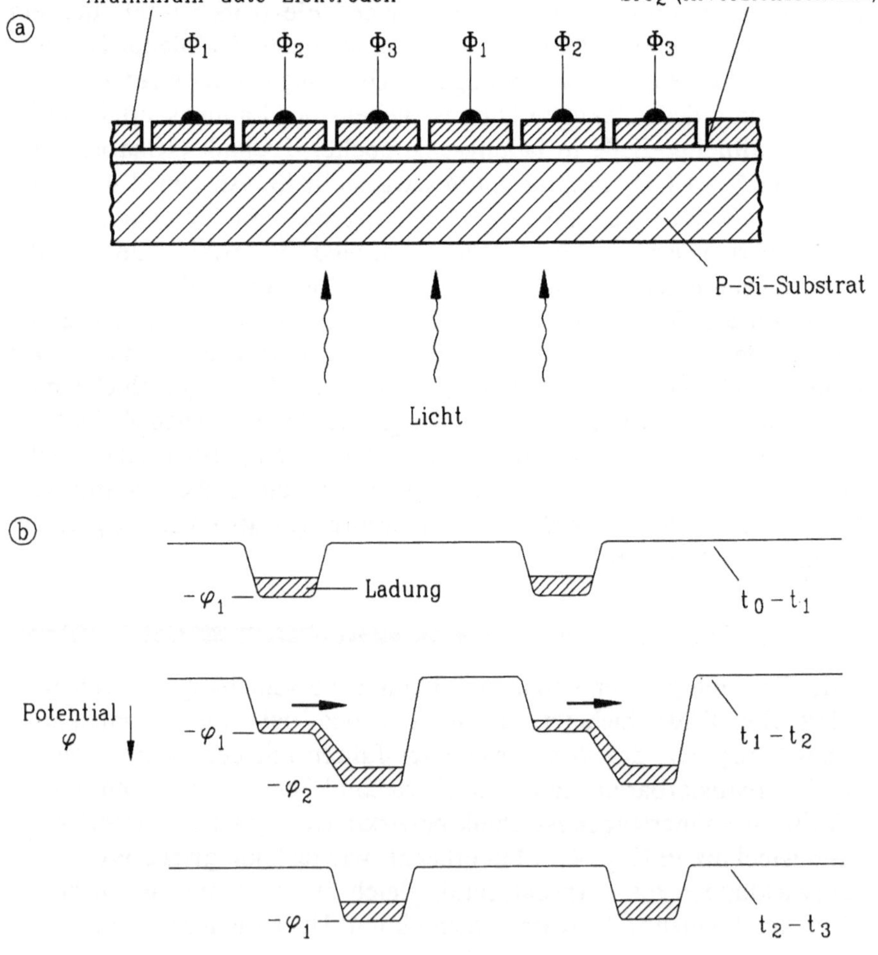

Bild 1.12: Abtastung in einer Halbleiterzeile durch ladungsgekoppelte Technik (CCD), (a) Aufbau einer CCD-Zeile, (b) Verlauf der Taktpotentiale

Für die Bewegtbildaufnahme in einer Fernsehkamera ist es allerdings erforderlich, die CCD-Zeile nach *Bild 1.12* auf einen CCD-Flächensensor zu erweitern. Nach ***Bild 1.13*** wird die Sensorfläche in der Vertikalen verdoppelt und die untere Hälfte gegen Lichteinwirkung abgedeckt, so daß dieser Teil als elektronischer Bildspeicher wirkt. Nicht nur in einer Zeile, wie in *Bild 1.12*, sondern in den Potentialtöpfen des gesamten Flächensensors nach *Bild 1.13* sammelt sich nun entspre-

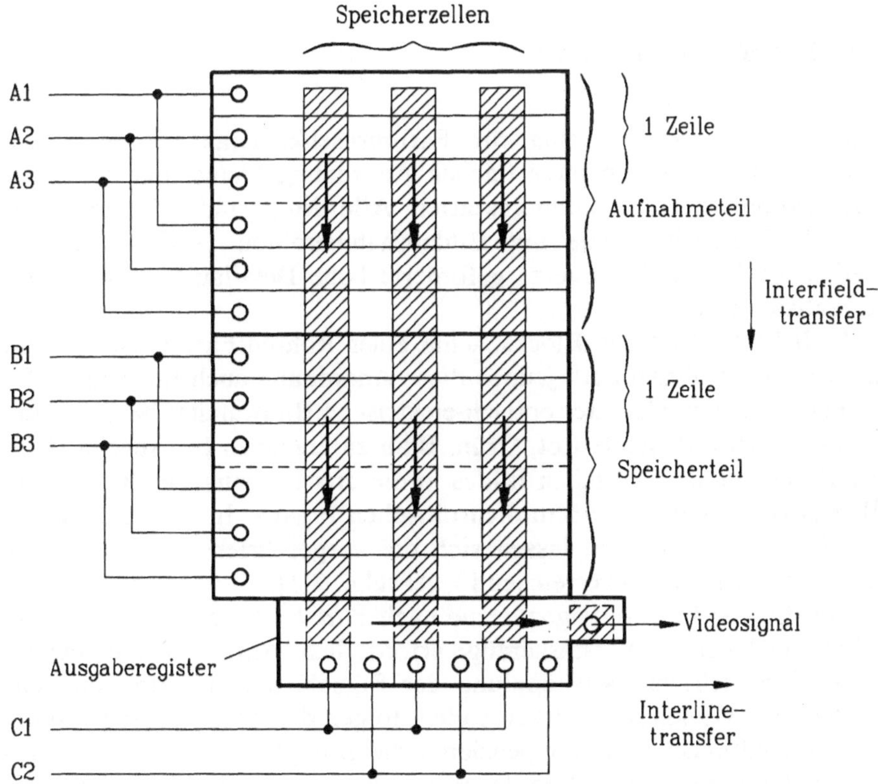

Bild 1.13: CCD-Flächensensor

chend der Lichtverteilung eine Ladungsverteilung im Aufnahmeteil. Die Ladungsverschiebung in den Speicherteil erfolgt hier nach Abschluß der Belichtung – also nach einer Bildperiode – in der vertikalen Austastlük-ke ("Interfield-transfer"). Dazu werden (wie in *Bild 1.12* für die CCD-Zeile dargestellt) die Potentiale A_1, A_2, A_3 entsprechend umgeschaltet. Die Verschiebung der Ladung muß hier allerdings in vertikaler Richtung durchgeführt werden, bis nach dem Ende der vertikalen Austastlücke die gesamte Ladungsverteilung eines Bildes im unteren Speicherteil nach *Bild 1.13* untergebracht ist. In der darauf folgenden Bildperiode (während im Aufnahmeteil des Flächensensors das nächste Vollbild belichtet wird) erfolgt aus dem Speicherteil die zeilenweise Auslesung ("Interline-transfer" nach *Bild 1.12b*) aus dem Ausgaberegister mit Fernsehtakt und damit die Erzeugung des Videosignals.

1.9 Farbfernsehkamera

Halbleiter-Bildsensoren sind für Farbfernsehkameras besonders gut geeignet, da sie wegen ihrer flachen Anordnung kleine und kompakte Kameraköpfe zu realisieren gestatten. Allerdings sind auch noch sehr viele Farbfernsehkameras mit Bildaufnahmeröhren in Gebrauch, da hierbei die für Studiokameras geforderte hohe Detailauflösung leichter zu realisieren ist.

In ***Bild 1.14*** ist das Blockschema einer Röhren-Farbfernsehkamera dargestellt. Im Prinzip gilt jedoch diese Anordnung auch für eine CCD-Kamera. Stets werden drei optisch-elektrische Bildwandler benötigt, um die drei Farbwertsignale Rot, Grün, Blau zu erzeugen [3, Abschn. 2.3]. Die Zerlegung des optischen Bildes in die drei Farbauszüge Rot, Grün, Blau erfolgt dabei mit einem dichroitischen Prisma. In Verbindung mit drei Farbkorrekturfiltern lassen sich die vorgeschriebenen Farbmischkurven näherungsweise erreichen [3, Abschn. 2.1].

Für die drei Farbwertsignale sind nach *Bild 1.14* drei separate - aber völlig gleichartige - Verstärkerzüge erforderlich. Auf die Vorverstärker, die eine rauscharme Auskopplung der Signale aus den drei optisch-elektrischen Wandlern bewirken sollen, folgen drei separate Aperturkorrektur-Schaltungen. Sie kompensieren die Dämpfung der höheren Frequenzanteile in den Wandlern durch eine komplementäre Frequenzganganhebung. Die Störsignalkompensation beseitigt Bildfehler, die auf Ungleichmäßigkeiten der Signalplatte einer Bildaufnahmeröhre zurückzuführen sind. Hierzu werden dem Signal horizontal- und vertikalfrequente Parabolspannungen multiplikativ zugesetzt. Bei einer CCD-Kamera kann diese Störsignalkompensation entfallen.

Die nach *Bild 1.14* dann folgende Matrix ist durch gezielte gegenseitige Signalverkopplung in der Lage, die in der Strahlenteilungsoptik nicht zu erfassenden negativen Anteile der Farbmischkurven elektronisch zu rekonstruieren [3, Abschn. 2.2]. Dadurch verbessert sich die

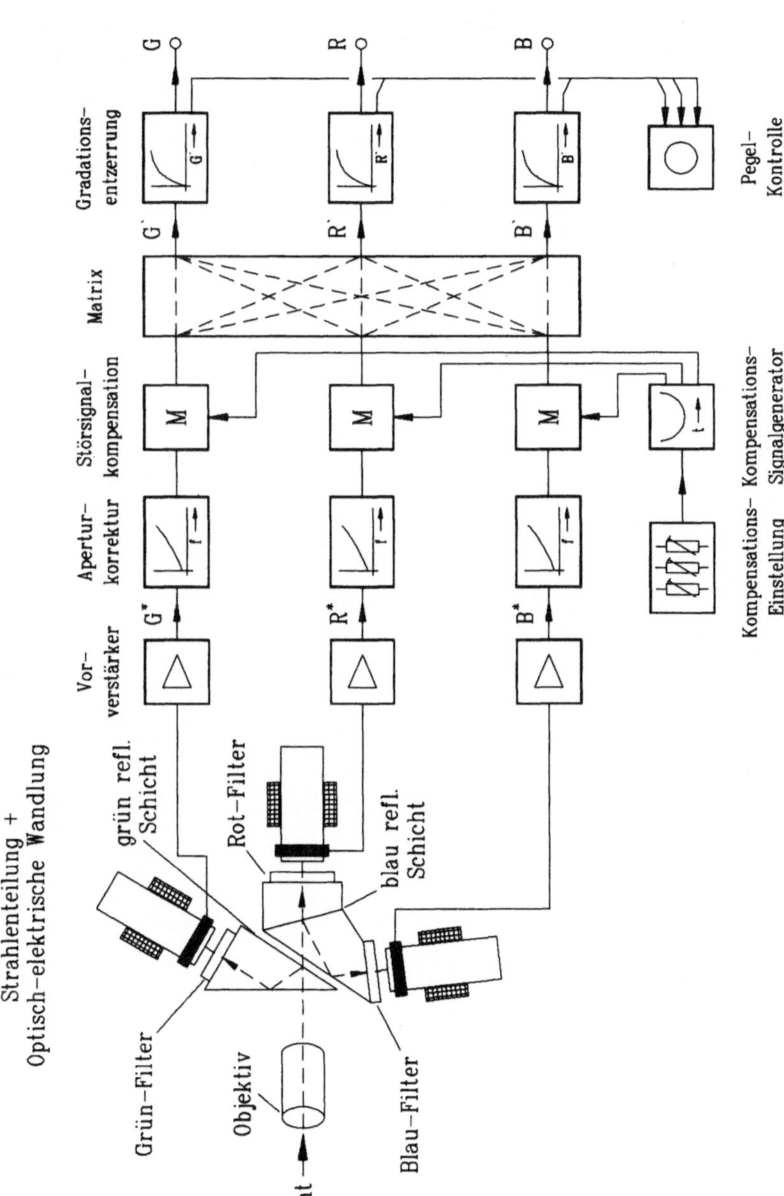

Bild 1.14: Blockschema einer Farbfernsehkamera

Qualität der Farbbildübertragung noch einmal merklich. Abschließend folgt dann in jedem Verstärkerzug noch die Gradationsentzerrung für die Kompensation der nichtlinearen Kennlinien der drei Kathodenstrahlsysteme in der Farbbildröhre des Empfängers.

2 Das Ringen um die optimale Farbcodierung – Konsequenzen einer politischen Entscheidung

Von *David Sarnoff*, dem legendären Forschungschef der *"Radio Corporation of America"(RCA)*, stammt der etwas heroische Ausspruch "the nation needs color", mit dem er nach dem Zweiten Weltkrieg die freigewordenen Entwicklungskapazitäten auf dieses besonders lukrative Ziel konzentrieren wollte. Das in den USA bereits eingeführte Schwarzweiß-Fernsehen sollte durch eine Farbübertragung ergänzt werden. Das sollte möglichst ohne Änderung an den bestehenden Übertragungseinrichtungen geschehen. Die Forderung hieß also, ein kompatibles (mit den Schwarzweiß-Anlagen verträgliches) Farbfernsehsystem zu entwickeln.

Bereits 1940 war von der amerikanischen Rundfunkgesellschaft *"Columbia Broadcast System" (CBS)* ein bildsequentielles Farbfernseh-Übertragungssystem vorgeschlagen worden, das jedoch die Kompatibilitätsbedingung nicht erfüllte. Wegen seiner historischen Bedeutung soll es jedoch nachfolgend behandelt werden.

2.1 Teilbildsequentielles Farbfernsehsystem

Bei der Aufgabe, die drei Farbauszüge Rot, Grün und Blau über die bereits für das Schwarzweiß-Fernsehen verwendete Übertragungsstrecke zu übermitteln (senderseitige Kompatibilität), liegt der Gedanke nahe, dies durch eine teilbildsequentielle Übertragung der drei Farbauszüge zu realisieren. Ein solches Verfahren wurde bereits 1938 auf der Berliner

Funkausstellung von der Forschungsanstalt der *Deutschen Reichspost* vorgeführt, allerdings mit nur zwei Farbkomponenten und 180 Zeilen [11].

Im September 1940 wurde dann von der *CBS* in den USA das in ***Bild 2.1*** dargestellte, voll funktionsfähige teilbildsequentielle Farbfernsehsystem mit rotierenden Filterscheiben für die mechanisch-optische Umschaltung der drei Farbkomponenten demonstriert [12]. Die Initiative hierzu kam von *Peter C. Goldmark*, einem in die USA ausgewanderten Deutschen, später Forschungschef der *CBS*. Ihm verdanken wir übrigens auch die während des Krieges erfolgte Entwicklung der "Micro-groove"-Langspielplatte (LP).

Nach *Bild 2.1* rotieren vor der Kameraröhre und vor der Bildröhre zwei miteinander synchronisierte Filterscheiben mit jeweils einem roten, grünen und blauen Filtersektor [10, Abschn. 12.1]. Beide Scheiben laufen außerdem teilbildsynchron, was nach amerikanischer Fernsehnorm 60 Rasterwechseln pro Sekunde entsprechen würde. Im Extrem-

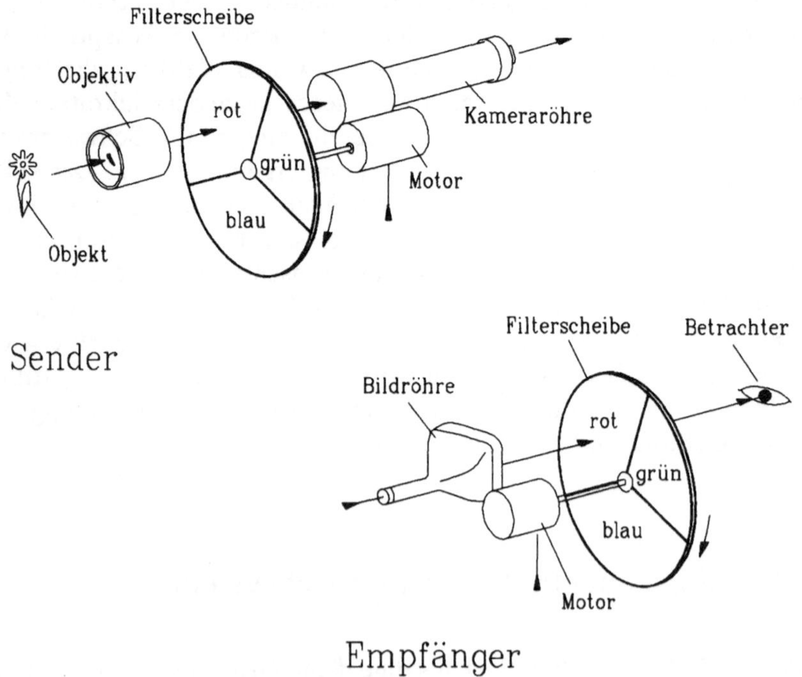

Bild 2.1: Teilbildsequentielle Farbfernsehübertragung mit rotierenden Filterscheiben (CBS-System)

fall, wenn z.B. nur eine Grundfarbe dargestellt wird, würde die Wiedergabe also mit nur 60/3 = 20 Hz erfolgen. Das hätte ein unerträgliches Flimmern zur Folge. Deshalb war der Übergang auf die dreifache Teilbildfrequenz 3 x 60 = 180 Hz unerläßlich, was zudem nach Gleichung (1.7) die dreifache Bandbreite erforderlich macht.

Obwohl damit keine Kompatibilität mit dem in den USA bestehenden Schwarzweiß-Fernsehsystem (Teilbildfrequenz 60 Hz) möglich war, wurde dieses Verfahren 1950 von der amerikanischen Bundesbehörde *"Federal Communications Commission" (FCC)* als vorläufige Farbfernsehnorm in den USA eingeführt. Im Juni 1951 begann die *CBS* sogar mit ersten offiziellen Farbfernsehsendungen nach diesem Verfahren [12].

Das jedoch rief nun die amerikanische Fernsehindustrie – unter Führung der *RCA* – auf den Plan. Man schloß sich zum "National Television System Committee" (NTSC) zusammen, das die Entwicklung eines voll kompatiblen, rein elektronischen "NTSC-Systems" forderte. Es störte nämlich nicht nur die mangelnde Kompatibilität des CBS-Systems nach *Bild 2.1*, sondern auch die Verwendung von mechanisch rotierenden Teilen, was man zu Recht als einen Rückfall in die Anfänge des Fernsehens (siehe Abschn. 1.3) empfand.

Obwohl letztlich das CBS-System wegen seiner Nachteile vom NTSC-System abgelöst wurde, bleibt doch nach *Bild 2.1* der wichtige Vorteil des teilbildsequentiellen Verfahrens nach *CBS*, daß auf der Sender- und Empfängerseite jeweils nur ein elektrooptischer Wandler benötigt wird. Dadurch wird der apparative Aufwand wesentlich reduziert, und es treten keine Farbdeckungsprobleme auf. Deshalb konnte *Peter Goldmark* in den 70er Jahren bei den Apollo-Mondlandeprogrammen mit seinem teilbildsequentiellen Farbfernseh-Übertragungsverfahren einen späten Triumph erringen [13].

2.2 NTSC-System

Ab 1951 – dem Zeitpunkt des Sendestarts mit dem teilbildsequentiellen System der *CBS* – arbeitete die NTSC-Gruppe mit Hochdruck an der Entwicklung eines mit dem Schwarzweiß-Fernsehsystem voll kompatiblen Farbfernsehsystems. Man ging von vornherein davon aus, daß eine Farbfernsehkamera mit drei Bildaufnahmeröhren nach Abschn. 1.9 *(Bild 1.14)* zur Verfügung steht.

Technologischer Hintergrund

Die Entwicklung einer Dreiröhren-Farbkamera - bei gleichzeitiger Lösung der erheblichen Farbdeckungsprobleme (3 getrennte Abtastraster!) - erfolgte bei der RCA und kann - neben der Realisierung einer Dreistrahlröhre (Shadowmask-Tube) für den Empfänger - als ein wesentlicher Technologiesprung bezeichnet werden, der überhaupt erst die Realisierung des kompatiblen NTSC-Systems ermöglichte.

Bild 2.2 zeigt die für das NTSC-System - ebenso für die Nachfolgesysteme SECAM und PAL - vorgegebene Aufgabenstellung. Die von der Farbkamera abgegebenen Farbauszug-Signale Rot, Grün, Blau (R, G, B) müssen in einem Coder (genauer: "Farbcoder") zu einem einzigen Signal zusammengefaßt werden, das die gleiche Bandbreite wie das bisherige Schwarzweiß-Fernsehsignal besitzt (senderseitige Kompatibilität). Im Decoder des Fernsehempfängers erfolgt die Rückwandlung

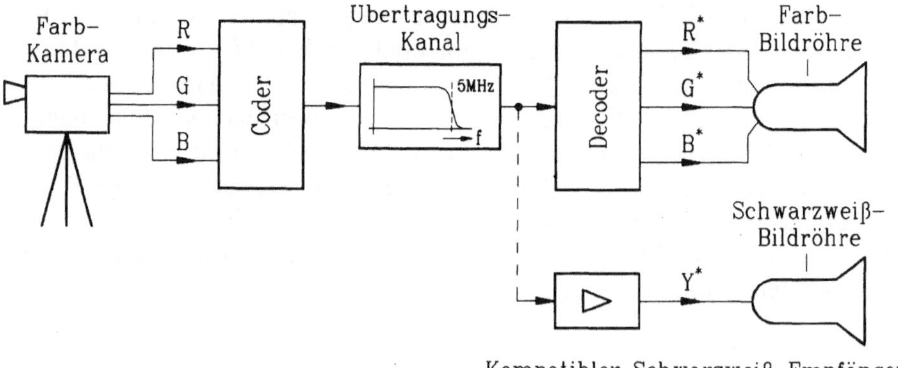

Bild 2.2: Schema für ein sender- und empfängerseitig kompatibles Farbfernsehsystem (NTSC, SECAM, PAL)

in die drei Farbauszugsignale zur Ansteuerung der Dreistrahl-Farbbildröhre [10, Kap. 12]. Wichtigste Zusatzbedingung für die Codierung ist die Einhaltung der empfängerseitigen Kompatibilität, d.h. der angeschlossene Schwarzweiß-Empfänger soll den Luminanzanteil des Farbfernsehsignals mit einem Minimum an Störwirkung wiedergeben.

Die entscheidenden Erfindungen zur Lösung des Kompatibilitätsproblems kamen von *B. D. Loughlin*, dessen Firma *Hazeltine Corporation* an der NTSC-Gruppe besonders aktiv beteiligt war. Es waren dies das "Luminance-by-pass"-Patent [14; 10, Abschn. 12.1]. *Loughlin* hatte erkannt, daß die bei sequentieller oder simultaner Übertragung auftretenden Störeffekte reduziert werden, wenn man die Luminanz vor der Verarbeitung abtrennt und über einen quasi separaten Kanal überträgt, wie das in ***Bild 2.3*** prinzipiell dargestellt ist ("Luminance-by-pass"). Die Störungen der Luminanz, welche vom Auge besonders intensiv wahrgenommen werden, lassen sich aber nur dann vollständig vermeiden, wenn im Chrominanzkanal nach *Bild 2.3* die drei Farbauszugsignale R, G, B über eine Matrix in die Farbdifferenzsignale R-Y und B-Y umgewandelt werden. Diese beiden Farbsignalkomponenten sind dann für den Chrominanzanteil allein verantwortlich. In der Dematrix des Empfängers erfolgt die Rückwandlung in die drei Farbauszugsignale.

Aus dem "mixed-highs"-Patent der *RCA* ließ sich die wichtige Erkenntnis ableiten, daß die Chrominanzkomponenten mit den drei Tiefpässen TP in *Bild 2.3* auf etwa 2 MHz in der Bandbreite begrenzt werden dürfen, ohne daß im Farbfernsehbild eine wesentliche Unschärfe auftritt. Dies geht zurück auf Versuche zur visuellen Erkennbarkeit feiner Farbdetails, die 1947 von dem englischen Augenarzt *H. Hartridge* durchgeführt wurden [3, Abschn. 3.3.2].

Um diese wichtige Vorbedingung des NTSC-Verfahrens ganz deutlich zu machen, wurden in das Blockschema von *Bild 2.3* die zugehörigen Schirmbildaufnahmen eingebracht. Dadurch läßt sich demonstrieren, daß sich das Farbbild auf dem Schirm des Farbfernsehempfängers aus dem Luminanzbild (das auch der Schwarzweiß-Empfänger kompatibel wiedergibt) und dem relativ unscharfen Chrominanzbild (durch Bandbegrenzung auf 2 MHz) zusammensetzt. Man erkennt, daß die Gesamtschärfe durch den Luminanzanteil bestimmt wird, die Bandbreitereduktion und die dadurch bedingte Unschärfe des Chrominanzanteils sich praktisch nicht auswirkt. Dies nennt man wiederum eine "Irrelevanzreduktion", da nur die für das Auge unwichtigen Anteile aus dem Signal entfernt wurden.

Natürlich stehen nun keine zwei parallelen Kanäle zur Verfügung, wie in *Bild 2.3* dargestellt. Vielmehr mußte bei der Entwicklung des NTSC-Verfahrens noch der entscheidende Schritt zur Kombination von Chrominanz- und Luminanzkanal getan werden. Die Lösung kam von einer weiteren Firma der NTSC-Gruppe, der *Philco-Corporation*. Dort hatte man die Idee verwirklicht, die beiden Chrominanzkomponenten R-Y, B-Y einem Farbträger in Quadraturmodulation aufzuprägen, der dann dem Luminanzsignal einfach additiv zugesetzt wird.

In *Bild 2.4c* ist dieses Prinzip der Doppelmodulation des Farbträgers nach dem Verfahren der Quadraturmodulation in der komplexen Ebene dargestellt. Auf der imaginären Achse wird die Chrominanzkomponente

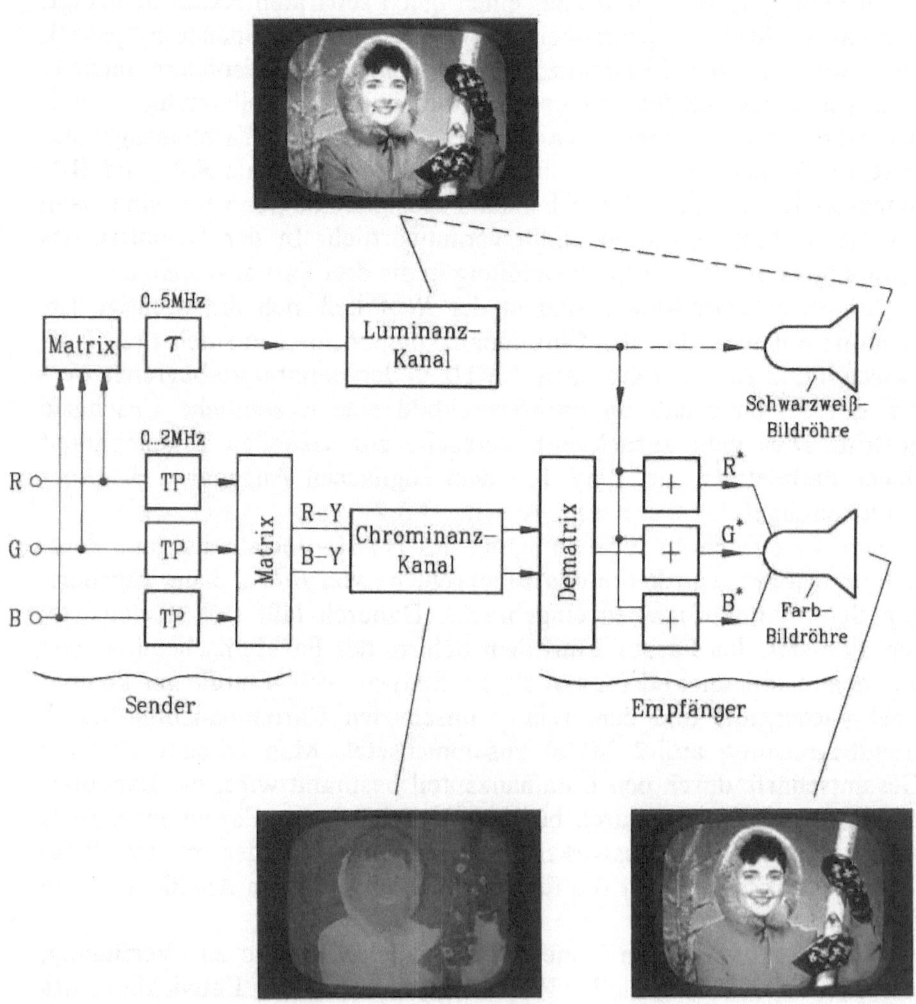

Bild 2.3: "Luminance-by-pass"- und "Constant-luminance"-System nach *B. D. Loughlin* [14; 10, Abschn. 12.1]

V = a (R-Y) und in der reellen Achse die Chrominanzkomponente U = b (B-Y) aufgetragen. Dabei ist a = 0,877 und b = 0,493. Diese Faktoren wurden nach [10, Abschn. 12.3] so berechnet, daß der durch den Farbträger hervorgerufene Überpegel 33 % nicht überschritten wird. In *Bild 2.4c* ist zunächst das Beispiel der Erzeugung der Testfarbe Purpur (100 % Farbsättigung) dargestellt. Hierzu gehören die Chrominanzkomponenten Vp und Up. Sie modulieren den Farbträger mit 90°-Phasenverschiebung (Quadraturmodulation), was nach Addition der beiden trägerfrequenten Chrominanzkomponenten nach *Bild 2.4c* den resultierenden Farbträgerzeiger mit der Phasenlage φ_F = 61° und der Amplitude

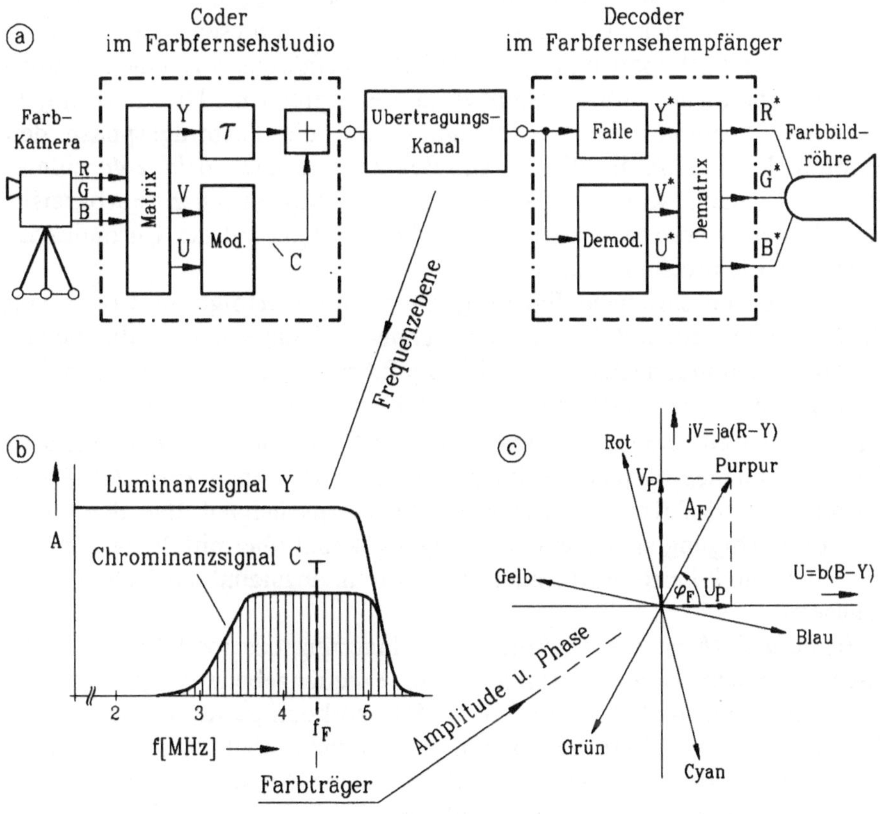

Bild 2.4: Prinzip des NTSC-Verfahrens
a) Blockschema Coder/Decoder (für NTSC/SECAM/PAL)
b) Luminanz/Chrominanz in der Frequenzebene
c) Amplitude und Phase des Farbträgers (beim Farbbalkentest)
in der komplexen Ebene = "Chrominanzebene"

$A_F = 0{,}59$ ergibt. In der komplexen Ebene sind die Zeiger der insgesamt 6 Testfarben (3 Grundfarben Rot, Grün, Blau und 3 Komplementärfarben Cyan, Purpur, Gelb) mit je 100 % Farbsättigung eingetragen. Dies entspricht der Wiedergabe eines Farbbalken-Testbildes, wie es in ***Bild 2.5a*** als Schirmbildfotografie dargestellt ist. Daneben findet sich in ***Bild 2.5b*** die Darstellung der Farbträgeramplituden und -phasen auf dem Oszillografenschirm eines "Vektorskops" - ein Meßgerät, das den Farbträger in der komplexen Ebene wiederzugeben gestattet. Es ergibt sich also eine ähnliche Anzeige wie in *Bild 2.4c*. Allerdings werden nur die Endpunkte der Zeiger wiedergegeben.

Wegen der Analogie zum "Newtonschen Farbkreis" nennt man die Darstellung des Farbträgers in der komplexen Ebene nach *Bild 2.4c* bzw. *Bild 2.5b* auch "Chrominanzebene". Infolge dieser Analogie kann man bei der Farbübertragung des NTSC-Verfahrens von einem besonders anschaulichen Modulationsverfahren sprechen: Die Farbträgeramplitude bestimmt die Farbsättigung und die Farbträgerphase den Farbton. Dreht sich die Phasenlage des Zeigers nach *Bild 2.4c* einmal um 360°, dann werden alle Farben des Newtonschen Farbkreises durchlaufen, woran man noch einmal die Analogie mit der Chrominanzebene der Lichttechnik erkennt.

Die hier beschriebene Farbträgermodulation erfolgt im Coder von ***Bild 2.4a*** in dem mit "Mod." bezeichneten Baustein, dem die beiden Chrominanzkomponenten V und U zugeführt werden. Sie wurden in der "Matrix" aus den RGB-Signalen der Kamera erzeugt. Das in dieser Matrix ebenfalls erzeugte Luminanzsignal Y überbrückt – entsprechend dem "Luminance-by-pass"-Prinzip von *Loughlin* nach *Bild 2.3* – den Chrominanz-Modulator. Um aber das Farbfernsehsignal über den einzigen zur Verfügung stehenden Übertragungskanal übermitteln zu können, wird der modulierte Farbträger dem Luminanzsignal einfach additiv zugesetzt.

In ***Bild 2.4b*** ist diese additive Überlagerung des modulierten Farbträgers mit dem Luminanzsignal in der Frequenzebene dargestellt. Die Farbträgerfrequenz hat man mit 4,4 MHz so hoch gewählt, wie das mit Rücksicht auf das obere Seitenband gerade noch möglich ist. Außerdem wurde der Farbträger mit der Zeilenfrequenz so verkoppelt, daß die Farbträgerfrequenz ein ungeradzahliges Vielfaches der halben Zeilenfrequenz wird (Abschn. 3.1, *Bild 3.2a*). Beide Maßnahmen führen zu einem sehr feinen Störmuster, das in jeweils zwei benachbarten Zeilen eine Gegenphasigkeit aufweist (Offsetmuster), so daß sich durch den überlagerten Farbträger ein Minimum an Störwirkung ergibt. Das ist besonders wichtig beim kompatiblen Empfang der Farbsendung mit einem Schwarzweiß-Empfänger. Die richtige Wiedergabe der Grauwerte ist ja schon dadurch gewährleistet, daß der Schwarzweiß-Empfänger den im Coder separat erzeugten Luminanzanteil erhält, wie das ja auch bereits in *Bild 2.3* deutlich wurde. Durch alle diese Maßnahmen wird beim NTSC-System die empfängerseitige Kompatibilität sichergestellt [10, Abschn. 12.2].

Der Decoder im Farbfernsehempfänger benutzt übrigens im Normalfall nach *Bild 2.4a* eine "Falle". Gemeint ist eine Farbträgerfalle, also ein Filter, das im Frequenzgang des Luminanzsignals eine Einsattelung im Farbträgerbereich erzeugt und damit die Farbträgerstörung reduziert. Allerdings ist der Preis ein gewisser Schärfeverlust. Ein besserer Kompromiß wird in Abschnitt 3.1 *(Bild 3.2b,c)* durch den Einsatz eines digitalen Kammfilters beschrieben.

a) Farbbalken-Testbild (nach fallender Luminanz geordnet)

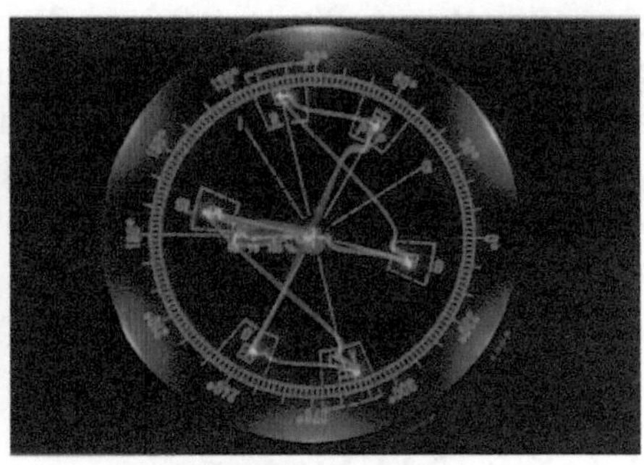

b) Vektoroszillogramm für 6 Testfarben nach a)

c) Farbbalken-Testbild bei einem Farbträger-Phasenfehler 25°

d) Vektoroszillogramm zu den Testfarben mit Phasenfehler nach c)

Bild 2.5: Phasenempfindlichkeit des NTSC-Systems

Im Demodulator ("Demod.") des Decoders wird nach *Bild 2.4a* zunächst mit einem Bandfilter der Chrominanzbereich nach *Bild 2.4b* herausgefiltert und dann der Farbträger mittels zweier Synchrondemodulatoren wieder in die Chrominanzkomponenten V* und U* zerlegt [10, Abschn. 12.3]. Zusammen mit dem Luminanzsignal Y* werden schließlich über eine Dematrix die R*G*B*-Signale für die Ansteuerung der Dreistrahl-Farbbildröhre erzeugt.

So elegant die Modulationstechnik des NTSC-Verfahrens ist, führt doch gerade die Zuordnung des Farbtons zu der Phasenlage des Farbträgers zu einer extremen Phasenfehler-Empfindlichkeit. Der Farbton ist ja bei der Qualitätsbeurteilung des Farbbildes eine besonders kritische Größe. So zeigt ***Bild 2.5c***, wie sich die Farbtöne der 6 Farbbalken im Vergleich zu *Bild 2.5a* verändern, wenn der Farbträger gegenüber der Referenzphase (Burst = farbträgerfrequenter Impuls hinter Zeilensynchronsignal mit Phase 0°) um 25° gedreht wird. Das Vektoroszillogramm von ***Bild 2.5d*** zeigt diese zu *Bild 2.5c* gehörende Phasendrehung aller Zeiger um 25°. Besonders kritisch sind von der Luminanz abhängige Phasenfehler - sogenannte Differentielle Phasenfehler –, wie sie speziell bei Fernsehsendern auftreten können. Solche Fehler lassen sich nur unter Schwierigkeiten kompensieren [10, Abschn. 12.4].

2.3 SECAM-System

1954 wurde das Farbfernsehen in den USA mit dem NTSC-Verfahren eingeführt. In Europa begannen etwa Mitte der 50er Jahre die Diskussionen, ob und in welcher Form das NTSC-Verfahren an die etwas abweichende Schwarzweiß-Fernsehnorm angepaßt werden könnte. Große Bedenken hatte man wegen der Phasenempfindlichkeit dieses Systems.

Ein erster Vorschlag, wie man die Phasenempfindlichkeit vermeiden könnte, kam 1956 von dem französischen Physiker *Henri de France*. Nach seiner Idee sollten die beiden Chrominanzkomponenten nicht mehr simultan als Quadraturkomponenten des Farbträgers übertragen werden, sondern zeilensequentiell.

Das Blockschema von *Bild 2.4a* ist systemunabhängig, gilt also somit auch für das SECAM-System. In diesem Fall schaltet im Modulator des Coders ein zeilensequentiell betätigter Schalter zwischen den beiden Chrominanzkomponenten V und U um. Das dadurch entstehende zeilensequentielle Chrominanzsignal VUVU... wird dem Farbträger frequenzmoduliert aufgeprägt und ist dann praktisch beliebig resistent gegen Phasenfehler.

Im Demodulator des Empfänger-Decoders in *Bild 2.4a* ist natürlich ebenfalls ein zeilenfrequenter Schalter erforderlich, der die V-Signale jeweils auf den V-Ausgang und die U-Signale jeweils auf den U-Ausgang leitet. Dies würde allerdings zu einer unerträglichen Zeilenstrukturstörung führen. Diese läßt sich nur durch eine Zeilenintegration vermeiden. Das führt im Demodulatorteil zu der in ***Bild 2.6a*** dargestellten Schaltung. Ein Bandpaßfilter BP trennt den Chrominanzbereich aus dem gesamten Farbfernsehsignalspektrum ab. Das Chrominanzsignal C durchläuft dann die Zeilenintegration. Hierfür wird die Verzögerung um eine komplette Fernsehzeile benötigt, damit die Chrominanzinformation der vorhergehenden Zeile noch einmal wiederholt werden kann. Dadurch lassen sich die Zeilenstrukturstörungen vermeiden.

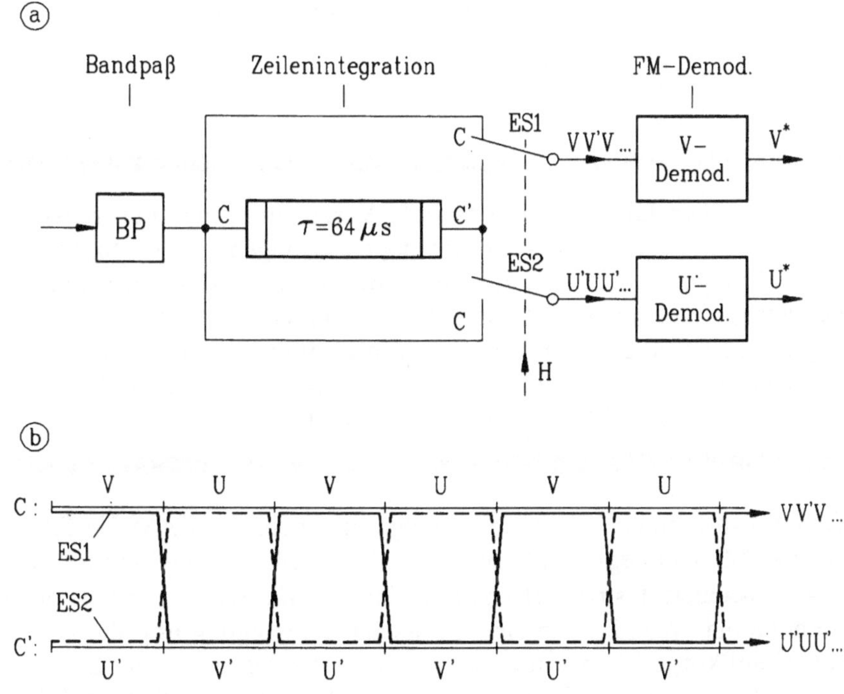

Bild 2.6: Chrominanz-Demodulation im SECAM-Decoder
a) Zeilenintegration und FM-Demodulation
b) Wandlung der sequentiellen in simultane Chrominanzkomponenten (Zeilenintegration)

Von diesen beiden Charakteristika – zeilensequentielle Übertragung der beiden Chrominanzkomponenten und die Notwendigkeit ihrer Verzögerung im Decoder um eine Zeile – erhielt das Farbfernsehsystem von *Henri de France* seinen Namen SECAM = séquentiel-à-mémoire. Realisiert werden konnte es aber erst dann, als man in der Lage war, das Chrominanzsignal um eine ganze Fernsehzeile zu verzögern. Die Verzögerungszeit berechnet sich aus der in *Bild 1.8b* (unten) angegebenen Formel für die Horizontalfrequenz (= Zeilenfrequenz):

$$f_H = \frac{1}{T_H} = \frac{z}{T_B} = z \cdot f_B. \qquad (2.1)$$

Für die europäische CCIR-Fernsehnorm ergibt sich dann mit z = 625 Zeilen und einer Bildfrequenz f_B = 25 Hz die Zeilenfrequenz:

$$f_H = 625 \cdot 25 = 15{,}625 \text{ kHz}$$

und die Dauer einer Fernsehzeile nach Gleichung (2.1):

$$T_H = \frac{1}{f_H} = 64\ \mu\text{s}.$$

Technologischer Hintergrund

Ende der 50er Jahre war die digitale Verzögerung des Fernsehsignals noch nicht realisierbar. Analoge Lösungen großer Signalverzögerungen in Ultraschalltechnik waren aus der Radartechnik des letzten Weltkrieges bekannt. Die Verfeinerung dieser Technologie machte überhaupt erst die Einführung von Farbfernseh-Codiersystemen mit Chrominanz-Verknüpfungen benachbarter Zeilen – wie SECAM und auch PAL – möglich.

Den Einsatz einer Ultraschallverzögerung beim SECAM-Verfahren zeigt die "Zeilenintegration" in *Bild 2.6a*. Die Laufzeitleitung mit τ = 64 µs wandelt das trägerfrequente Chrominanzsignal C mittels eines Barium-Titanat-Wandlers in eine Ultraschallschwingung um, die sich in einem Metallkörper (ursprünglich verwendet) oder in einem Glasstab (heute verwendet) wesentlich langsamer ausbreitet, so daß nach Rückwandlung mit einem zweiten Barium-Titanat-Wandler am Ausgang das um eine Fernsehzeile (64 µs) verzögerte Chrominanzsignal C' abgenommen werden kann. Auf diese Weise stehen an den beiden elektronischen Schaltern ES1 und ES2 jeweils das direkte und das um eine Zeile verzögerte Chrominanzsignal zur Verfügung, so daß die Gleichzeitigkeit der in Wirklichkeit nacheinander übertragenen Chrominanzkomponenten simuliert werden kann [15, 16]. Dazu zeigt nun ***Bild 2.6b*** die Schalterbewegung von ES1 und ES2. Am Ausgang des Schalters ES1 ist dann in jeder Zeile ein V-Signal und am Ausgang des Schalters ES2 in jeder Zeile ein U-Signal vorhanden, allerdings immer abwechselnd ein direktes und ein verzögertes Signal.

Die Zeilenstrukturstörung in der Chrominanz ist dann zwar verschwunden, doch wird bei SECAM wegen der Sequentialübertragung der beiden Chrominanzkomponenten selbstverständlich die Vertikalauflösung des Chrominanzanteils halbiert. Aber dies ist zulässig, da ja nach Abschnitt 2.2 (*Bild 2.3*) durch die Bandbegrenzung der Chrominanzkomponenten auf etwa 2 MHz auch die Horizontalauflösung des Chrominanzanteils reduziert wurde.

Das SECAM-System ist zwar gegenüber Phasenfehlern praktisch unempfindlich, der frequenzmodulierte Farbträger führt jedoch zu einem wesentlich stärker störenden Farbträgermuster auf dem Bildschirm. Maßnahmen zur Reduktion der Farbträgerstörung – z.B. geringere Trägeramplitude – führen aber zu einer größeren Störempfindlichkeit des FM-Signals, die wiederum durch Preemphase-Techniken reduziert werden muß (SECAM II und III [17]). In einer späteren Weiterentwicklung wurden zur besseren Ausintegration des Farbträger-Störmusters für die Modulation der beiden Chrominanz-Komponenten zwei unterschiedliche Trägerfrequenzen verwendet (SECAM IIIb [10, Abschn. 12.5]).

All diese vielen Maßnahmen, die den Kompromiß zwischen Sichtbarkeit des Farbträgermusters und der Störempfindlichkeit des FM-Kanals verbessern sollten, zeigen, daß das SECAM-System sich an den physikalischen Grenzen der Modulationstechnik befindet. Der eigentliche Grund ist, daß die Frequenzmodulation unter extrem ungünstigen Bedingungen (wegen der sehr geringen Chrominanz-Bandbreite) verwendet wird. Dadurch war ein äußerst komplexes Codiersystem erforderlich.

2.4 PAL-System

Etwa 1959 hatte *Walter Bruch*, Vorstand des Grundlagenlabors bei *Telefunken* in Hannover, die entscheidende Idee zu seinem PAL-Verfahren. Dieses System reduziert ebenfalls die Phasenempfindlichkeit – zwar in geringerem Maße als SECAM, jedoch praktisch ausreichend –, hat aber den großen Vorteil, daß die Modulationstechnik des NTSC-

Verfahrens im wesentlichen beibehalten werden kann und nur durch eine schaltungstechnisch einfach zu realisierende Phasenumschaltung ergänzt werden muß.

Auch für das PAL-System gilt das universelle Blockschema von *Bild 2.4a*. Die Farbträgermodulation erfolgt in exakter Anlehnung an die Quadraturmodulationstechnik des NTSC-Verfahrens nach *Bild 2.4c*. Allerdings wird bei PAL die Phasenlage der trägerfrequenten V-Komponente von Zeile zu Zeile um 180° umgeschaltet - daher auch die Bezeichnung PAL = Phase Alternation Line!

Bild 2.7 zeigt, wie sich die zeilenweise Phasenumschaltung des V-Signals auf den Chrominanzzeiger C auswirkt. Man erkennt, daß jeweils in der Nachbarzeile der konjugiert komplexe Zeiger C* auftritt. Liegt nun ein Phasenfehler β gegenüber der Referenzphase (= Burstphase in U-Richtung) vor, dann werden sowohl der Zeiger C als auch der konjugiert komplexe Zeiger C* entgegen dem Uhrzeigersinn etwas gedreht. Durch die zeilensynchrone Zurückschaltung der V-Komponente im Demodulator des PAL-Decoders entstehen also in zwei benachbarten Zeilen entgegengesetzt gleiche Farbtonabweichungen β. Wenn es nun noch gelingt, die Information benachbarter Zeilen zu addieren, dann ergibt die vektorielle Addition der beiden Zeiger mit entgegengesetzt gleicher Pha-

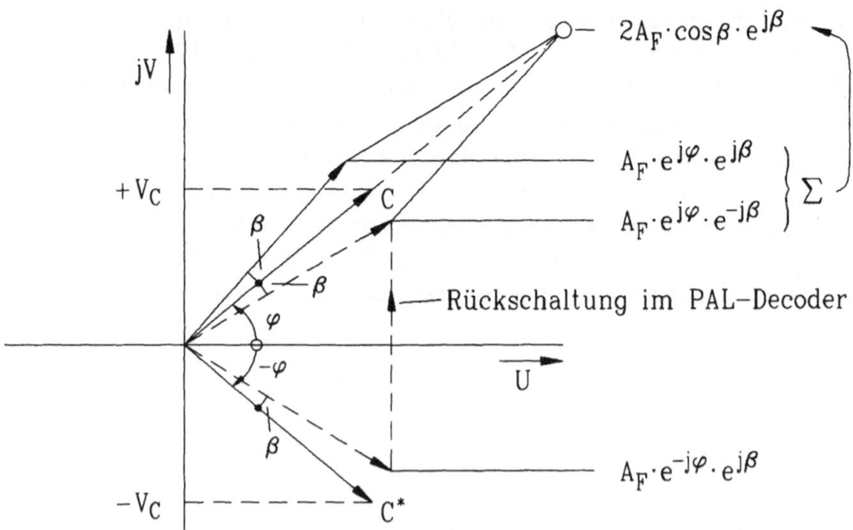

Bild 2.7: Kompensation eines Phasenfehlers β in der Chrominanzebene des PAL-Systems

senabweichung β nach *Bild 2.7* die exakt richtige Phasenlage und damit wieder den richtigen Farbton. Man sieht also, daß das PAL-Verfahren zu einer Kompensation des Phasenfehlers führt. Allerdings wird auch die Amplitude des Farbträgers über $\cos\beta$ geringfügig reduziert, was bei Phasenabweichungen bis etwa 30° (≈ 15% Amplitudenverlust) zu einer praktisch vernachlässigbaren Sättigungsreduktion der Farben führt, wobei im übrigen die Farbsättigung sowieso eine weitgehend unkritische Größe ist.

Die Zeigerdarstellung von *Bild 2.7* führt mit den 6 Testfarben des Farbbalkentests (vergleiche *Bild 2.5a, b*) zum Vektoroszillogramm des PAL-Decoders nach ***Bild 2.8 b***. Man erkennt, daß durch den Phasenfehler von β = 10° zu jedem Soll-Farbort der 6 Testfarben (kleine Toleranzfelder) eine entgegengesetzt gleiche Phasenabweichung von 10° auftritt. Diese gehört zu entgegengesetzt gleichen Farbtonabweichungen benachbarter Zeilen, wie das in der Schirmbildaufnahme von ***Bild 2.8a*** (Mikroaufnahme des Gelb-Cyan-Farbübergangs) deutlich zu erkennen ist. Bei genügendem Betrachtungsabstand entsteht eine optische Integration der benachbarten Zeilen, so daß sich die entgegengesetzt gleichen Farbtonabweichungen zum richtigen Farbton integrieren. Mit *Bild 2.8a* kann man das nachvollziehen, indem man den Betrachtungsabstand so groß wählt, daß die Zeilenstruktur nicht mehr zu erkennen ist und dabei gleichzeitig die exakten Farbtöne für die Testfarben Gelb und Cyan wiedergegeben werden.

a) Testfarben Gelb und Cyan bei Simple-PAL mit Phasenfehler β = 10°

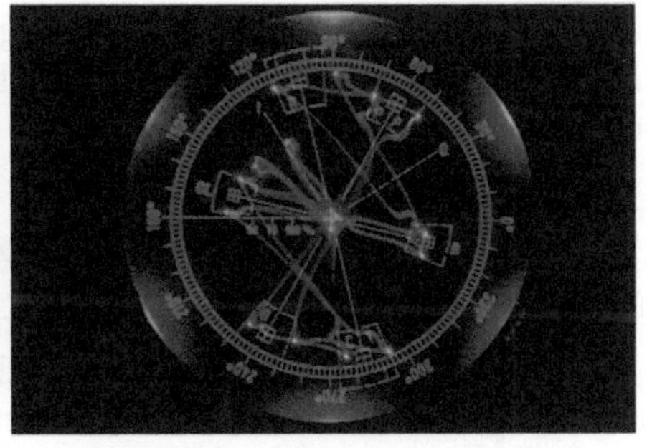

b) Vektoroszillogramm für den Farbbalkentest bei Simple-PAL mit Phasenfehler β = 10°

Bild 2.8: Phasenfehler-Kompensation des PAL-Systems

Dieses vereinfachte PAL-Verfahren heißt "Simple-PAL". Bei großen Phasenabweichungen stört jedoch die stärkere Zeilenstruktur erheblich, weshalb sich das PAL-Verfahren in dieser Form nicht einführen konnte. Erst als *Walter Bruch* 1961 die elektronische Zeilenintegration im PAL-Empfänger erfand, begann der Siegeszug dieses "Standard-PAL" oder "Delayline-Pal" genannten Verfahrens. Genau wie beim SECAM-System benötigt man zur Zeilenintegration eine Ultraschall-Laufzeitleitung, die zunächst einen Glasstab verwendete und später – für einen kompakteren Aufbau – einen Glasblock mit Mehrfachreflexionen. Damit ist es möglich, die Chrominanzinformationen benachbarter Zeilen so zusammenzufassen, daß eine Signalaufspaltung in das trägerfrequente V- und U-Signal erfolgt, so daß sich Phasenfehler nicht mehr auswirken können. Auch treten bei diesem Standard-PAL-Verfahren keinerlei Zeilenstrukturstörungen mehr auf [18; 10, Abschn. 12.6].

2.5 Das Ringen um ein europäisches Farbfernsehsystem

Für die europäischen Fernseh-Fachleute war es bereits Ende der 50er Jahre klar, daß ein modifiziertes NTSC-System für Europa nicht in Frage kam. *Henri de France* hatte ja bereits 1956 nachgewiesen, daß es durch eine Änderung der Chrominanz-Übertragungstechnik möglich ist, die leidige Phasenempfindlichkeit des NTSC-Systems zu vermeiden. Wie bereits in Abschnitt 2.3 dargestellt, hatte der Übergang auf eine frequenzmodulierte Chrominanzübertragung (starke Farbträgerstörung auf dem Bildschirm) bei gleichzeitig ungünstiger Betriebsweise der FM im Chrominanzband (geringe Bandbreite) einige unangenehme Konsequenzen.

Technologischer Hintergrund

Von 1959 - 63 mußten ständig neue Systemvarianten entwickelt werden (SECAM I, II, IIIa, IIIb [10, Abschn. 12.5]), um den Kompromiß zwischen Sichtbarkeit des Farbträgers auf dem Bildschirm und Störempfindlichkeit der frequenzmodulierten Chrominanzübertragung zu verbessern. Dies war ein deutliches Indiz, daß man beim SECAM-Verfahren bereits in die Nähe der physikalischen Grenzwerte einer kompatiblen analogen Farbfernsehübertragung gelangt war.

Die ständigen Erweiterungen des SECAM-Systems führten zu immer komplexeren Schaltungsstrukturen. Hinzu kam, daß dieses System für die damals allein zweckmäßige Einkanal-Regietechnik in keiner Weise geeignet war, da sich die frequenzmodulierten Chrominanzsignale verschiedener Quellen nicht additiv mischen lassen [10, Abschn. 16.2; 19, Kap. 3; 20].

Das ab 1959 von *Walter Bruch* entwickelte PAL-Verfahren benutzt dagegen, wie bereits in Abschnitt 2.4 dargestellt, nur relativ einfache Schaltungsergänzungen im Coder und Decoder des NTSC-Systems, und es zeigte sich insbesondere auch für die Einkanal-Regietechnik des Farbfernsehstudios als ideal geeignet, wie übrigens auch das NTSC-System [10, Abschn. 16.2; 19, Kap. 3].

a) *Walter Bruch* 1963 in seinem Farbfernsehlabor bei *Telefunken* in Hannover

b) Der "Dreierausschuß Farbfernsehen" (*Bruch, Theile, Müller)* beim Systemvergleich 1963 im Moseltal

Bild 2.9: Deutsche Farbfernsehpioniere [21, Kap. 2]

Die europäischen Fernseh-Fachleute waren von Anfang an bemüht, die drei diskutierten Farbfernsehsysteme NTSC, SECAM, PAL objektiv miteinander zu vergleichen. Das Forschungsinstitut der englischen Rundfunkgesellschaft *BBC* nahm hierbei eine Führungsrolle ein, hatte für den Vergleich ein Bewertungsschema ausgearbeitet und gewährleistete auf diese Weise einen fairen Vergleich der Systeme.

Erstes herausragendes Ereignis in der europäischen Zusammenarbeit der Fernseh-Fachleute war vom 3.-5. Januar 1963 ein Meeting der "Ad-hoc-Gruppe Farbfernsehen" der *EBU (= European Broadcast Union)* in Hannover. Der damalige Technische Direktor des *NDR*, *Dr. Rindfleisch*, hatte das vorgeschlagen und damit den Weg geebnet, daß *Walter Bruch* den EBU-Mitgliedern in seinem Hannoveraner *Telefunken*-Laboratorium experimentelle Vergleiche zwischen NTSC-SECAM-PAL vorführen konnte. Das Standard-PAL-Verfahren schnitt dabei so hervorragend ab, daß beschlossen wurde, es in die zukünftigen vergleichenden Tests mit einzubeziehen. Im Januar 1963 begann also der erfolgreiche Weg des PAL-Verfahrens und seines Erfinders *Walter Bruch*, der auf dem Foto in ***Bild 2.9a*** im Hannoveraner Grundlagenlabor inmitten seiner umfangreichen Laboranlagen zu sehen ist. Mit diesen Anlagen gelang ihm am Nachmittag des 3. Januar 1963 der Durchbruch zum internationalen Siegeszug des PAL-Verfahrens [21, Kap. 2].

Bei den folgenden "field-Tests" schnitt das PAL-Verfahren stets wesentlich besser ab als die beiden Konkurrenzsysteme. 1963 fanden erste Ausbreitungsversuche im Moseltal statt. Sie wurden von Industrie, Rundfunk und Bundespost gemeinsam veranstaltet. Auf dem ***Bild 2.9b*** sieht man ein bei dieser Aktion aufgenommenes Foto [21, Kap. 2], das den sogenannten "Dreierausschuß Farbfernsehen" – v.l.n.r.: *Walter Bruch* (Telefunken) für die Industrie, *Richard Theile* (Institut für Rundfunktechnik) für die Rundfunkanstalten und *Johannes Müller* (Forschungsinstitut der *DBP*) für die Bundespost – zeigt. In noch ausgedehnterer Form folgten im Januar und Dezember 1964 insgesamt 4 Versuchsreihen in alpinem Gelände in der Nähe von Bern durch die Schweizer Post *PTT*. Bei all diesen kritischen Ausbreitungs- und Empfangsversuchen war von den drei Farbfernsehsystemen PAL der Favorit.

Es ist daher nicht verwunderlich, daß sich die Mehrzahl der Fachleute für PAL als gemeinsames europäisches Farbfernsehsystem entscheiden wollte. Widersinnigerweise wurde diese Entscheidung von der französischen Regierung jedoch auf eine politische Ebene verlagert. Für den damaligen Staatspräsidenten *Charles de Gaulle* und seinen Informationsminister *Alain Peyrefitte* geriet die Einführung des SECAM-Verfahrens – möglichst in ganz Europa – zu einer rein wirtschaftlichen Macht- und Prestige-Frage. Dafür ernannte man später sogar einen eigenen Minister für SECAM [21, Kap. 2]. Die französische Regierung konzentrierte sich zunächst auf die UdSSR und versuchte, ihre guten politischen Verbindungen für eine Einführung von SECAM in der Sowjetunion zu nutzen. Sie spekulierte wohl damit, daß dann der Bundesregierung nichts anderes übrigbleiben würde, als ebenfalls SECAM einzuführen, damit ihre Farbfernsehsendungen auch in der DDR empfangen werden können [21, Kap. 2]. Daß dieses Problem auch mit Transcodierung gelöst werden konnte (siehe Abschn. 2.6), das wußte man in französischen Regierungskreisen natürlich nicht.

Zum Eklat wegen dieser massiven politischen Einmischung der französischen Seite kam es dann auf der Konferenz der internationalen Fernmeldeverwaltungen (CCIR-Tagung) im März 1965 in Wien. Hier sollte unter Fachleuten die Entscheidung für eine gemeinsame europäische Farbfernsehnorm fallen, wobei ausschließlich technische Beurteilungen eine Rolle spielen sollten. Kurz vor Konferenzbeginn erfuhren die Teilnehmer, daß Frankreich mit der Sowjetunion zwei Tage zuvor einen Vertrag geschlossen hatte, der die UdSSR verpflichtete, das SECAM-System zu übernehmen und sie veranlaßte, ihren dominierenden Einfluß auf die Ostblockstaaten geltend zu machen, damit auch diese gezwungenermaßen SECAM einführen würden. Später erfuhr man dann, daß Frankreich sich als Gegenleistung dazu verpflichtet hatte, der Sowjetunion ein Farbbildröhrenwerk einzurichten [21, Kap. 2].

Damit war die Farbfernsehentscheidung ein Opfer der Ost-West-Spaltung und von reinen Wirtschaftsinteressen geworden. Die andererseits guten deutsch-französischen Beziehungen wollte Frankreich dazu nutzen, auf politischer Ebene die Bundesregierung von der Einführung des SECAM-Verfahrens zu überzeugen, ohne zu wissen, daß in Deutschland eine Entscheidung nur aufgrund technischer Aspekte von Bundespost, Rundfunkanstalten und Industrie gemeinsam gefällt werden kann – unabhängig von politischer Einflußnahme. So gingen die Untersuchungen am PAL-Verfahren – und auch die Geräteentwicklungen hierzu – weiter und bestätigten immer wieder die Überlegenheit des PAL-Verfahrens.

Große Unterstützung kam hierbei insbesondere von der englischen *BBC*-Forschung, die bei den Fachleuten aller Länder großes Ansehen genießt. Es hatte daher eine erhebliche Signalwirkung, als sich Anfang 1966 Großbritannien für PAL entschied. Nach der entscheidenden Vollversammlung des CCIR 1966 in Oslo gehörten – geordnet von Nord nach Süd – die Skandinavischen Länder, England, Holland, Deutschland, Österreich, die Schweiz und Italien zu den PAL-Ländern – also eine Nord-Süd-Brücke für PAL zwischen den SECAM-Ländern Frankreich und dem gesamten Ostblock. Am 25. August 1967, dem Eröffnungstag der "Großen Deutschen Funkausstellung" begann in der Bundesrepublik das Farbfernsehen mit dem PAL-Verfahren [20]. Doch politische Schachzüge hatten Europa in zwei Farbfernsehwelten geteilt, und besonders betroffen war - ganz analog zu den politischen Verhältnissen - Deutschland, wo es in Ost und West verschiedene Farbfernsehsysteme gab.

2.6 Konsequenzen zweier Farbfernsehsysteme in Europa

Die durch politische Einwirkung entstandene Situation, Farbfernsehübertragungen in Europa mit zwei verschiedenen Farbfernsehsystemen durchführen zu müssen, war zwar ein Anachronismus im Hinblick auf die durch Satellitentechnik geförderte Internationalisierung des Fernsehens, führte aber zu technischen Lösungen, die den Parallelbetrieb der beiden Systeme erleichterte. So entstanden schon bald Zweinormen-Farbfernsehempfänger, die sowohl PAL als auch SECAM wiedergeben konnten und sogenannte "Transcoder", die in der Lage sind, eine Umcodierung von PAL nach SECAM oder umgekehrt durchzuführen. Eine große Erleichterung war dabei, daß der Unterschied zwischen beiden Systemen nur in der Chrominanzübertragung besteht. Alle anderen Systemparameter sind ja gleich und entsprechen der europäischen CCIR-Norm, so daß der Luminanzanteil der Farbfernsehbilder direkt - also ohne Normwandlung - systemunabhängig wiedergegeben werden kann.

Bei dem in ***Bild 2.10*** dargestellten PAL-SECAM-Transcoder müssen daher im Chrominanzkanal lediglich ein PAL-Decoder und ein SECAM-Coder hintereinander geschaltet werden. Hier demoduliert und remoduliert man aber nur die Chrominanzsignale V, U bzw. R-Y, B-Y. Die Luminanzkanäle beider Geräte sind dabei außer Betrieb. Hingegen wird die Chrominanzsignal-Wandlung durch einen separaten Luminanzkanal überbrückt. Der Farbträger des Eingangssystems (hier PAL) muß in diesem Kanal möglichst gut unterdrückt werden, damit er mit dem im Chrominanzkanal eingeführten Farbträger des Ausgangssystems (hier SECAM) nicht interferieren kann. Das geschieht meist durch ein Tiefpaßfilter mit einer Grenzfrequenz von etwa 2,7 MHz. Der dadurch bedingte Schärfeverlust wird häufig durch den dargestellten "Crispening-Entzerrer" kompensiert. Es ist dies ein Verfahren zur Kantenversteilerung, wobei gleichzeitig im Hochpaßkanal (zweite Ableitung) mit einer nichtlinearen Kennlinie die prinzipbedingte Rauschanhebung in großen Flächen vermieden wird ("Coring-Technik").

Der Transcoder in *Bild 2.10* wandelt von PAL nach SECAM. Durch Serienschaltung eines SECAM-Decoders und eines PAL-Coders im Chrominanzkanal entsteht ein Transcoder von SECAM nach PAL. ***Bild 2.11*** zeigt, daß beide Richtungen gebraucht werden, wenn Programmaustausch zwischen einem PAL- und einem SECAM-Land stattfinden soll.

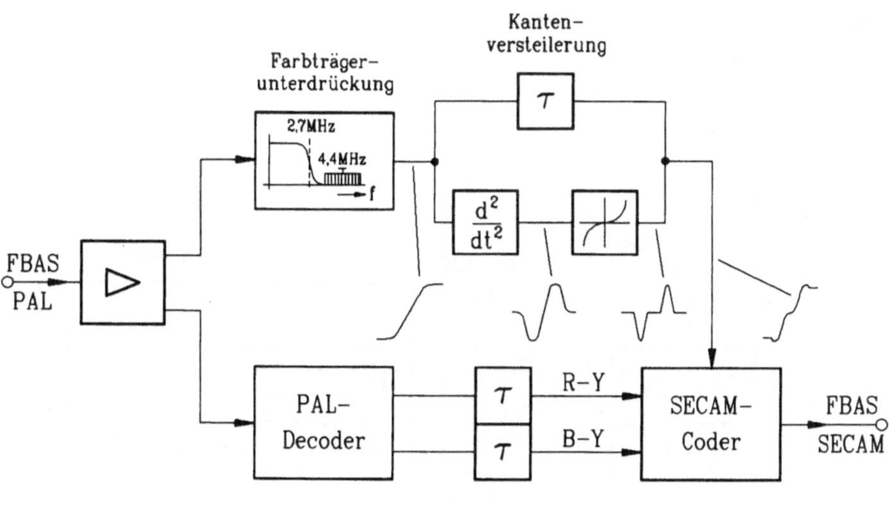

Bild 2.10: Transcodierung von PAL nach SECAM

Aber auch im Studio werden Transcoder benötigt. Im vorhergehenden Kapitel wurde ja bereits angedeutet, daß sich beim SECAM-Verfahren in der Studio-Regietechnik erhebliche Probleme ergeben, wenn – wie damals allgemein üblich – mit einer Einkanal-Umschalttechnik gearbeitet wird. Additive Mischungen der SECAM-Signale zum Zwecke der Überblendung – oder gar einfache Ausblendungen – verbieten sich nämlich wegen der frequenzmoduliert übertragenen Chrominanz. Die damals von französischen Ingenieuren propagierte Ausweichlösung einer in jedem Mischer notwendigen Demodulation und

Remodulation der Chrominanz wurde wegen der Qualitätsverschlechterung allgemein abgelehnt [10, Abschn. 16.2; 19, Kap. 3; 20]. Die Konsequenz in den meisten SECAM-Ländern war, daß man sich eben doch ein PAL-Studio einrichtete, wo es mit der additiven Mischung der quadraturmodulierten Farbträger – genauso wie bei NTSC – keinerlei Probleme gab. Nach *Bild 2.11* wird dann am Studioausgang ein PAL-SECAM-Transcoder verwendet, um die weitere Signalverteilung und Ausstrahlung normgemäß in SECAM durchführen zu können. Ein zweiter Transcoder wandelt am Studioeingang die an das PAL-Studio überspielten SECAM-Signale in PAL-Signale um. Speziell in der Tschechoslowakei wurden nach dem gleichen Prinzip auch die Übertragungswagen in PAL betrieben und am Ausgang mit einem PAL-SECAM-Transcoder versehen.

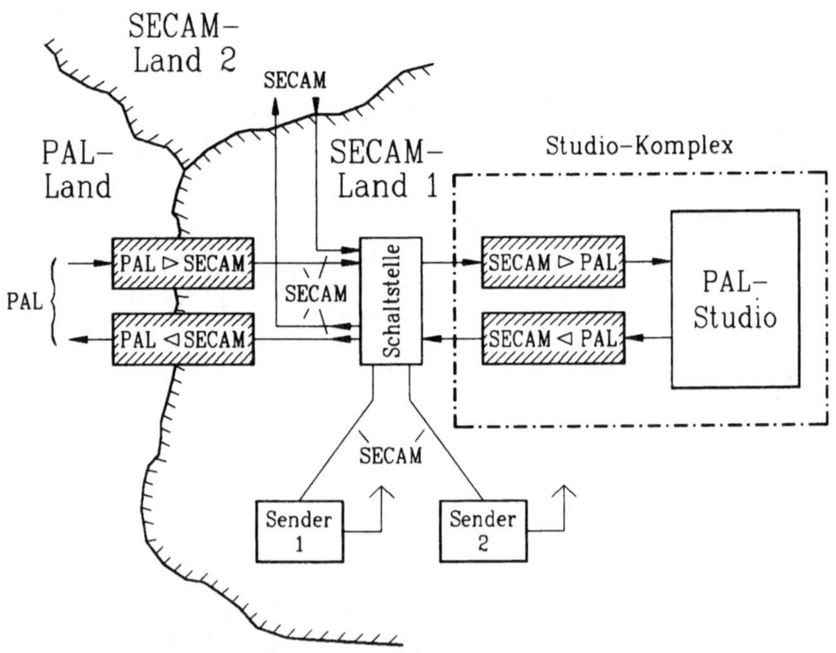

Bild 2.11: Produktion im PAL-Studio und Signalverteilung in einem SECAM-Land (Transcoder schraffiert)

In der ehemaligen DDR wirkte sich übrigens diese PAL-Ausrüstung der Studios segensreich aus, indem nach der Vereinigung durch Überbrückung des Transcoders am Studioausgang problemlos auf eine PAL-

Ausstrahlung übergegangen werden konnte. Da fast alle Empfänger in der DDR Mehrnormengeräte waren, schalteten diese sich automatisch auf PAL um. Auf diese Weise konnte die fernsehtechnische Auswirkung einer schlimmen politischen Fehlleistung schmerzlos bereinigt werden.

Einen anderen Weg gingen die französischen Ingenieure. Sie stellten schon recht früh ihre Farbfernsehstudios auf digitale Komponententechnik um, wie dies in Abschnitt 4.6 als zukunftssichere Lösung für das Farbfernsehstudio dargestellt wird. Die Überblendungen werden nun mit den Farbsignalkomponenten durchgeführt, und erst am Studioausgang ist ein SECAM-Coder vorgesehen.

Auf diese Weise waren die französischen Studios auch schon sehr früh für das D2-MAC-Verfahren gerüstet, das nach den Abschnitten 4.5 und 4.6 ein Komponentenstudio voraussetzt. Auf dieses Komponenten-Übertragungsverfahren D2-MAC hatten Deutschland und Frankreich sich Ende der 80er Jahre geeinigt, um wenigstens für das europaweite Satellitenfernsehen von der leidigen Ausstrahlung zweier unterschiedlicher Systeme PAL und SECAM wegzukommen und statt dessen eine neue gemeinsame Farbfernsehnorm zu verwenden (Abschn. 4.3). So wie sich die Dinge entwickeln, hat jedoch das zukünftige Digitale Fernsehen (Kap. 7) die besseren Chancen, diese Aufgabe einer international einheitlichen Fernsehnorm zu übernehmen.

3 Analoge Übertragung und digitaler Fernsehempfang – eine ökonomische Synthese

Die im vorigen Kapitel beschriebene Farbtonstabilität des PAL-Verfahrens hat sehr zu dem großen Erfolg des Farbfernsehens in Europa beigetragen. Doch dieses PAL-System ist – genau wie NTSC und auch SECAM – ein analoges Verfahren, das den Farbträger in Frequenzmultiplextechnik und – wegen der geforderten Kompatibilität mit der Schwarzweiß-Fernsehtechnik – sogar innerhalb des Luminanzbandes überträgt (Abschn. 2.2, *Bild 2.4b*). Das muß notwendigerweise zu wechselseitigen Beeinflussungen von Luminanz und Chrominanz führen. Hinzu kommen noch weitere Unzulänglichkeiten der analogen Übertragungstechnik, wie eine unbefriedigende Bildschärfe, Empfindlichkeit für Rauschstörungen und Bildunruhe durch Flimmerstörungen und Kantenflackern. Durch eine Digitalisierung des Fernsehsystems ließen sich diese Effekte reduzieren, wenn nicht gar vermeiden.

Die Kapitel 7 und 8 beschreiben den hohen wirtschaftlichen Aufwand, der für eine totale Umstellung auf eine rein digitale Fernsehtechnik erforderlich wäre. Nicht nur die Studios und Heimempfänger müßten auf die digitale Technik umgestellt werden, sondern die gesamte Fernseh-Übertragungstechnik. Letzteres konnte erst gelingen, nachdem mit Beginn der 90er Jahre die Verarbeitungsgeschwindigkeit der integrierten Schaltungen sich so weit steigern ließ, daß die extrem hohen Datenreduktionsfaktoren in der sehr kurzen Verarbeitungszeit von Bewegtbildsignalen realisierbar waren. In Abschnitt 6.1 wird gezeigt, daß man bei der Herstellung solcher integrierter Schaltungen mit der sehr hohen Packungsdichte und der extrem hohen Verarbeitungsgeschwindigkeit einer Datenreduktion für die digitale HDTV-Übertragung bereits in die Nähe der physikalischen Grenzen kommt, was sich in den Produktionskosten niederschlagen dürfte.

Technologischer Hintergrund

Auch ohne die extreme Forderung einer hohen Datenreduktion war schon 10 Jahre früher - also etwa Ende der 70er Jahre - die Verarbeitungsgeschwindigkeit der integrierten Schaltungen bereits so hoch, daß man daran denken konnte, die Video-Signalverarbeitung im Fernsehstudio und im Heimempfänger digital durchzuführen [23]. Hierdurch wird es möglich, die im PAL-Verfahren noch enthaltenen Qualitätsreserven freizusetzen. Dabei ist keinerlei Änderung des derzeit verwendeten analogen Fernseh-Verteilsystems erforderlich, so daß es sich hierbei um eine sehr ökonomische Lösung handelt.

In der Tat läßt sich durch den Übergang auf eine digitale Signalverarbeitung im Heimempfänger eine erhebliche Qualitätsverbesserung des PAL-Farbfernsehempfangs erreichen, da im Digitalbereich wesentlich komplexere Verarbeitungen in sehr kompakter Form möglich sind, Signalspeicherungen erleichtert werden sowie die sehr präzise - und insbesondere phasenlinear - arbeitenden Digitalen Filter [22] eingesetzt werden können.

Bild 3.1 zeigt das Blockschema des "Digitalen Empfängers". So wird der Farbfernsehempfänger mit digitaler Videosignalverarbeitung üblicherweise genannt. ***Bild 3.1a*** läßt jedoch erkennen, daß der komplette HF-Teil in der üblichen analogen Weise aufgebaut ist und erst hinter der Demodulation im ZF-Teil die Analog/Digital-Wandlung erfolgt. Es wird also das komplette PAL-Signal - Luminanz einschließlich dem mit der Chrominanz modulierten Farbträger - digitalisiert. Man nennt das eine "Geschlossene Codierung" (im anglo-amerikanischen Sprachgebrauch "Composite Coding").

Einschlägige Studien ergaben damals, daß für eine solche geschlossene Digitalisierung der übliche A/D-Wandler mit 8 bit Pegelauflösung ausreicht, um auch bei einer in der Praxis auftretenden Farbträgerdämpfung von 24 dB noch genügend Chrominanzauflösung zur Verfügung zu haben [24]. Als Taktfrequenz für die A/D-Wandlung wird ein ganzzahliges Vielfaches der Farbträgerfrequenz gewählt, um den Farbträger im Decoder problemlos verarbeiten zu können. Die zweifache Farbträgerfrequenz scheidet aus, da das Abtasttheorem hierbei nicht erfüllt ist, die

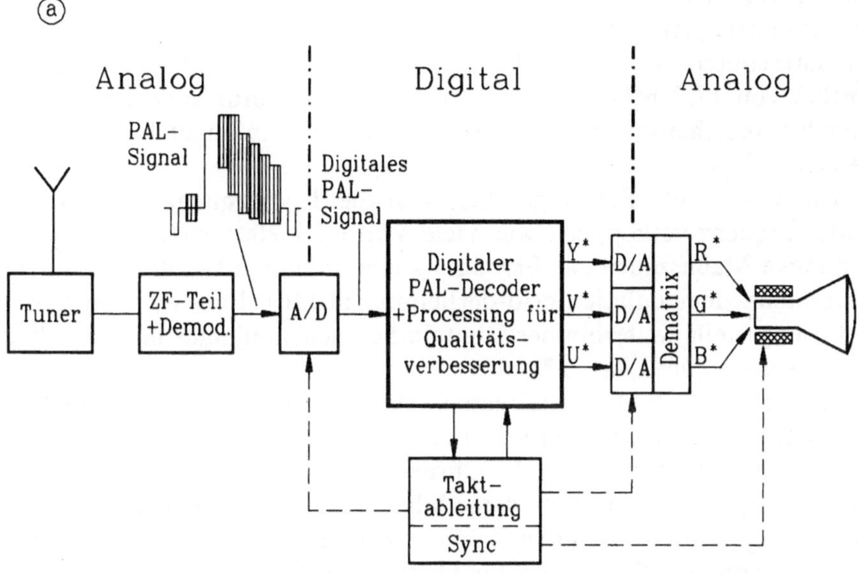

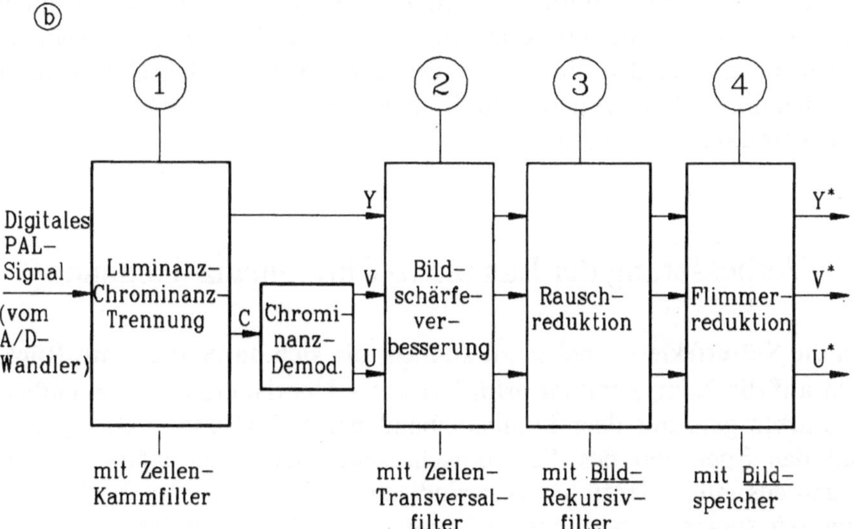

Bild 3.1: **Farbfernsehempfänger mit digitaler Videosignalverarbeitung ("Digitaler Empfänger")**
a) Blockschema eines "Digitalen Empfängers"
b) Detail-Blockschema des "Digitalen Processors" in (a)

dreifache Farbträgerfrequenz ergibt kein orthogonales Abtastraster, was für die digitalen Filtertechniken ungünstig ist, so daß nur die vierfache Farbträgerfrequenz bleibt [25]. Sie führt allerdings zu der recht hohen Abtastfrequenz 4 · 4,43 MHz = 17,7 MHz und damit zu einem Datenfluß von 17,7 MHz · 8 bit = 141,6 Mbit/s, wofür auch ein entsprechender Speicherumfang im Digitalen Fernsehempfänger benötigt wird (Abschn. 3.3).

Außer mit dem Farbträger läßt sich die Taktfrequenz auch mit der Zeilenfrequenz verkoppeln, was viele Vorteile bietet, jedoch auch einige komplexe Maßnahmen zur Erzeugung eines stabilen Farbträgers für die Chrominanzdemodulation erforderlich macht [26]. Eine sehr interessante Lösung stellt weiterhin der Digitale Fernsehempfänger mit unverkoppelter Taktfrequenz dar [27].

Nachdem das PAL-Signal entsprechend *Bild 3.1a* in einen digitalen Datenstrom verwandelt wurde, kann es mit wesentlich größerer Präzision und Langzeitstabilität in die Chrominanzkomponenten zerlegt und in die Farbsignalkomponenten demoduliert werden. In der mit starkem Strich eingerahmten digitalen Box von *Bild 3.1a* können nun aber unter der Bezeichnung "Processing für Qualitätsverbesserung" einige weitere digitale Verarbeitungsschritte untergebracht werden, die zu einer Steigerung der Bildqualität führen und in ***Bild 3.1b*** zur Übersicht in einem Blockschaltbild dargestellt sind. Die Zahlen an den einzelnen Blöcken sind identisch mit den Numerierungen der nun folgenden Unterkapitel, in denen die Maßnahmen zur Qualitätsverbesserung des PAL-Empfangs detailliert dargestellt werden.

3.1 Verbesserung der Luminanz-Chrominanz-Trennung

Um die Störeffekte verstehen zu können, die sich durch die – mit Rücksicht auf die Kompatibilität erforderliche – Überlagerung des modulierten Farbträgers mit dem Luminanzband bei NTSC und PAL ergeben, muß das Spektrum des Farbfernsehsignals näher betrachtet werden. Wegen des mit Zeilenfrequenz periodischen Abtastvorgangs besteht das Luminanzspektrum nach ***Bild 3.2a*** aus ganzzahligen Vielfachen ("Harmonischen") der Zeilenfrequenz f_H [3, Abschn. 1.3.6]. Beim NTSC-Verfahren wird die Farbträgerfrequenz als ungeradzahliges Vielfaches der halben Zeilenfrequenz gewählt, um die Sichtbarkeit der Farbträgerstörung auf dem Bildschirm zu minimieren [3, Abschn. 3.3.1]:

$$f_F = (2n-1)\frac{f_H}{2} = (n-\frac{1}{2})f_H. \tag{3.1}$$

Der Farbträger liegt deshalb nach *Bild 3.2a* genau in der Mitte zwischen zwei Luminanzlinien, also zwischen zwei Vielfachen der Zeilenfrequenz. Diese "Offsetlage" nehmen dann auch die Seitenlinien (im Abstand der Zeilenfrequenz) beiderseits des Farbträgers ein (gestrichelte Linien in *Bild 3.2a*). Man spricht auch von einem "Interlace" der Luminanz- und Chrominanzlinien.

In einem üblichen analogen Farbfernsehempfänger erfolgt die Abtrennung des Chrominanzanteils mit einem einfachen Bandpaßfilter "BP". Wie *Bild 3.2a* erkennen läßt, werden dann außer den (gestrichelten) Chrominanzlinien auch die (ausgezogenen) Luminanzlinien abgetrennt. Sie erzeugen nach der Chrominanzdemodulation ein farbiges Kantenflackern bei feinen Luminanzdetails im Bild. Man nennt diese Störung "Cross-Color". Umgekehrt erzeugen die Chrominanzlinien des modulierten Farbträgers auf dem Bildschirm ein feines Perlschnurmuster, das man "Cross-Luminanz" nennt. Diese Störung wird üblicherweise im Luminanzkanal durch eine Bandsperre ("Farbträgerfalle") reduziert, führt aber dann zu einer geringeren Bildschärfe.

Die beiden Störeffekte "Cross-Color" und "Cross-Luminanz", die zu einer erheblichen Bildunruhe führen, ließen sich vermeiden, wenn man nach ***Bild 3.2b*** ein Filter verwendet, dessen Amplitudenfrequenzgang periodische Nullstellen exakt an den Luminanzlinien bzw. - in komplementärem Verlauf - genau auf den Chrominanzlinien aufweist. Durch ein solches "Kammfilter" wären die beiden Spektren präzise zu trennen.

Bild 3.2c zeigt das Schaltbild eines solchen Kammfilters. Es ist ein sogenanntes "Transversalfilter", da es durch die beiden Zeilenverzögerungen ($\tau = 64$ µs) bezüglich des Mittelabgriffs einen Zugriff zu der vorhergehenden und der nachfolgenden Zeile schafft. Hinter dem Addierglied stehen dann die drei Anteile als Summenausdruck zur Verfügung. Wenn man ihn mit einer Zeigerdarstellung interpretiert, dann ergibt sich das Diagramm in *Bild 3.2b* links, das bei Umlauf der beiden - zu den Nachbarzeilen gehörenden - Seitenzeiger mit $\omega\tau$ (also bei Frequenzänderung ω) zu einer periodischen Amplitudenänderung mit Nullstellen im Abstand $\omega\tau = 2\pi$ führt. Die erforderliche Verzögerung der beiden Laufzeitglieder in *Bild 3.2c* errechnet sich damit zu:

$$\Delta\omega\tau = 2\pi\,\Delta f\,\tau = 2\pi \tag{3.2a}$$

und mit $\Delta f = f_H$:

$$\tau = \frac{2\pi}{2\pi f_H} = \frac{1}{f_H} = 64\ \mu s. \qquad (3.2b)$$

Es handelt sich also um ein Zeilenkammfilter, das sich in der Darstellung nach *Bild 3.2* allerdings auf das NTSC-System bezieht. Der Farbträger liegt hierbei nach Gleichung (3.1) auf einem ungeradzahligen Vielfachen der halben Zeilenfrequenz ("Halbzeilen-Offset"). Beim PAL-System müßte dagegen wegen der im Zeilenrhythmus geschalteten V-Komponente die Farbträgerfrequenz auf ein ungeradzahliges Vielfaches von einem Viertel der Zeilenfrequenz gelegt werden ("Viertelzeilen-Offset"):

$$f_F = (4n-1)\frac{f_H}{4} = (n-\tfrac{1}{4})\,f_H. \qquad (3.3)$$

Nach [10, Abschn. 12.6] bedeutet dies, daß jetzt im Frequenzspektrum zwischen zwei Vielfachen der Zeilenfrequenz jeweils zwei Frequenzlinien der Chrominanz auftreten, die zueinander einen Abstand gleich der halben Zeilenfrequenz haben. Das Kammfilter müßte dann periodische Nullstellen mit dem Frequenzabstand gleich der halben Zeilenfrequenz - also die doppelte Nullstellenzahl - aufweisen. In Gleichung (3.2) müßte für $\Delta\omega = 2\pi f_H/2$ gesetzt werden, so daß sich für die notwendige Verzögerung $\tau = 2 \times 64\ \mu s$ ergibt. Beim PAL-Verfahren hat also das Zeilen-Kammfilter die gleiche Schaltung wie in *Bild 3.2c*, wobei jedoch die Verzögerung der beiden Laufzeitglieder jetzt der zweifachen Zeilendauer entspricht. Man nennt das ein "Vierzeilen-Kammfilter".

Mit den Schirmbildaufnahmen von ***Bild 3.3*** soll die Wirkung eines Vierzeilen-Kammfilters im PAL-Decoder demonstriert werden. Die Fotos (a) und (c) zeigen die Cross-Color-Effekte an zwei verschiedenen Bildinhalten, wenn die Chrominanzabtrennung nur mit einem Bandpaßfilter erfolgt, wie in einem Analogempfänger heute allgemein üblich. In den feinen Details des Zone-Plate-Testbildes (a) und in der mit Längsstreifen gemusterten Bluse (c) erkennt man deutlich die farbigen Strukturen des Cross-Color, die sich im wirklichen Schirmbild auch als Flackerstörung präsentieren, da sich die Phasenlagen der Störsignale von Vollbild zu Vollbild ändern.

Wie dagegen die Fotos (b) und (d) in *Bild 3.3* zeigen, werden die Cross-Color-Störungen erheblich reduziert, wenn im PAL-Decoder ein Vierzeilen-Kammfilter (*Bild 3.2c*, jedoch mit 2τ) verwendet wird. Nach (b) sind jetzt alle vertikalen Linienstrukturen von Farbstörungen gesäubert. Bei den schrägstehenden Strichraster-Strukturen muß das Kammfilter jedoch versagen, da bei dieser "Anti-Offset" genannten Struktur sich die Luminanz- und Chrominanzlinien in ihrer Frequenzlage im

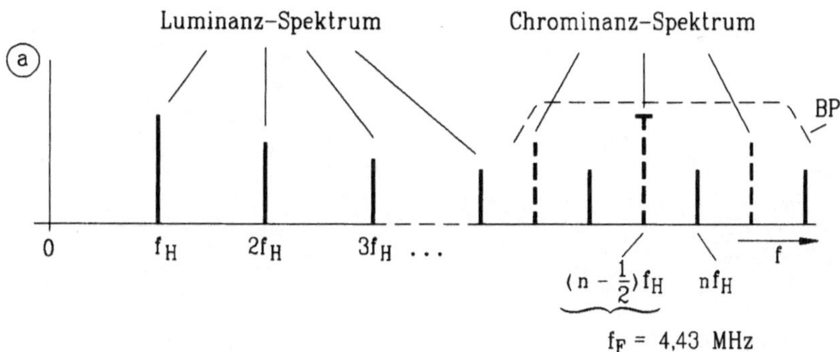

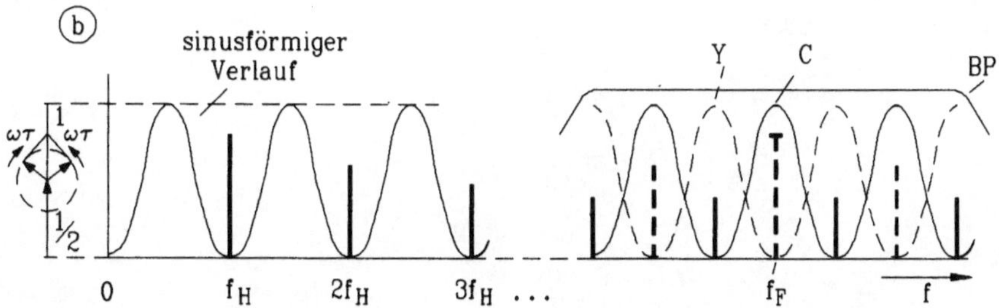

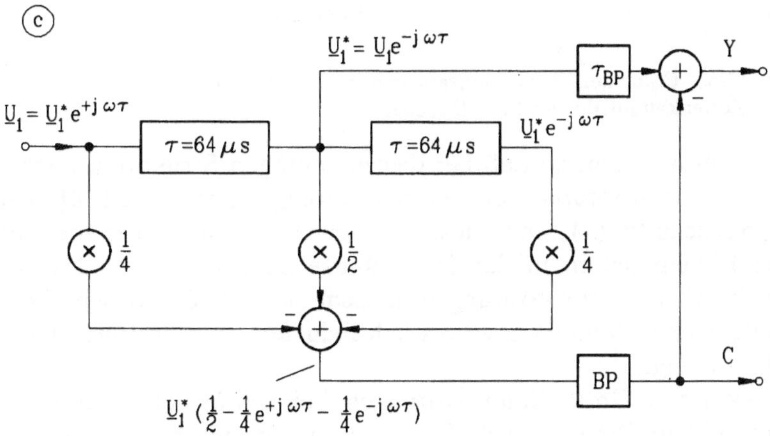

Bild 3.2: Luminanz-Chrominanz-Trennung mit Zeilen-Kammfilter
a) Luminanz- und Chrominanz-Spektrum eines Farbfernsehsignals (NTSC)
b) Amplituden-Frequenzgang eines Zeilen-Kammfilters (NTSC)
c) Zeilen-Kammfilter für die Luminanz-Chrominanz-Trennung

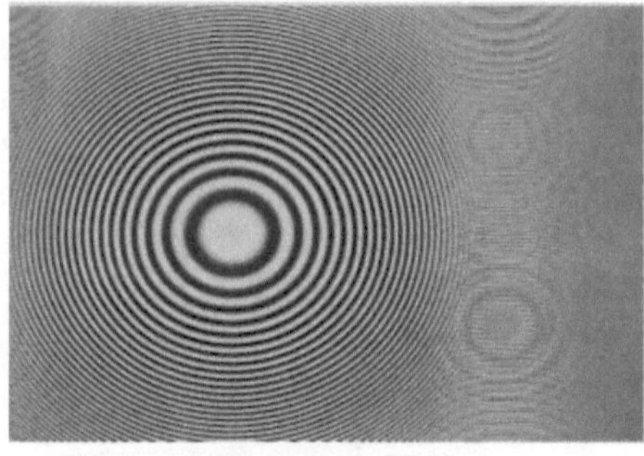

a) Zone-Plate-Testbild bei Chrominanz-Bandpaß

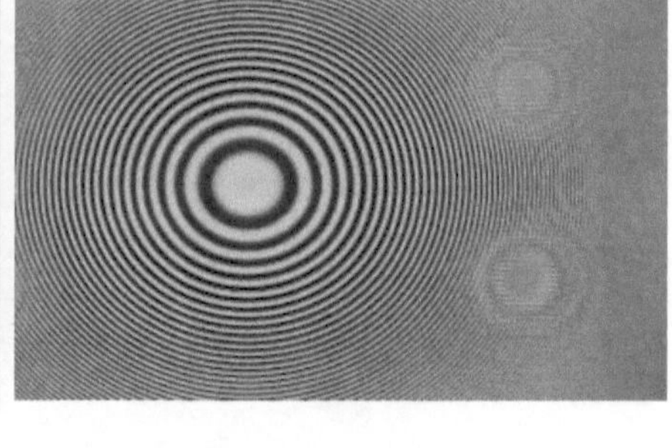

b) Zone-Plate-Testbild bei Vierzeilen-Kammfilter

c) Szenenbild bei Chrominanz-Bandpaß

d) Szenenbild bei Vierzeilen-Kammfilter

Bild 3.3: Cross-Color bei Chrominanzabtrennung mit Bandpaß und Zeilenkammfilter im PAL-Decoder

Spektrum vertauschen, so daß bei diesen schrägen Strukturen nach (b) eine Cross-Color-Störung trotz Kammfilterung übrigbleibt [28]. Auch in dem Szenenbild (d) sind diese restlichen Farbstörungen bei allen schrägen Linienmustern in der Damenbluse zu beobachten. Trotzdem hat sich die Cross-Color-Störung in diesem Bild (d) durch den Einsatz eines Zeilenkammfilters ganz wesentlich reduziert, wie ein Vergleich mit dem Bild (c) zeigt.

Die restlichen Cross-Color-Störungen bei schrägstehenden Offsetstrukturen ("Anti-Offset") nach *Bild 3.3b* lassen sich reduzieren, wenn man im PAL-Coder des Studios eine Vorfilterung mit einem äquivalenten Zeilen-Kammfilter anordnet. *D. Teichner* hat dieses Verfahren im Rahmen seiner Dissertation ausführlich untersucht [29, Kap. 5]. Vielfach wird hierbei im Coder und Decoder durch Verwendung von Bildspeichern eine Interframe-Kammfiltertechnik angewendet, die dann als "Q-PAL" [30, Abschn. 10.2.1] oder – bei Verwendung von Teilbildspeichern – als "Color-Plus" [30, Abschn. 10.2.2] bezeichnet wird.

In [31; 32] wurden adaptive Inter-/Intraframe-Verfahren vorgeschlagen. Dafür wird ein Transversalfilter wie in *Bild 3.2c* zugrunde gelegt, wobei die beiden Laufzeitglieder τ von Bilddauer auf Zeilendauer umgeschaltet werden können. Die Umschaltung wird von einem Bewegungsdetektor gesteuert. Ein Bild-Kammfilter ist nämlich in der Lage, sämtliches Cross-Color zu beseitigen (auch das sonst bei Anti-Offset entstehende!). Tritt jedoch eine Bewegung auf, dann kommt Cross-Color zurück, da sich die Frequenzlinien aus den Nullstellen des Bild-Kammfilters herausschieben [31]. Um dann bei bewegten Details wenigstens für vertikale Strukturen kein Cross-Color zu erhalten, wird über den Bewegungsdetektor auf das Zeilen-Kammfilter umgeschaltet [32; 29, Kap. 4].

In ausführlichen subjektiven Vergleichsstudien [29, Kap. 5] stellte sich dann allerdings heraus, daß beim adaptiven Intra-/Interframe-Verfahren das kurzzeitige Aufblitzen des restlichen Cross-Color, wenn die Bewegung plötzlich einsetzt, eine erhebliche Störwirkung hat. Aus diesem Grund wurde von den Probanden das reine Intraframe-Verfahren – also je ein (nicht adaptives) Zeilenfilter im Coder und Decoder oder auch nur ein Zeilenfilter im Decoder – wesentlich besser bewertet [33].

Das in *Bild 3.2c* dargestellte Zeilen-Kammfilter wird damit bevorzugt in den Codecs verwendet. Es ließe sich auch analog realisieren, ist jedoch wegen der beiden Laufzeitglieder (die ja für PAL jeweils sogar 2 Zeilen Verzögerung aufweisen müssen) prädestiniert für eine digitale Realisierung und wird deshalb fast ausschließlich im Digitalen Fernsehempfänger nach *Bild 3.1* eingesetzt.

3.2 Bildschärfeverbesserung

Die Bildschärfe eines Fernsehbildes ist abhängig von der zur Verfügung stehenden Bandbreite des Übertragungskanals und vom Frequenzgangverlauf im Durchlaßbereich, also bis zur Bandgrenze. Da die Bandbreite des Fernsehkanals die Detailauflösung und damit die Bildschärfe in der Horizontalen des Fernsehbildes beeinflußt, ist sie angepaßt an die Zeilenzahl, die für die Vertikalauflösung verantwortlich ist. Unter Zugrundelegung gleicher Auflösung in horizontaler und vertikaler Richtung ergibt sich für das europäische 625-Zeilen-System die Übertragungsbandbreite $f_{gr} = 5$ MHz (Abschn. 1.5, Gleichung 1.7). Hierzu gehört eine

Anstiegszeit der Sprungfunktion von $t_a = 1 / (2 \cdot 5 \text{ MHz}) = 0{,}1\ \mu s$. Diese Steilheit des Schwarzweiß-Übergangs bestimmt ganz wesentlich die Bildschärfe [9, Abschn. 2.5].

Trotz der durch die Zeilenzahl festgelegten Bandbreite des Fernsehsignals kann die Steilheit des Schwarzweiß-Übergangs noch wesentlich durch den Frequenzgangverlauf im Übertragungsbereich bis zur Bandgrenze beeinflußt und die Bildschärfe damit verändert werden. So spielen die in der Farbfernsehkamera und in der Bildwiedergaberöhre hervorgerufenen Frequenzgangabfälle eine ganz wesentliche Rolle für die Bildschärfe. Es handelt sich um sogenannte "Aperturfehler", die durch den endlichen Durchmesser des abtastenden Kathodenstrahls hervorgerufen werden. Der damit verbundene Frequenzgangabfall wird in der Kamera durch einen "Aperturentzerrer" kompensiert.

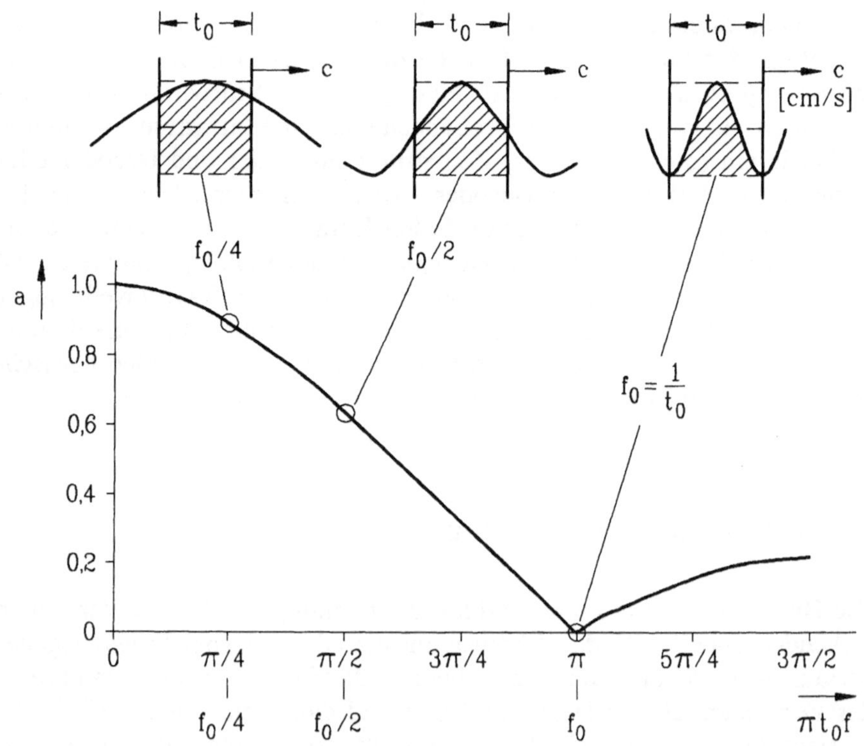

Bild 3.4: Amplituden-Frequenzgang des Aperturfehlers

In analoger Weise hat der Fernseh-Heimempfänger die Aufgabe, den Aperturfehler der Bildwiedergaberöhre zu entzerren. ***Bild 3.4*** zeigt zunächst einmal, wie sich der Aperturfehler auf den Frequenzgang auswirkt. In der oberen Bildhälfte wird der Kathodenstrahl mit seinem endlichen Durchmesser näherungsweise durch einen Spalt endlicher Breite dargestellt. Die wiederzugebende Sinusschwingung wird daher über einen Zeitabschnitt integriert, der gleich der Blenden-Durchlaufzeit ist:

$$t_0 = \frac{s}{c} \tag{3.4}$$

mit s = Blendenbreite [cm]
c = Blendengeschwindigkeit [cm/s].

Auf diese Weise kann die ursprüngliche Amplitude der Sinusschwingung nicht erreicht werden, sondern nur ein etwas geringerer Wert, der aus dem Verhältnis der schraffierten zur Gesamtfläche in *Bild 3.4* (oben) abgeschätzt werden kann. Mit zunehmender Frequenz verringert sich die Ausgangsamplitude je mehr die Sinusschwingung in die Größenordnung der Spaltbreite kommt. Nach [3, Abschn. 1.3.7; 9, Abschn. 2.5; 34, Abschn. 2.2] ergibt die rechnerische Analyse dieses "Spaltfrequenzgangs":

$$a(f) = \left| \frac{\sin \pi\, t_0\, f}{\pi\, t_0\, f} \right| = \mathrm{si}(\pi\, t_0\, f). \tag{3.5}$$

Es handelt sich hier also um eine si-Funktion, die Tabellen entnommen werden kann und den in *Bild 3.4* dargestellten Frequenzgangabfall beschreibt. Für die Frequenz $f_0 = 1/t_0$ wird die si-Funktion $\sin\pi/\pi$ sogar null. Dies erklärt sich aus der zugehörigen Spaltdarstellung in *Bild 3.4*, wo für $f_0 = 1/t_0$ genau eine Periode des Sinuswechsels in den Zeitschlitz t_0 fällt, so daß beim Durchlaufen der Sinusschwingung kein Wechselanteil mehr auftritt (nur ein Gleichanteil).

Bei der Farbbildröhre tritt ein zusätzlicher Frequenzgangabfall durch die Quantisierung des Bildschirms in rote, grüne und blaue Luminophore auf. Insgesamt ist es ein Charakteristikum dieser Aperturfehler, daß der hierdurch hervorgerufene Frequenzgangabfall ohne Phasenfehler erfolgt. Deshalb muß auch die Apertur-Entzerrungsschaltung phasenlinear arbeiten. Die nach [22] bei digitalen Filtern verwendeten Transversal-Netzwerke sind von Haus aus phasenlinear, so daß die Aufgabe einer phasenlinearen Aperturentzerrung in einem Digitalen Fernsehempfänger optimal gelöst werden kann.

Selbstverständlich sind bei einer Bildübertragung die Aperturfehler zweidimensional, d.h. sie entstehen nicht nur in der Horizontalen des Bildes (Abtastrichtung), sondern auch in der Vertikalen (von Zeile zu Zeile). Benötigt wird also ein zweidimensional arbeitender Aperturentzerrer. Die erforderliche Schaltungsstruktur dieses Entzerrers läßt sich am besten erkennen, wenn man zunächst das Frequenzspektrum des Fernsehsignals - unter Berücksichtigung des zweidimensionalen Aperturfehlers - darstellt.

Nach ***Bild 3.5a*** setzt sich das Fernsehspektrum - wie bereits im vorigen Abschnitt 3.1 (*Bild 3.2a)* dargestellt - aus Harmonischen der Zeilenfrequenz (= Horizontalfrequenz f_H) zusammen, da die Bildvorlage zeilenweise periodisch abgetastet wird. Der Amplitudenabfall mit zunehmender Frequenz wird ganz wesentlich vom horizontalen Aperturfrequenzgang $a_x(f)$ beeinflußt, also von dem in *Bild 3.4* dargestellten Frequenzgangabfall.

Durch die gleichzeitig auch in vertikaler Richtung erfolgende periodische Abtastung der Bildvorlage, die beim Zeilensprungverfahren (Abschn. 1.6) mit einer Vertikalfrequenz von f_v = 50 Hz vorgenommen wird, kommt es nach [3, Abschn. 1.3.6] zu einer Quasi-Amplitudenmodulation der einzelnen Frequenzlinien des Zeilenspektrums f_H, $2f_H$, ... in *Bild 3.5a* mit der Vertikalfrequenz und deren Oberwellen. Auf diese Weise bilden sich symmetrisch zu allen zeilenfrequenten Linien in *Bild 3.5a* Seitenlinienspektren mit Frequenzabständen 50 Hz (Vertikalfrequenz). Durch die Wahl einer ungeraden Zeilenzahl für das Zeilensprungverfahren (Abschn. 1.6) überschneiden sich die Seitenlinienspektren so, daß die im 50-Hz-Abstand auftretenden Seitenlinien ineinander verschachtelt sind, so daß ein Frequenzabstand gleich der halben Vertikalfrequenz $f_v /2 = f_B$ - also gleich der Bildfrequenz 25 Hz - entsteht [34, Abschn. 2.1.5].

Der starke Abfall der Seitenlinienamplituden in *Bild 3.5a* ist nun zu einem erheblichen Teil auf den Einfluß des vertikalen Aperturfrequenzgangs $a_y(f)$ zurückzuführen, da sich der Einfluß des endlichen Strahldurchmessers auch in der Vertikalen des Bildes erstreckt. Dadurch ergeben sich nun zwischen den Vielfachen der Zeilenfrequenz des Fernsehspektrums nach *Bild 3.5a* starke Einsattelungen, die in der Praxis bis zu regelrechten Energielücken führen können (nach Bild 3.2a für die Zusatzübertragung der farbträgerfrequenten Chrominanzinformation genutzt). Damit ist nun die Frequenzgang-Struktur eines vertikalen Aperturentzerrers klar: Es müssen die in ***Bild 3.5b*** dargestellten periodischen Anhebungen zwischen den Vielfachen der Zeilenfrequenz vorgenommen

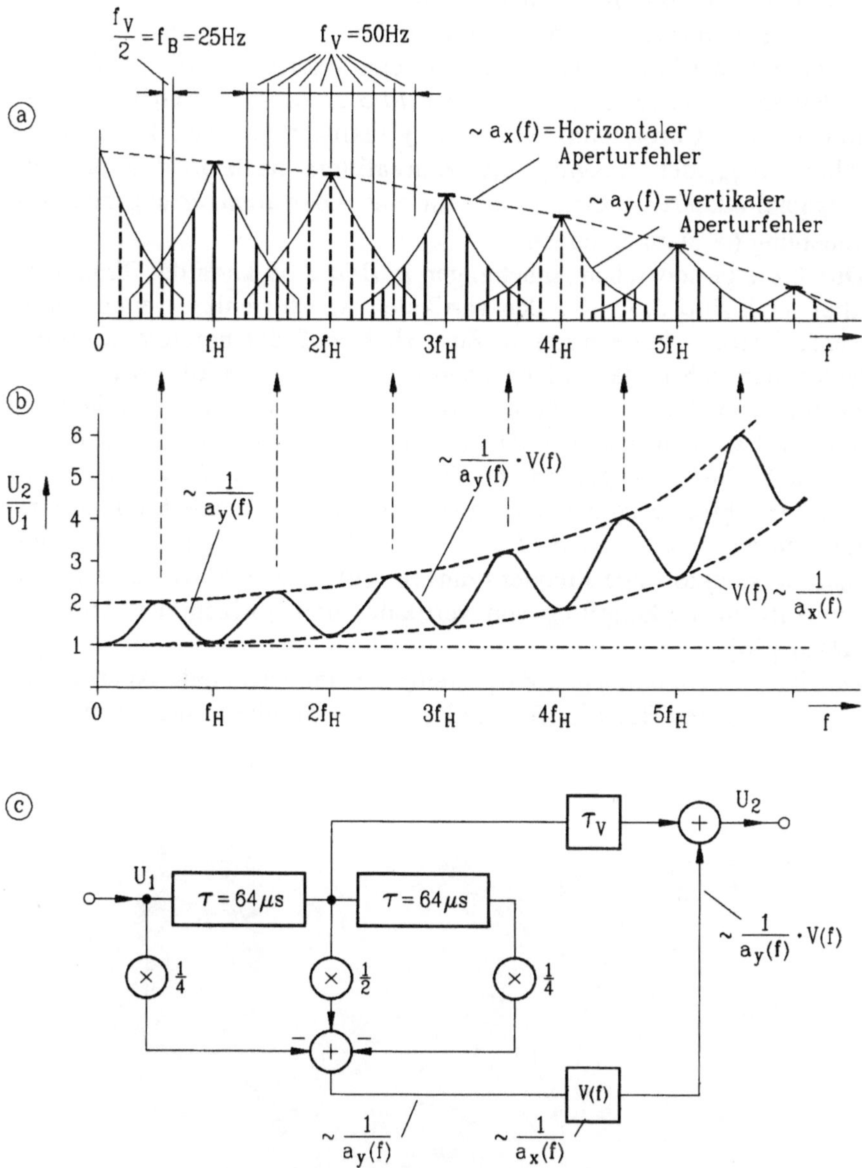

Bild 3.5: Zweidimensionale Aperturentzerrung
a) Frequenzspektrum eines Fernsehsignals beim Zeilensprungverfahren mit zweidimensionalem Aperturfehler
b) Frequenzgang der zweidimensionalen Aperturentzerrung
c) Schaltung des zweidimensionalen Aperturentzerrers

werden, damit die durch gestrichelte Pfeile gekennzeichneten Auffüllungen in den Seitenlinienspektren nach *Bild 3.5a* erfolgen können.

Wiederum wird also eine Kammfiltercharakteristik benötigt, die mit dem gleichen Transversalfilter wie in *Bild 3.2c* (dort zur Trennung von Luminanz und Chrominanz verwendet) realisiert werden kann. Jetzt allerdings muß der Ausgang des Kammfilters nach ***Bild 3.5c*** zum Hauptsignal addiert werden, um die für eine Aperturentzerrung benötigte Anhebung (> 1) zu erzeugen.

Durch die periodischen Anhebungen in *Bild 3.5b* kann das Transversalfilter nach *Bild 3.5c* also den vertikalen Aperturfehler - auch völlig phasenfehlerfrei - kompensieren. Zusätzlich muß der horizontale Aperturfehler, der sich in dem allgemeinen Frequenzgangabfall des Fernsehspektrums von *Bild 3.5a* äußert, durch eine Frequenzganganhebung kompensiert werden. Das besorgt der in den Ausgang des Transversalfilters nach *Bild 3.5c* geschaltete frequenzabhängige Verstärker V(f). Als Gesamt-Frequenzgang des zweidimensionalen Aperturentzerrers ergibt sich dann der nach *Bild 3.5b* in der Schwankungsamplitude anwachsende sinusförmige Frequenzgangverlauf. Dies erklärt sich aus der multiplikativen Verknüpfung von vertikaler und horizontaler Aperturkorrektur [36].

Der hier sehr ausführlich dargestellte zweidimensionale Aperturentzerrer ist ein gutes Beispiel für die Leistungsfähigkeit einer digitalen

Bild 3.6: Bildschärfevergleich zwischen analogem PAL-Empfänger (unten) und Digitalem Empfänger mit zweidimensionaler Aperturentzerrung (oben)

Filterschaltung. Sie arbeitet insbesondere völlig phasenlinear, wie es ja von den Aperturentzerrern gefordert wird. Wegen dieser absoluten Phasenfehlerfreiheit kann man es sogar wagen, mit einer erheblichen zweidimensionalen Überkorrektur zu arbeiten. Damit ist - trotz festgelegter Bandbreite 5 MHz des 625-Zeilen-Systems - durch rein phasenlineare Frequenzgangüberhöhung eine über die zweidimensionale Aperturentzerrung hinausgehende Steigerung der Bildschärfe möglich [35].

Die Schirmbildaufnahme von ***Bild 3.6*** läßt die erreichbare Bildschärfeverbesserung deutlich erkennen. Über eine Schnittbilddarstellung kann die Bildqualität eines üblichen analogen PAL-Empfängers (untere Bildhälfte) mit derjenigen eines Digitalen Empfängers mit zweidimensionaler Aperturentzerrung (obere Bildhälfte) verglichen werden.

Technologischer Hintergrund

Die ausgezeichnete Bildschärfe des Digitalen Empfängers ist der Beweis, daß durch den Übergang auf eine digitale Videosignalverarbeitung im Heimempfänger - ohne Veränderung der beim 625-Zeilen-System bisher üblichen analogen Übertragungstechnik - eine erhebliche Steigerung der Bildqualität erzielt werden kann. Der eigentliche Grund ist die viel größere Leistungsfähigkeit digitaler Filter, deren Einsatz in der Bewegtbildtechnik erst durch die seit Ende der 70er Jahre erreichte höhere Verarbeitungsgeschwindigkeit mikroelektronischer Schaltkreise ermöglicht wurde.

3.3 Rauschreduktion

Ein Zeilen-Kammfilter, wie es in Abschnitt 3.1 *(Bild 3.2c)* beschrieben und für die verbesserte Luminanz-Chrominanz-Trennung eingesetzt wird, läßt sich auch zur Rauschreduktion verwenden, wenn man die Schaltung so konzipiert, daß die Nullstellen genau zwischen den Vielfachen der Zeilenfrequenzlinien liegen (Y-Ausgang in *Bild 3.2c* und Y-Frequenzgang in *Bild 3.2b*). Dann werden die Rauschanteile zwischen den Vielfachen der Zeilenfrequenz reduziert und damit der Störabstand (um etwa 3 dB) verbessert.

Eine wesentliche Steigerung der Rauschreduktion ergibt sich, wenn man im Transversalfilter von *Bild 3.2c* für die Laufzeitglieder anstelle der Zeilenverzögerung (64 μs) eine Vollbildverzögerung (40 ms) zum

Einsatz bringt, also zwei Bildspeicher verwendet. Der Frequenzabstand Δf zwischen den Nullstellen des Kammfilter-Frequenzgangs ergibt sich dann, wenn man in Gleichung (3.2a):

$$\Delta\omega\tau = 2\pi\,\Delta f\,\tau = 2\pi \tag{3.6a}$$

$\tau = 40$ ms einsetzt:

$$\Delta f = \frac{1}{\tau} = \frac{1}{40\text{ ms}} = 25\text{ Hz.} \tag{3.6b}$$

Nach *Bild 3.5a* besteht das Fernsehspektrum für das Zeilensprungverfahren nach Überlagerung der Seitenlinien letztlich aus Vielfachen der Bildfrequenz $f_B = 25$ Hz. Das ist eine Folge der zweidimensionalen Abtastung mit einer Periodizität, die durch die Bildfrequenz vorgegeben wird. Einsattelungen im Kammfilterverlauf, wie sie sich mit einem Bildkammfilter nach Gleichung (3.6b) im Frequenzabstand 25 Hz zwischen den Vielfachen der Bildfrequenz ergeben, führen daher zu einer wirksamen Rauschreduktion.

Um noch mehr Rauschen zwischen den Vielfachen der Bildfrequenz herausfiltern zu können, besteht nun allerdings die Tendenz, die Einsattelung zwischen den Vielfachen der Bildfrequenz nicht mehr sinusförmig verlaufen zu lassen, wie im Kammfilterfrequenzgang nach *Bild 3.2b*, sondern mit einer breiteren Einsattelung zu versehen. Das wäre mit einem Transversalfilter *(Bild 3.2c)* jedoch nur dann zu realisieren, wenn man mehrere Filterglieder hintereinanderschalten würde, also ein Transversalfilter höherer Ordnung verwendet. Der Aufwand an Bildspeichern würde dadurch untragbar.

Es ist dann vernünftiger, auf ein sogenanntes "Rekursives Filter" überzugehen, wie es in ***Bild 3.7a*** dargestellt ist. Das Ausgangssignal wird jetzt über die Verzögerung 40 ms eines Vollbildspeichers auf den Eingang zurückgeführt und mit dem Eingangssignal gemischt, wobei das Mischungsverhältnis im "Überblender" durch den Faktor k gesteuert werden kann. Durch die Rückführung ("Rekursivität") durchläuft das Signal mehrfach den Bildspeicher und wirkt dadurch wie ein Transversalfilter höherer Ordnung mit einer Vielzahl von Bildspeichern. Hier benötigt man jedoch nur einen Bildspeicher und kann trotzdem die gewünschte breitere Einsattelung im Frequenzgang zwischen zwei Vielfachen der Bildfrequenz erzielen. Das zeigt der Ausschnitt des Frequenzgangs über das Rekursivfilter in ***Bild 3.7b*** [22, Abschn. 5.2]. Es ergibt sich ein Kammfilter-Frequenzgang mit Maxima bei den Vielfachen der

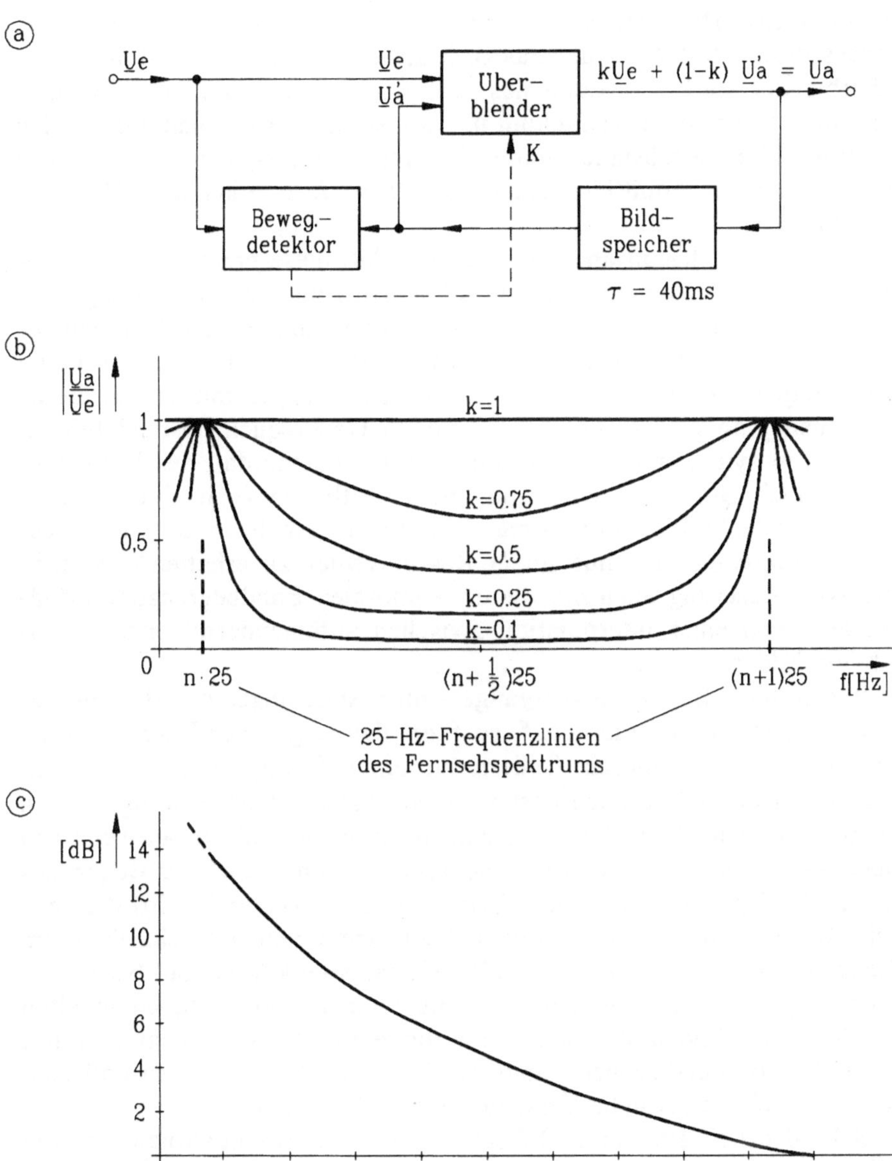

Bild 3.7: Rauschreduktion mit einem Bild-Rekursivfilter
a) Blockschema des bewegungsadaptiven Bild-Rekursivfilters
b) Amplituden-Frequenzgang des Bild-Rekursivfilters nach a) für verschiedene Mischfaktoren k
c) Störabstandsverbesserung in Abhängigkeit vom Mischfaktor k

Bildfrequenz und breiteren Einsattelungen zwischen den Vielfachen der Bildfrequenz. Dadurch ergibt sich eine ganz erhebliche Störabstandsverbesserung. Je kleiner der Faktor k gewählt werden kann (hinter dem Überblender stärkerer Anteil des rückgeführten Signals), um so tiefer und breiter wird die Einsattelung und um so mehr Rauschanteile werden beseitigt. Der Störabstand nimmt also mit kleiner werdendem k zu, wie die rechnerisch ermittelte Kurve in ***Bild 3.7c*** erkennen läßt [22, Abschn. 5.2].

Man muß sich nun aber klarmachen, daß diese erheblichen Störabstandsverbesserungen auf die starke Korrelation aufeinanderfolgender Vollbilder des Fernsehsignals zurückzuführen sind. So ergeben sich für ruhende Bildinhalte, wenn also in aufeinanderfolgenden Bildern keine Änderungen auftreten, ständige Signalwiederholungen mit 25 Hz, die zu dem ausgeprägten Linienspektrum mit 25 Hz Frequenzabstand führen. Der hierzu symmetrisch auftretende Frequenzgangabfall des Rekursivfilters nach *Bild 3.7b* entspricht einer zeitlichen (von Bild zu Bild = "temporalen") Tiefpaßfilterung. Man kann deshalb in zeitabhängiger Betrachtungsweise die mit einem Rekursivfilter zu erhaltende Störabstandsverbesserung auch mit dieser temporalen Bandbegrenzung erklären oder von einer Interpolation zwischen aufeinanderfolgenden Fernseh-Vollbildern sprechen.

Treten dann Bewegungsvorgänge - also Änderungen des Bildinhaltes von Vollbild zu Vollbild - auf, so führt das wegen der Interpolationswirkung zwischen diesen Bildern zu einer Bewegungsverschleifung. Dies ist insbesondere auch deshalb eine unangenehme Störung, da ein Rekursivfilter nach *Bild 3.7a* keinen linearen Phasengang aufweist (im Gegensatz zum Transversalfilter höherer Ordnung, das aber wegen des großen Bildspeicheraufwandes abzulehnen ist!). Dadurch wird die zeitliche Integration unsymmetrisch und zu einem reinen Nachziehen. Im Frequenzbereich von *Bild 3.7b* läßt sich das so erklären, daß bei Bewegungsvorgängen sich Seitenlinien entsprechend den Frequenzinhalten der Bewegung bilden, die dann durch die zeitliche Tiefpaßcharakteristik des Rekursivfilter-Frequenzgangs stark gedämpft werden, so daß sich auch dadurch die zeitliche Verschleifung erklären läßt.

Sehr deutlich sind diese Effekte in den Schirmbildaufnahmen von ***Bild 3.8*** zu erkennen. Die Ausgangssituation ist ein durch schlechte Empfangsbedingungen stark verrauschtes Fernsehbild nach ***Bild 3.8a***. Durch den Einsatz eines Rekursivfilters nach *Bild 3.7a* wird das Rauschen in der beschriebenen Weise erheblich reduziert, wie ***Bild 3.8b*** erkennen läßt. Gleichzeitig sieht man aber auch deutlich die durch den konstanten niedrigen k-Faktor hervorgerufenen starken Bewegungsverschleifungen (besonders an den Baumwipfeln, da die Kamera bei der

Bild 3.8: Schirmbildaufnahmen zur Rauschreduktion, (a) ohne Rauschreduktion, (b) mit Rekursivfilter, (c) mit bewegungsadaptivem Rekursivfilter

Verfolgung des Flugzeugs schnell geschwenkt wurde!). Man ist daher gezwungen, auf eine bewegungsadaptive Technik überzugehen. Wenn sie in allen bewegten Bildinhalten das Rekursivfilter abschaltet, dann läßt sich nach ***Bild 3.8c*** die Bewegungsverschleifung vermeiden. Allerdings verbleibt dann auch in den bewegten Details das starke Rauschen des Eingangsbildes, ein Effekt, den man jedoch vielfach vernachlässigen kann.

Das Rekursivfilter in *Bild 3.7a* muß nun also durch eine Einrichtung ergänzt werden, die bewegte Details erkennt. Im einfachsten Fall ist das der "Bewegungsdetektor". Er bildet die Differenz zwischen zwei zeitlich aufeinanderfolgenden Bildern und schaltet für bewegte Details, die aus der Differenzbildung zu erkennen sind, den k-Faktor auf 1, so daß sich der glatte Frequenzgang nach *Bild 3.7b* ergibt. Die zeitliche Tiefpaßcharakteristik des Rekursivfilters ist damit für bewegte Bildstrukturen abgeschaltet, so daß die Bewegungsverschleifung entfällt, das Rauschen aber natürlich ebenfalls durchgeschaltet wird. Diese restlichen Rauschstörungen in bewegten Bildteilen versucht man in jüngster Zeit, durch Übergang auf Bewegungsschätzverfahren zu vermeiden [37]. Auch der einfache Bewegungsdetektor nach *Bild 3.7a* bedarf bei bewegungsadaptiven Rauschreduktionsverfahren einer komplexen Nachverarbeitung [22, Abschn. 5.2; 29, Abschn. 4.3; 38; 39].

Ein mit dem adaptiven Rekursivfilter nach *Bild 3.7a* ausgerüsteter Digitaler Fernsehempfänger ist damit in der Lage, das bei geringer Empfangsfeldstärke (ungünstiger terrestrischer Empfang) auftretende starke Rauschen ganz erheblich zu reduzieren, wie der Vergleich der Schirmbildfotos von *Bild 3.8a* und *Bild 3.8c* dokumentiert.

Technologischer Hintergrund

An der digitalen Rauschreduktion wird zum erstenmal deutlich, wie durch den Übergang von der zweidimensionalen zur dreidimensionalen Signalverarbeitung die Wirksamkeit digitaler Filterschaltungen noch einmal erheblich gesteigert werden kann. Das war erst möglich, nachdem durch die stürmische Weiterentwicklung der Mikroelektronik in Richtung hochintegrierter Schaltungen (Very Large Scale Integration = VLSI) die Speicherdichte Ende der 80er Jahre so weit erhöht werden konnte, daß der Preis für einen Fernseh-Bildspeicher (4 Mbit) in eine für Fernsehempfänger akzeptable Größenordnung kam.

Die Entwicklung der Speichertechnologie ist dem ***Bild 3.9a*** zu entnehmen. Man erkennt, daß sich die Speicherdichte seit Beginn der 80er Jahre progressiv erhöhte. Durch die VLSI-Technologie war es bereits 1989 möglich, auf einem Speicher-Chip 4 Mbit unterzubringen. Für den

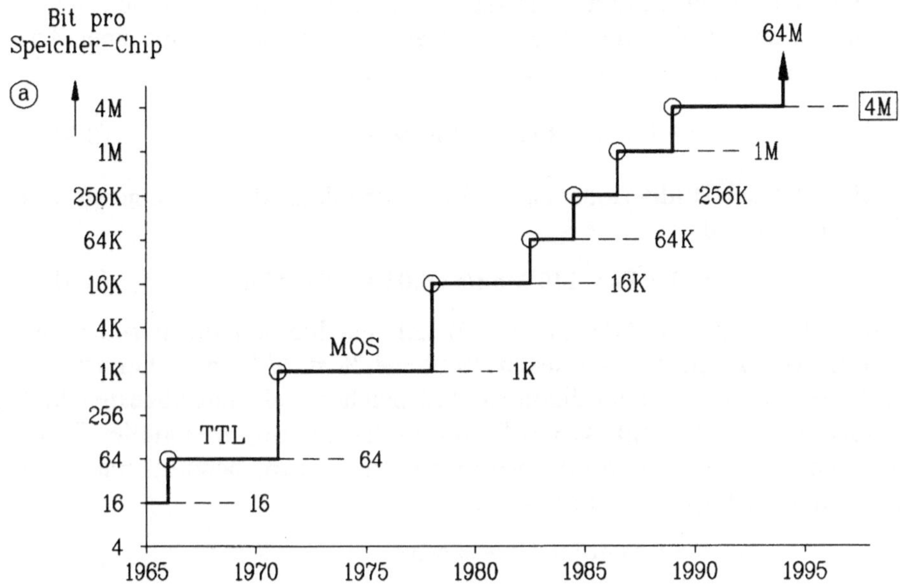

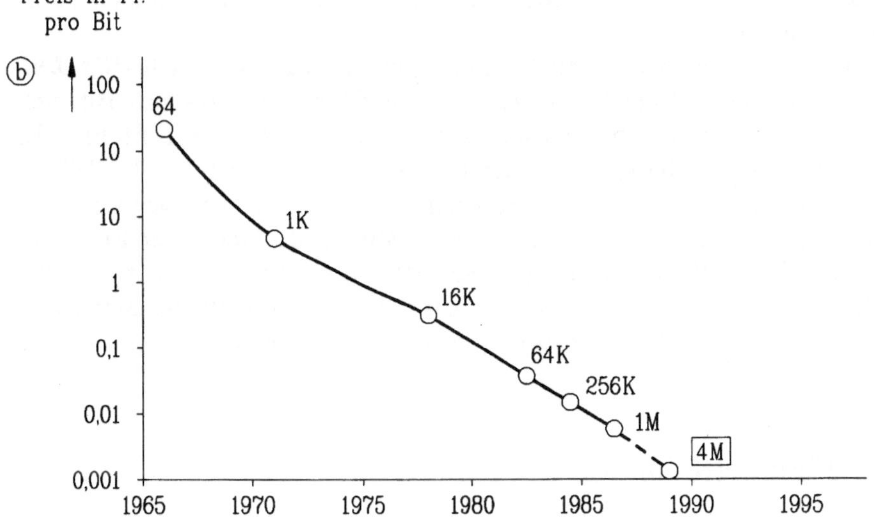

Bild 3.9: Entwicklung der digitalen Speichertechnik
a) Zunahme der Speicherdichte von 1965-95
b) Preisreduktion pro Bit von 1965-90

Digitalen Fernsehempfänger ist das ein wichtiger Wert, da sich – wie bereits in der Einführung zu diesem Kapitel 3 erwähnt – mit einer Abtastfrequenz von 17,7 MHz ein Datenfluß von

$$H' = 17{,}7\ \text{MHz} \cdot 8\ \text{bit} \approx 140\ \text{Mbit/s} \tag{3.7a}$$

ergibt. Mit der Bildperiode T_B = 40 ms wird dann die Datenmenge pro Fernseh-Vollbild:

$$H = H' \cdot T_B = 140\ \text{Mbit/s} \cdot 0{,}04\ \text{s} = 5{,}6\ \text{Mbit}. \tag{3.7b}$$

Nach Abschnitt 1.4 (Gleichung 1.6) nehmen hiervon die horizontalen und die vertikalen Austastlücken 19 % + 8 % = 27 % der Datenmenge in Anspruch, die aber im digitalen Bildspeicher nicht mit abgespeichert werden müssen. Um ein aktives Farbfernseh-Vollbild im Digitalen Fernseh-empfänger speichern oder verzögern zu können, benötigt man also einen (aktiven) Speicherumfang von:

$$H_a = 5{,}6\ \text{Mbit} \cdot 0{,}73 = 4\ \text{Mbit}. \tag{3.7c}$$

Das ist genau die Datenmenge, welche nach *Bild 3.9a* etwa ab 1989 auf einem IC-Chip gespeichert werden konnte. Dieser 4-Mbit-Speicherbaustein war daher prädestiniert für die Anwendung im Digitalen Fernsehempfänger.

Dies wurde noch wesentlich dadurch unterstützt, daß nach ***Bild 3.9b*** mit zunehmender Speicherdichte auf dem Chip der Preis pro Bit sich ganz erheblich reduziert. So mußte man etwa 1973 mit 1 Pf pro Bit rechnen. Damals hätte ein 4-Mbit-Bildspeicher $1\ \text{Pf/bit} \cdot 4 \cdot 10^6\ \text{bit} = 40\,000$ DM gekostet; seine Anwendung im Heimempfänger war also indiskutabel. Erst 1989 war mit dem 4-Mbit-Bildspeicher der Preis pro Bit auf 0,001 Pf/bit gesunken, so daß der Bildspeicher nur noch $0{,}001\ \text{Pf/bit} \cdot 4 \cdot 10^6\ \text{bit} = 40$ DM kostete und damit für die Signalverarbeitung im Digitalen Fernsehempfänger in Frage kam.

3.4 Flimmerreduktion

Für die Reduktion des Bildflimmerns ist ein Bildspeicher unerläßlich. Zwar läßt sich mit dem in Abschnitt 1.6 beschriebenen Zeilensprungverfahren das Bildflimmern in großen Flächen schon erheblich reduzieren, die Rasterwechselfrequenz von 50 Hz läßt jedoch – insbesondere bei hellen Bildflächen – noch restliche Flimmerstörungen entstehen. Außer-

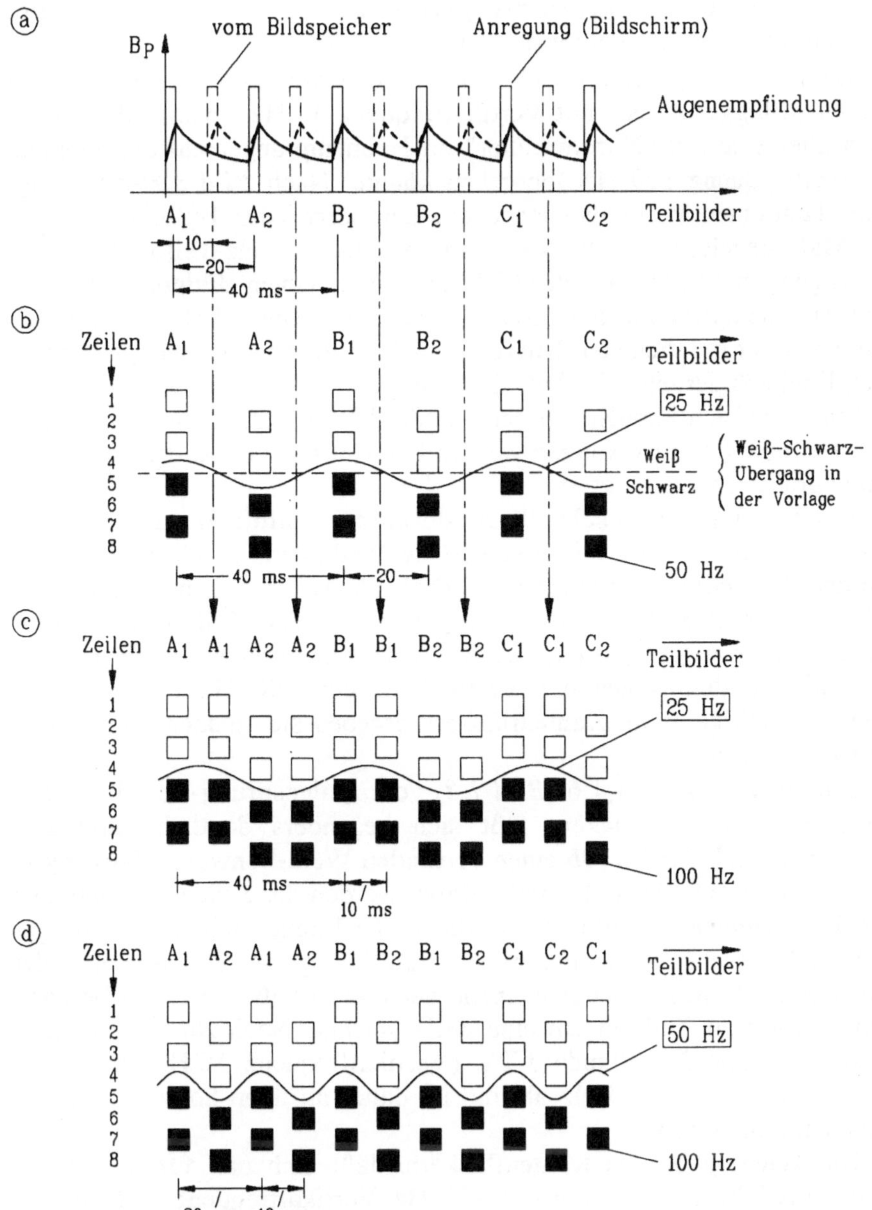

Bild 3.10: Verfahren zur Flimmerreduktion
a) Flimmerreduktion durch Verdopplung der Vertikalfrequenz auf 100 Hz
b) Kantenflackern mit 25 Hz bei Standard-TV
c) 100-Hz-Verfahren A_1A_1, d) 100-Hz-Verfahren A_1A_2

dem wird durch das Zeilensprungverfahren ein Flackern horizontaler Kanten mit 25 Hz hervorgerufen (Abschn. 1.6).

Beide Störungen ließen sich – unter Beibehaltung des heute üblichen Zeilensprungverfahrens mit Vertikalfrequenz 50 Hz – vermeiden, wenn man über eine Art "Normwandler" im Heimempfänger auf die doppelte Vertikalfrequenz 100 Hz übergehen könnte. Nach ***Bild 3.10a*** benötigt man dazu einen Vollbildspeicher, aus dem jetzt jedes Teilbild ein zweites Mal ausgelesen werden kann, so daß eine 100-Hz-Teilbildfolge zur Verfügung steht (Abstand der Lichtimpulse an einem Bildpunkt: 10 ms). Die Augenempfindung mit ihrer "Visionspersistenz" (Trägheit) verläuft nun nach der gestrichelten Kurve in *Bild 3.10a* mit einer viel geringeren Amplitudenänderung als bei den doppelt so großen Zeitabständen (20 ms) der Lichtimpulse bei der Standard-Vertikalfrequenz von 50 Hz. Die Helligkeitsschwankungen werden bei 100 Hz Vertikalfrequenz vom Auge praktisch ausintegriert.

Für das doppelt so schnelle Auslesen der Teilbilder aus dem Bildspeicher gibt es nun zwei verschiedene Methoden. Nach ***Bild 3.10c*** werden die Teilbilder einfach wiederholt ($A_1A_1A_2A_2$...), nach dem Verfahren in ***Bild 3.10d*** werden dagegen die beiden Teilbilder zweimal nacheinander ausgelesen ($A_1A_2A_1A_2$...). Das Großflächenflimmern wird in beiden Fällen wegen der Vertikalfrequenz 100 Hz (Teilbilddauer 10 ms) beseitigt. Beim Kantenflackern ergeben sich jedoch grundlegende Unterschiede.

Das nach Abschnitt 1.6 (*Bild 1.8*) vom Zeilensprung-Verfahren hervorgerufene Kantenflackern läßt sich besonders deutlich darstellen, wenn man nach ***Bild 3.10b*** einen vertikalen Weiß-Schwarz-Übergang in der Vertikal/Zeit-Ebene darstellt. Dabei werden die Zeileninformationen für die einzelnen Teilbilder in zeitlicher Richtung nacheinander dargestellt [22, Abschn. 5.3]. Man erkennt, daß infolge des Zeilensprungs der auf dem Bildschirm wiedergegebene vertikale Weiß-Schwarz-Übergang von Teilbild zu Teilbild um eine Zeile springt. Nach *Bild 3.10b* läuft dieser Vorgang bei Standard-TV (Vertikalfrequenz 50 Hz) mit einer Flackerfrequenz von 25 Hz ab und ist daher an allen horizontalen Details deutlich zu sehen.

Die Wiedergabe des Kantenflackerns läßt sich nun für die beiden Flimmerreduktionsverfahren mit 100 Hz Vertikalfrequenz in ähnlicher Weise an den Vertikal/Zeit-Ebenen von *Bild 3.10c* und *Bild 3.10d* studieren. Danach ergibt sich für das Verfahren A_1A_1 in (c) die gleiche Flackerfrequenz von 25 Hz – und damit die gleiche Störwirkung – wie beim Standard-TV-Verfahren nach (b). Hingegen führt das Flimmerreduktions-Verfahren A_1A_2 nach (d) zu einer Flackerfrequenz von 50 Hz, was durch den Trägheitseffekt des Auges nicht mehr wahrgenommen wird.

Danach wäre also dem Verfahren A_1A_2 nach *Bild 3.10d* der Vorzug zu geben, da es sowohl das Großflächenflimmern als auch das Kantenflackern beseitigt. Leider gibt es aber bei diesem Verfahren Schwierigkeiten bei der Wiedergabe von bewegten Details, wie ***Bild 3.11*** (rechts) erkennen läßt. Durch die Wiederholung der Auslesung ($A_1A_2A_1A_2$) aus dem Bildspeicher ergibt sich bei einer z.B. von links nach rechts wandernden Struktur eine Bewegungswiederholung, also eine ruckweise Bewegung. Beim Verfahren A_1A_1 wird dagegen der Bewegungsablauf exakt wiedergegeben [22, Abschn. 5.3].

In der Praxis wird daher häufig das Verfahren A_1A_1 verwendet, da es auf jeden Fall die Bewegungsdefekte vermeidet und mit relativ wenig Aufwand zu realisieren ist [40]. Allerdings wird hierbei zwar das Großflächenflimmern, nicht jedoch das Kantenflackern beseitigt.

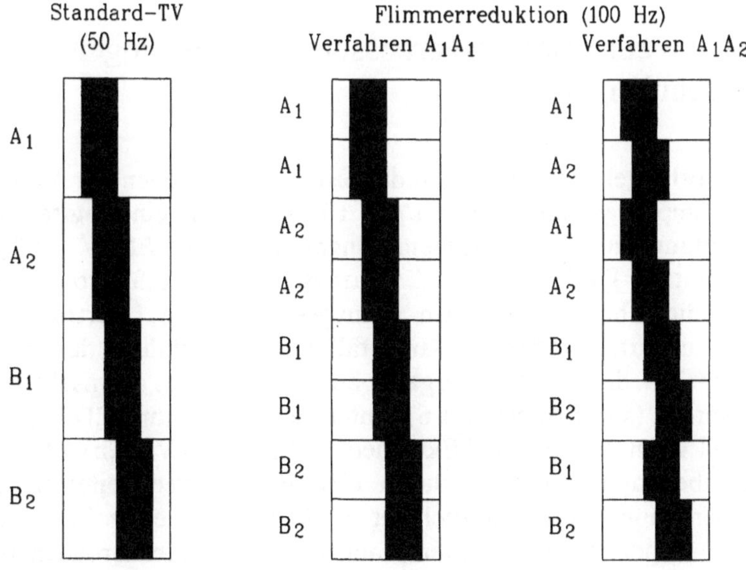

Bild 3.11: Bewegungswiedergabe bei Verfahren zur Flimmerreduktion (100 Hz)

In Digitalen Empfängern lassen sich komplexere Schaltungen mit erträglichem wirtschaftlichem Aufwand realisieren. Es wurden daher Interpolationstechniken untersucht, mit denen die Bewegungsstörungen des Verfahrens A_1A_2 verringert werden können [39; 41; 42, Kap. 4]. Besonders aussichtsreich sind Verfahren, die bewegungsadaptiv arbeiten. Mit einem Bewegungsdetektor – oder sogar einem Bewegungsschätzer – wird an bewegten Strukturen vom Verfahren A_1A_2 auf das Verfahren A_1A_1 umgeschaltet und so die Bewegungsdefekte vermieden. Als restliche Störung verbleibt hier ein Kantenflackern (des Verfahrens A_1A_1) bei bewegten Details, das jedoch überwiegend zu vernachlässigen ist [41].

Von *Hentschel* [42, Kap. 7] wird ein sehr effektives adaptives Verfahren vorgeschlagen, das lediglich einen wenig aufwendigen Kantendetektor benötigt. Hierbei wird nun primär mit dem Verfahren A_1A_1 gearbeitet. Horizontale Kanten würden jetzt allerdings flackern. Vom Kantendetektor (der sich mit nur einer Zeile Verzögerung realisieren läßt) werden nun alle horizontalen Kanten erkannt und an diesen Stellen auf das Verfahren A_1A_2 umgeschaltet, das ja nach *Bild 3.10d* auch das Kantenflackern beseitigt.

3.5 Systeme zur Qualitätsverbesserung der analogen Fernsehübertragung

Die in den vorhergehenden Kapiteln dargestellten Methoden zur Verbesserung der Empfangsqualität durch den Übergang auf eine digitale Signalverarbeitung im Farbfernsehempfänger wird als EDTV (= "Enhanced Definition TV") bezeichnet. Charakteristisch ist für solche Systeme, daß die Übertragungsnorm – insbesondere die Übertragungsbandbreite – unverändert bleibt. Damit fallen auch Verfahren der Qualitätsverbesserung, die durch Übergang auf ein digitales Fernsehstudio realisiert werden (siehe Abschn. 4.6), unter die Bezeichnung EDTV.

Von EDTV im Sinne von "Extended Definition TV" spricht man, wenn die Übertragungsqualität durch eine Bandbreiteerweiterung erreicht werden kann. Diese Möglichkeit ergibt sich bei einer Satellitenübertragung – speziell bei Direktempfang (DBS = Direct Broadcasting Satellite) –, da hier eine Kanalbandbreite von 8-10 MHz (statt der 5 MHz des terrestrischen Fernsehkanals) zur Verfügung steht. Das führte z.B. zu einem "Extended PAL" (E-PAL) genannten Verfahren, das den Luminanzanteil bei 3,5 MHz begrenzt und so das "Cross-Color" vermeidet (und deshalb keine Kammfilterschaltung im Empfänger nach Abschnitt 3.1 benötigt). Der Frequenzbereich 3,5 ... 5,5 MHz des Luminanzsignals wird durch Frequenzumsetzung in einem Frequenzbereich oberhalb 5 MHz übertragen [43, Abschn. 5.3.2]. Auch das im späteren

Abschnitt 4.3 behandelte MAC-Verfahren gehört zur Gruppe "Extended Definition TV", da die Luminanz- und Chrominanzkomponenten komprimiert übertragen werden und deshalb eine über 5 MHz liegende Bandbreite beanspruchen [43, Abschn. 6.1.2; 44, Abschn. 6.4).

In Japan wurden EDTV-Systeme ("Clearvision") für das dort verwendete NTSC-Verfahren angeregt durch die Entdeckung der sogenannten "*Fukinuki*-Holes". Nach *Fukinuki* [45] ist es nämlich möglich, über den Farbträger weitere Informationen in Quadraturmodulation zu übertragen, wenn man die Phasenlage des Trägerzusatzes teilbildsequentiell um 180° tastet. Das hierbei zwischen komplementären Farben auftretende 25-Hz-Flimmern wird vom Auge praktisch nicht wahrgenommen, solange die Farbsättigung in den üblichen Grenzen normaler Farbbildszenen bleibt [30, Abschn. 10.1.8]. Ähnlich wie beim E-PAL werden dann die abgetrennten höherfrequenten Luminanzanteile trägerfrequent übertragen, jetzt allerdings als Zusatzinformation über den Farbträger in diesen "*Fukinuki*-Holes". Damit verbunden ist der Vorteil, daß keine Bandbreiteerweiterung (wie bei E-PAL) erforderlich wird, so daß dieses Verfahren kompatibel mit dem normalen NTSC-Verfahren ist.

Nicht kompatibel mit dem Standard-Farbfernsehen lief dagegen in Japan die Entwicklung des höher auflösenden Fernsehens HDTV (= High Definition Television). Nach Abschnitt 6.4 würde die bei einem solchen HDTV-System angestrebte Verdoppelung der Zeilenzahl die wirklich entscheidende Verbesserung der Detailauflösung im Fernsehsystem bringen, so daß auch die eindrucksvolle Großprojektion des Fernsehbildes - und damit die Vergleichbarkeit mit der 35-mm-Filmprojektion - realisiert werden kann. Es wurde hierzu das Übertragungsverfahren MUSE (siehe Abschn. 4.4) entwickelt, das mit dem Standard-Fernsehen in NTSC-Norm in keiner Weise kompatibel ist.

Die Entwicklung eines HDTV-Systems mit 1125 Zeilen / 60 Hz Teilbildfrequenz begann in Japan schon Anfang der 70er Jahre und wurde vor allem von der staatlichen Rundfunkanstalt *NHK* initiiert [30, Kap. 11], so daß frühzeitig HDTV-Studiokomponenten und HDTV-Empfänger als Prototypen entwickelt und von der japanischen Industrie in Liefergeräte umgesetzt wurden. In den USA fehlte es durch den Rückgang der amerikanischen Fernsehgeräteindustrie an Initiative, einen eigenen HDTV-Standard zu entwickeln. Da andererseits ein komplettes japanisches Geräteprogramm in der dort gewählten HDTV-Norm vorlag, forderten die amerikanischen Broadcaster (insbesondere die *CBS*) etwas vorschnell die Einführung des 1125 Zeilen/60 Hz-Standards, dem das *American National Standards Institute (ANSI)* im Oktober 1988 auch tatsächlich entsprach. Schon im April 1989 wurde jedoch diese Entscheidung wieder rückgängig gemacht, da die nicht vorhandene

Kompatibilität des japanischen HDTV-Standards mit der Standard-Fernsehnorm als untragbar angesehen wurde. Nur durch eine Verdoppelung der NTSC-Zeilenzahl 525 auf 1050 und die Beibehaltung der Vertikalfrequenz von 59,94 Hz war diese Kompatibilität mit dem bestehenden Standard zu gewährleisten.

Bis zum Herbst 1989 hatten die verschiedenen Laboratorien von Firmen und Forschungsinstituten in den USA etwa 20 verschiedene Systeme erarbeitet, die eine mehr oder weniger kompatible Übertragung eines HDTV-Signals innerhalb des NTSC-Kanalrasters von 6 MHz ermöglichen [46]. Gemeinsam ist ihnen die Bezeichnung ATV (= "Advanced Television"). Als Beispiel sei das System ACTV (= Advanced Compatible Television) des *David Sarnoff Research Center* in Princeton, USA [47] erwähnt. Hier erfolgt nun sogar eine mit NTSC kompatible Breitbild-Farbfernsehübertragung. Inzwischen hatte sich nämlich die Forderung durchgesetzt, daß ein HDTV-Bild in Breitbildtechnik wiedergegeben werden sollte. Nach Abschnitt 6.4 wird hierdurch der Telepräsenz-Eindruck verstärkt. Das ACTV-System überträgt dann nach [47] die Information der gegenüber dem Format 4:3 erforderlichen Randbereiche ("Side-Panel"-Technik nach *Bild 3.13a*) in expandierter Form (reduzierter Bandbreite) über die "*Fukinuki*-Holes" des Farbträgers. Durch Quadraturmodulation lassen sich hierüber gleichzeitig auch die höheren Frequenzen (5,0-6,2 MHz) des Luminanzanteils übertragen, was für die höhere Horizontalauflösung des Breitbildes von Bedeutung ist (Abschn. 3.6).

Technologischer Hintergrund

Es ist ganz selbstverständlich, daß alle – etwa von 1988 bis 1991 in den USA entwickelten – NTSC-kompatiblen HDTV-Übertragungsverfahren mit ihrer äußerst komplexen Verarbeitungstechnik nur durch eine digitale Signalverarbeitung im Studio-Coder und im Decoder des Heimempfängers realisierbar waren, während die Übertragung selbst analog erfolgen sollte. Sie sind daher mit dem Digitalen Fernsehempfänger (*Bild 3.1*) eng verknüpft, dessen technologische Grundlagen bis zur Fertigungsreife mit den erforderlichen integrierten Schaltungen in Europa bereits Anfang der 80er Jahre – also mit einem erheblichen Vorsprung – erarbeitet worden waren.

Um unter den zahlreichen ATV-Systemen eine Auswahl treffen zu können, wurde 1988 von mehreren Fernseh-Produktionsgesellschaften in den USA ein *"Advanced Television Test Center" (ATTC)* ins Leben gerufen. Die Tests mußten jedoch immer wieder verschoben werden wegen Verzögerung der Hardware-Entwicklung verschiedener Systeme [46]. Als sich dann ab etwa 1991 eine rein digitale Lösung der HDTV- und Standard-TV-Übertragung abzeichnete (Kap. 7 und 8), ließ man die mit analoger Übertragung arbeitenden, NTSC-kompatiblen ATV-Systeme ganz fallen. In dem amerikanischen Test Center *ATTC* sollen zukünftig nur die rein digitalen Systeme geprüft werden.

3.6 PALplus-System

Wie im vorigen Kapitel berichtet, erkannte man in den USA erst 1989 die Bedeutung einer mit dem Standard-Fernsehen kompatiblen HDTV-Norm. In Europa kam man bereits 1981 zu dieser Erkenntnis, denn etwa zu dieser Zeit begann in England die Entwicklung des analogen Zeitmultiplex-Übertragungsverfahrens MAC für die Satellitenübertragung mit verbesserter Qualität, das ab 1986 durch die Entwicklung eines dazu kompatiblen HDTV-Übertragungssystems HD-MAC im *Nat.-Lab.* der Firma *Philips* in Eindhoven/Holland ergänzt wurde (siehe Abschn. 4.4). Seit 1980 gab es außerdem Vorschläge von *B. Wendland* für eine Auflösungsverbesserung des Standard-Fernsehsystems bei Konvertierung aus einem HDTV-System [48].

Im oberen Teil von ***Bild 3.12*** ist diese angestrebte kompatible Übertragung eines HDTV-Systems (HD-MAC) und eines Standard-Fernsehsystems verbesserter Bildqualität (D2-MAC) über einen direkt empfangbaren Satelliten dargestellt. Senderseitig besteht diese Kompatibilität darin, daß sowohl HD-MAC- (vom HDTV-Studio) als auch D2-MAC-Signale (vom Standard-TV-Studio) übertragbar sein müssen. Empfängerseitig ist die Kompatibilität dadurch gekennzeichnet, daß ein im Haus (rechts oben) angeschlossener Standard-Empfänger für 625 Zeilen das Satellitensignal ebenso wiedergeben kann, wie der an die Antennenanlage parallel angeschlossene HDTV-Empfänger für 1250 Zeilen – und zwar sowohl für eine HD-MAC-Sendung als auch für eine D2-MAC-Sendung, selbstverständlich mit unterschiedlicher Qualität.

Um diese Kompatibilität relativ einfach realisieren zu können, war schon Anfang der 80er Jahre die Entscheidung für eine mögliche europäische HDTV-Norm mit 2 × 625 = 1250 Zeilen und 50 Hz Vertikalfrequenz (die gleiche wie im Standard-Fernsehen) gefallen. Ende der 80er Jahre war dann auch klar, daß die für HDTV selbstverständliche Breitbildübertragung (siehe Abschn. 6.4) auch für das D2-MAC-Verfahren - also für Standard-TV in 625 Zeilen - übernommen werden sollte. Durchgesetzt hat sich nach [49] für die Breitbildtechnik das Format $(4:3)^2 = 16:9 = 1{,}77 = 5{,}33:3$. Die einfache Ableitung des neuen Breitbildformats durch Quadrierung des Standardformats 4:3 hat den Vorteil, daß sich speziell bei digitaler Signalverarbeitung feste Umrechnungen für die neuen Abtastfrequenzen ergeben. Als sich etwa 1988 die Tatsache herauskristallisierte, daß die Zukunft des Fernsehens dem Breitbildformat 16:9 gehören würde und auch schon feststand, daß alle zukünftigen Satellitenübertragungen in den Standards mit erhöhter Bildqualität (HDTV und D2-MAC) mit diesem neuen 16:9-Format durchgeführt würden, da fanden sich Vertreter der deutschen, der österreichischen und der schweizerischen Rundfunkanstalten sowie des *Instituts für Rundfunktechnik (IRT)* zu einer "PAL-Strategiegruppe" zusammen, um über die Zukunft des PAL-Verfahrens nachzudenken. Daraus entstand 1989 die "PALplus-Strategiegruppe", der dann auch die wichtigsten Firmen der europäischen Unterhaltungselektronik-Industrie angehörten, wozu Ende 1990 noch die *British Broadcasting Corporation (BBC)* und der *Verband der unabhängigen Rundfunkveranstalter in Großbritannien (UK-IB)* hinzukamen. Unter der Bezeichnung "PALplus" hatte man gemeinsam das PAL-Verfahren derart weiterentwickelt, daß eine Breitbildübertragung im 16:9-Format möglich wurde. Damit konnte nun parallel zur Satellitenübertragung des 16:9-Bildes auch eine terrestrische Breitbildübertragung durchgeführt werden [50].

Für den Wunsch, das Breitbildformat auch über den terrestrischen Kanal übertragen zu können, gibt es zwei wichtige Gründe:

1.) Die nicht an die Satelliten- und Kabelverteilung angeschlossenen Fernsehzuschauer sollen von den 16:9-Produktionen nicht ausgeschlossen bleiben.

2.) Die teureren HDTV-Produktionen in 16:9 sowie die Standard-TV-Produktionen in 16:9 lassen sich nur dann wirtschaftlich nutzen, wenn parallel zur Satelliten-Verteilung eine terrestrische Verteilung im PAL-Standard ermöglicht wird.

Zu Punkt 2 ist in *Bild 3.12* mit den stark ausgezogenen Signalwegen im Studiokomplex (links) dargestellt, wie eine teure HDTV-Studioproduktion in 16:9 sowohl über den Satelliten (in HDTV) als auch parallel über den terrestrischen Weg (in der PALplus-625-Zeilennorm) übertragen werden kann. Dazu wandelt ein "Konverter" die 1250 Zeilen des HDTV-Studios in die 625 Zeilen der Standard-TV-Norm um. Es

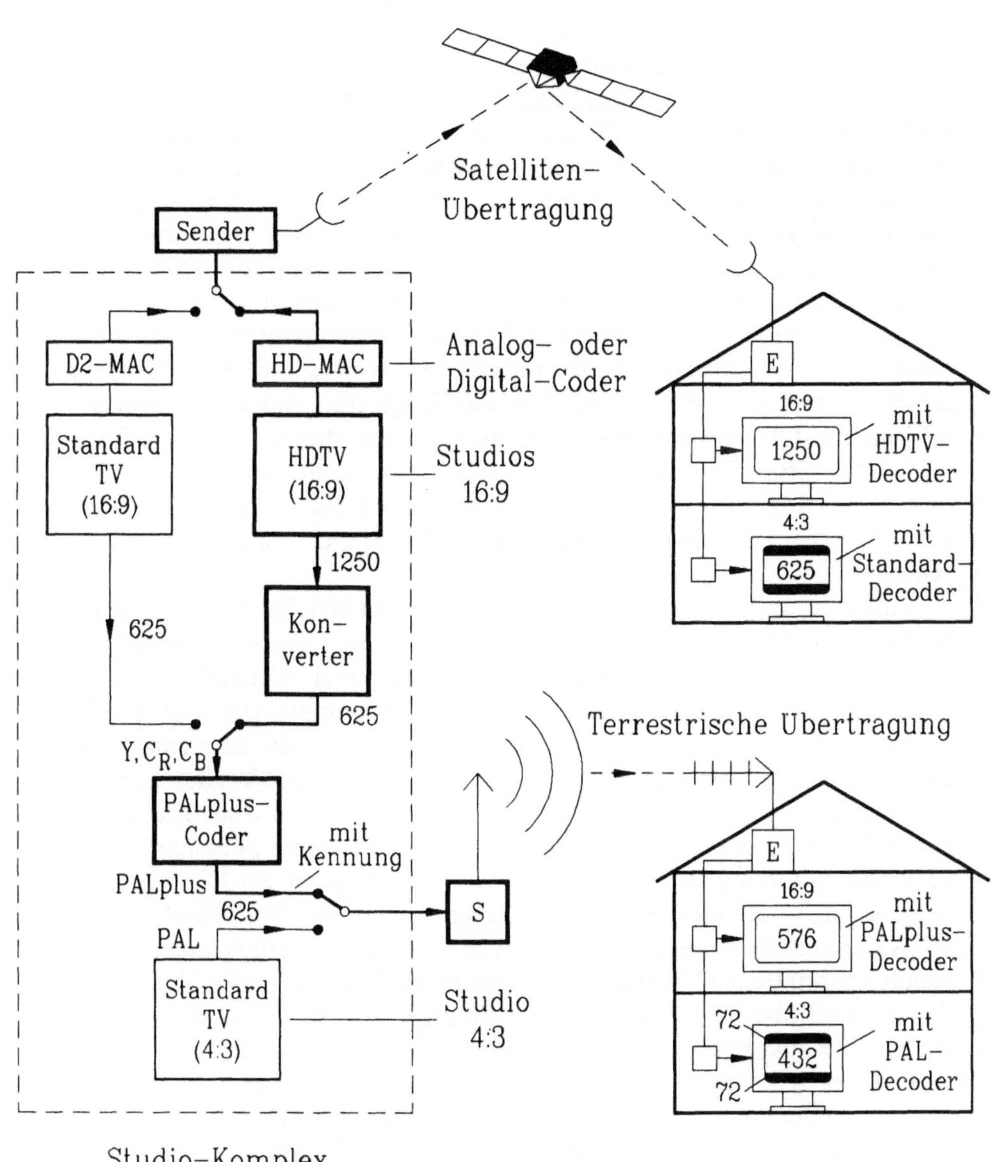

Bild 3.12: Übertragung von Fernsehsignalen erhöhter Bildqualität (z.B. HD-MAC und D2-MAC) über Satellit bei gleichzeitiger terrestrischer Übertragung mit dem PALplus-Verfahren

folgt dann im PALplus-Coder die Umwandlung der Farbsignalkomponenten in das PALplus-Signal und schließlich die terrestrische Übertragung. An die Antennenanlage für den terrestrischen Empfang des Hauses (rechts unten in *Bild 3.12*) kann dann neben einem modernen 16:9-Empfänger mit PALplus-Decoder natürlich auch ein normaler 4:3-Empfänger angeschlossen sein. Das PALplus-Verfahren muß deshalb in der Lage sein, das 16:9-Bild auf einem 4:3-Empfänger wiederzugeben, also eine Kompatibilität mit dem bisher gebräuchlichen 4:3-Empfänger herzustellen. Das gilt im übrigen gleichermaßen, wenn das 16:9-Signal direkt in der Standard-TV-Norm (625 Zeilen) erzeugt wird, also aus dem 16:9-Standard-TV-Studio (im Studio-Komplex von *Bild 3.12* links oben) kommt. Selbstverständlich muß der 16:9-Empfänger im Haus (rechts unten in *Bild 3.12*) auch in der Lage sein, ein ganz normales 4:3-Standard-TV-Signal wiederzugeben, wenn dieses in dem PAL-Studio (im Studiokomplex von *Bild 3.12* links unten) erzeugt wird. Für diese "Re-Kompatibilität" ist im PALplus-Decoder des 16:9-Empfängers eine entsprechende Umschaltung der Signalverarbeitung vorzusehen.

Zunächst sollen nun in ***Bild 3.13*** Möglichkeiten für die kompatible Darstellung einer 16:9-Sendung auf dem Schirm eines 4:3-Empfängers gezeigt werden. Nach der sogenannten "Sidepanel"-Technik [49], die vor allem in anglo-amerikanischen Ländern propagiert wird und in ***Bild 3.13a*** dargestellt ist, wird auf dem 4:3-Empfänger ein Ausschnitt aus dem 16:9-Format wiedergegeben. Mit dem "Pan-Scan"-Verfahren kann dieser Bildausschnitt horizontal verschoben werden, wie in *Bild 3.13a* durch die Doppelpfeile dargestellt. Hierzu aber ist eine personalintensive Vorverarbeitung im Studio erforderlich [49], denn ein Bildregisseur muß bei sich verändernder Szene ständig den 4:3-Bildausschnitt an die bildwichtigen Teile anpassen. Die dabei sich jeweils ergebenden "Sidepanel-Informationen" werden im übrigen nach *Bild 3.13a* über einen Zusatzkanal übertragen und im 16:9-Empfänger dem 4:3-Bild als seitliche Anteile zugesetzt, um das gewünschte Breitbild entstehen zu lassen. Wegen der Kompatibilität für die Übertragung und den Empfang auf konventionellen 4:3-Empfängern muß die Sidepanel-Information selbstverständlich im Multiplex mit dem Standard-TV-Signal übertragen werden. Als typisches Beispiel sei das bereits im vorigen Kapitel erwähnte ACTV-System des *David Sarnoff Research Center*, Princeton/USA, genannt. Es überträgt diese zusätzliche Sidepanel-Information zum Teil in den "*Fukinuki*-Holes" des Farbträgers (siehe Abschn. 3.5) und zum Teil durch eine Quadraturmodulation des HF-Bildträgers, d.h. der Trägerschwingung des Kabelkanals bzw. des Fernsehsenders [47], was einer Frequenzmultiplex-Technik entspricht.

Im Gegensatz dazu hat sich in Europa eine völlig andere Methode der kompatiblen Wiedergabe des 16:9-Signales auf einem 4:3-Empfänger durchgesetzt. Wie in ***Bild 3.13b*** dargestellt, wird das 16:9-Bild in vertikaler Richtung um den Faktor 3/4 komprimiert, so daß auf dem Schirm des 4:3-Empfängers das volle Format des 16:9-Bildes dargestellt wird, denn 4 : (3 · 3/4) = 16:9! Dies geht nach *Bild 3.13b* (oben) nur unter Inkaufnahme einer jeweils 25 % / 2 = 12,5 % breiten Austastlücke ("schwarze Streifen") am oberen und unteren Bildrand. Um dem Benutzer eines 4:3-Empfängers diesen Verlust an Bildschirmfläche verständlich zu machen, weist man gerne auf die Tatsache hin, daß ja bisher schon bei der Übertragung von Breitbildfilmen im Fernsehen solche "schwarzen Balken" am oberen und unteren Bildrand notwendig waren, woran sich das Publikum ja bereits gewöhnt habe. In bewußter Übertreibung bezeichnet man dieses Verfahren als "Letterbox"-Technik, vergleicht also die Wiedergabe des schmalen 16:9-Bildes auf dem 4:3-Empfänger mit einem "Briefkastenschlitz"!

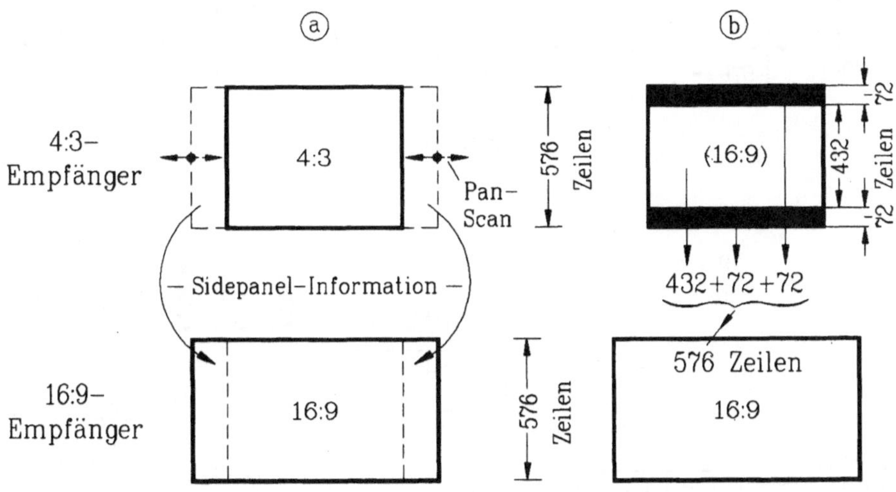

Bild 3.13: Kompatible Wiedergabe von Breitbildsignalen auf 4:3- und 16:9-Empfängern, (a) Sidepanel-Verfahren, (b) Letterbox-Verfahren

Bei diesem Verfahren ist es erforderlich, bereits im PAL-Coder des Studios die insgesamt 576 aktiven Zeilen des Standard-TV-Signals (= 625 abzüglich der 8 % Zeilen für die vertikale Austastlücke) in 576 · 3/4 = 432 Zeilen für den aktiven Bildteil und 576 · 1/4 = 2 · 72 Zeilen für die beiden schwarzen Balken am oberen und unteren Bildrand aufzuteilen. Der aktive Bildinhalt muß also von ursprünglich 576 Zeilen auf 432 Zeilen transformiert werden. Benötigt wird demnach ein Zeilenkonverter, der nach [51, 52] mit einer Kombination aus Interpolation und Dezimation realisiert werden kann. Speziell in den Arbeiten [52, 53] wird gezeigt, daß man die Konversion in 432 Zeilen auch als eine vertikale Tiefpaßfilterung und die Konversion in die 2 · 72 = 144 Zeilen der beiden schwarzen Balken als eine vertikale Hochpaßfilterung auffassen kann. Hierfür wurden besonders fehlerarme Filtermethoden ("Quadratur-Mirror-Filter" = QMF-Filter) entwickelt.

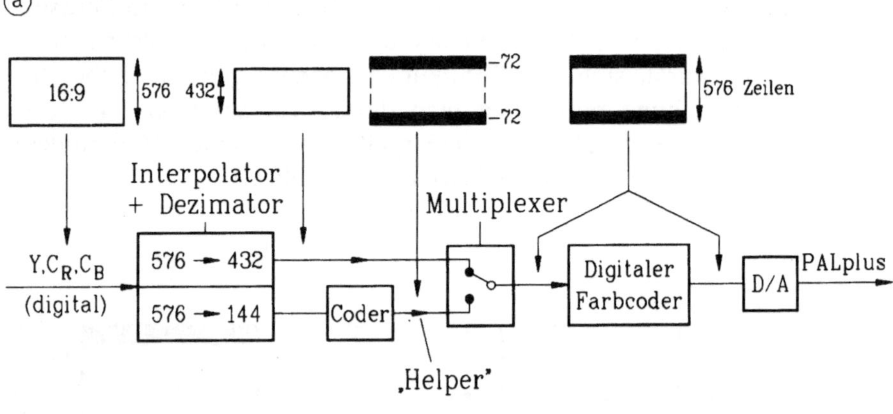

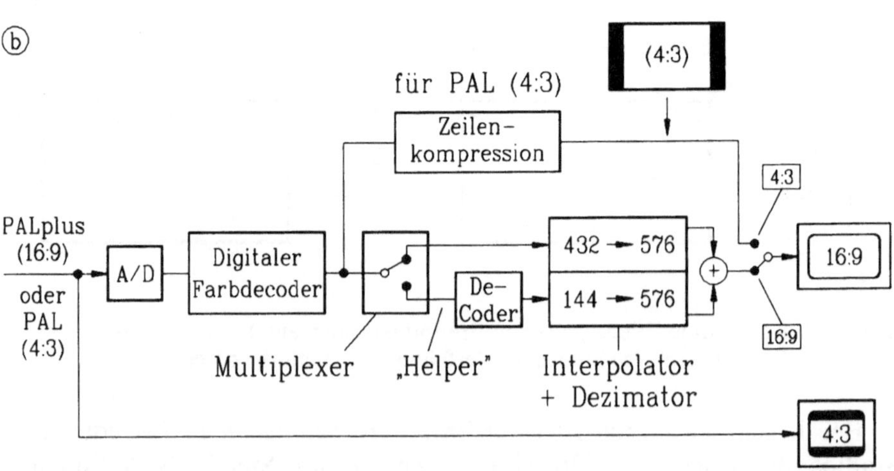

Bild 3.14: Blockschema der PALplus-Codierung in digitaler Signalverarbeitung (a) PALplus-Coder, (b) PALplus-Decoder (PAL-kompatibel)

Um nun für das 16:9-Bild (*Bild 3.13b,* unten) die volle Auflösung von 576 Zeilen rekonstruieren zu können, muß die Information der 2 · 72 = 144 Zeilen, die aus der vertikalen Hochpaßfilterung im Coder genommen wurde, zusätzlich zum PAL-Signal - also wieder in einer Multiplextechnik - übertragen werden. Hierfür bieten sich nun die beiden Austastlücken im Bild (die "schwarzen Balken") an, was zu einer Zeitmultiplex-Technik führt. Dieses Verfahren erhielt die Bezeichnung "PALplus" mit dem "PALplus-Coder" auf der Senderseite im Studio und dem "PALplus-Decoder" im 16:9-Empfänger.

Im ***Bild 3.14*** sind die Blockschemata von PALplus-Coder und PALplus-Decoder dargestellt. Man erkennt im Coder (***Bild 3.14a***) die Auftrennung der 576 aktiven Zeilen in die 432 und 144 Zeilen durch Interpolation und Dezimation bzw. vertikale Tiefpaß- und Hochpaßfilterung. Der Hochpaßanteil (144 Zeilen) wird in einem speziellen Coder einer Kompandierung unterworfen, um den Störabstand zu verbessern, sowie einer Farbträgerschwingung aufmoduliert, um die Sichtbarkeit in den schwarzen Balken zu reduzieren [54]. Das hierbei entstehende Zusatzsignal wird "Helper" genannt und im "Multiplexer" mit dem Tiefpaßanteil (432 Zeilen) zeitmultiplex kombiniert. Der PALplus-Decoder (***Bild 3.14b***) macht alle diese Vorgänge wieder rückgängig und kombiniert insbesondere in einem entsprechenden "Interpolator und Dezimator" die Informationen der 432 Zeilen mit derjenigen der 144 Zeilen (Helper) zu den 576 Zeilen der vollen Vertikalauflösung.

Um einen anschaulichen Eindruck von der bei PALplus verwendeten Interpolation und Dezimation zu bekommen, soll die Zeilenkonvertierung nicht im Frequenz-, sondern im Ortsbereich dargestellt werden. So zeigt ***Bild 3.15*** den Vorgang der Zeilenwandlung von 576 zu 432 aktiven Zeilen anhand der Gegenüberstellung beider Zeilenraster [51]. Das Bildungsgesetz für die Zusammensetzung (Interpolation) der 432 Zeilen aus den 576 Zeilen ist leicht zu erkennen. Bei dieser sogenannten "Vollbildinterpolation" werden jedoch die Informationen der beiden aufeinanderfolgenden Teilbilder TB1 und TB2 additiv zusammengefaßt. Bei Bildern von Fernsehkameras kommt es daher zu Bewegungsverschleifungen, da die Teilbilder unterschiedliche Bewegungsphasen enthalten. Lediglich bei Filmübertragungen tasten die beiden Teilbilder (1/50 s) eines Vollbildes (1/25 s) stets die gleiche Information eines kompletten Filmbildes ab. Eine Programmkennung "Kamera/Film", die als Digitalwort in der vertikalen Austastlücke am Studioausgang eingeblendet wird, wäre daher sehr zweckmäßig. Bei Sendungen von Kameras müßte dann auf eine "Halbbildinterpolation" umgeschaltet werden. Jetzt wird die Zeilenkonvertierung durch eine Interpolation innerhalb des Teilbildes TB durchgeführt. Dadurch entfallen die Bewegungsdefekte, aber es kommt leider auch zu einer vertikalen Unschärfe. Eventuell wären bewegungsadaptive Verfahren im PALplus-Decoder die geeignete Lösung [51].

Als weitere wichtige Kennung muß in der vertikalen Austastlücke des PALplus-Signals eine deutliche Kennzeichnung der 16:9-Sendung übertragen werden, damit daraufhin der PALplus-Decoder des 16:9-Empfängers eingeschaltet werden kann. Kommt dagegen das Signal aus einem PAL-Studio im 4:3-Format (*Bild 3.12* im Studiokomplex links unten), dann fehlt diese Kennung, und der Decoder im 16:9-Empfänger nach *Bild 3.14b* schaltet mit dem Ausgangsschalter auf den Parallelweg mit "Zeilenkompression". Das 4:3-Bild wird dann horizontal um den Faktor 5,33/4 = 1,33 komprimiert, so daß die Wiedergabe im richtigen Seitenverhältnis erfolgen kann, wofür aber nach der Schirmbilddarstellung in *Bild 3.14b* die beiden seitlichen Schwarzstreifen in Kauf zu nehmen sind.

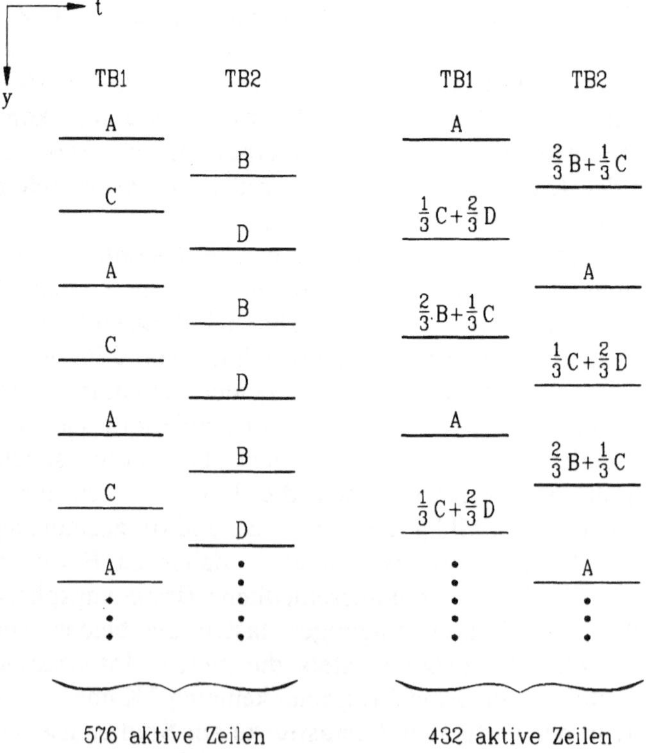

Bild 3.15: Örtliche Darstellung der Rasterkonversion von 576 auf 432 Zeilen durch Interpolation der Zeilen aufeinanderfolgender Teilbilder (TB) (= "Vollbildinterpolation")

Es gibt Überlegungen, diese Austaststreifen mit zusätzlichen Bildinformationen zu füllen. Leider hat auch die "Zoom-Funktion" Eingang gefunden in die Fernbedienung von 16:9-Empfängern. Hierfür wird die Zeilenkompression abgeschaltet, so daß das 4:3-Bild in der Horizontalen formatfüllend – aber 1,33 vergrößert – wiedergegeben wird. Um aber Geometriefehler zu vermeiden, muß es in der Vertikalen um den gleichen Faktor 1,33 vergrößert, damit aber zu 33 % (bzw. oben und unten jeweils um 33/2 = 16,5 %) abgeschnitten werden. Diese Methode ist deshalb eigentlich abzulehnen!

In *Bild 3.14* fällt noch auf, daß im Ausgang des PALplus-Coders ein "Digitaler Farbcoder" und im Eingang des PALplus-Decoders ein "Digitaler Farbdecoder" Verwendung finden sollen. Es werden damit die gleichen Ziele verfolgt, wie sie in der Einführung zu diesem Kapitel 3 und in den Abschnitten 3.1 bis 3.4 für den Digitalen Empfänger zusammengestellt wurden - nämlich eine Präzisions-Decodierung durchzuführen. Das betrifft neben der Flimmerreduktion (Abschn. 3.4) vor allem die Verbesserung der Luminanz-Chrominanz-Trennung (Abschn. 3.1) und die hierdurch zu erzielende volle Luminanzauflösung bis zur vollen Bandbreite 5 MHz. Hierzu wurde von *Kays* [55] das sogenannte "Color-Plus-Verfahren" angegeben. Es handelt sich um die Anwendung eines bewegungsadaptiven Teilbild-Kammfilters im Coder und Decoder, die zu einer sauberen Trennung von Luminanz und Chrominanz führt, so daß (auch nach den Erkenntnissen in Abschnitt 3.1) Cross-Color weitestgehend vermieden wird, und vor allem für die Luminanz die volle Kanalbandbreite von 5 MHz garantiert werden kann.

Letzteres ist nun von ganz besonderer Bedeutung, da die Breitbildübertragung eigentlich eine größere Bandbreite erfordern würde. Nach Gleichung (1.7) erhöht sich die Bandbreite des Fernsehsignals proportional zum Seitenverhältnis b/h. Beim Übergang auf das Format 16:9 vergrößert sich daher die Bandbreite auf:

$$f^*_{gr} = 5\,\text{MHz} \cdot \frac{16/9}{4/3} = 5\,\text{MHz} \cdot \frac{4}{3} = 6{,}67\,\text{MHz}.$$

Da die Bandbreite des Übertragungskanals nach wie vor 5 MHz beträgt, reduziert sich die Detailauflösung des 16:9-Bildes um den Faktor 5 MHz/6,67 MHz = 0,75. Dabei ist allerdings vorausgesetzt, daß die PALplus-Codierung und -Decodierung die volle Luminanz-Bandbreite bis 5 MHz überträgt. Das aber gelingt nur, wenn im Farbcoder und im Farbdecoder von *Bild 3.14* digitale Kammfiltertechniken zur möglichst präzisen Trennung des Spektrums in den Luminanz- und Chrominanzanteil verwendet werden, wie das in *Bild 3.2* dargestellt und in Abschnitt 3.1 für den Digitalen Farbfernsehempfänger ausführlich beschrieben wurde.

Trotz dieser idealen Vorbedingung in den Codiergeräten muß man – wegen der Bandbegrenzung 5 MHz des Übertragungskanals – nach obiger Kalkulation bei der 16:9-Übertragung einen Auflösungsverlust von 25 % in der Horizontalen des Bildes in Kauf nehmen. Ein Trost dabei ist, daß dies etwa dem gleichen Auflösungsverlust entspricht, den man bei heutigen analogen PAL-Empfängern erhält, wenn im Luminanzkanal zur Farbträgerunterdrückung ein einfaches Saugkreis-Filter ("Farbträgerfalle", im Decoder von *Bild 2.4a* mit "Falle" bezeichnet) enthalten ist. Wegen der durch diese Farbträgerfalle im Luminanzkanal des Decoders hervorgerufenen Einsattelung im Frequenzgang [10, Abschn. 12.3] beträgt die effektive Bandbreite nur etwa 3,7 MHz. Deshalb ergibt sich auch schon beim normalen PAL-Empfänger in analoger Schaltungstechnik eine Auflösungsreduktion in der Horizontalen des Bildes von 3,7 MHz/5 MHz ≈ 0,75. Das ist der gleiche Reduktionsfaktor wie beim 16:9-Empfang, so daß sich ein gleicher Bildschärfeeindruck beim zukünftigen 16:9-Empfang wie beim bisher gebräuchlichen 4:3-Empfang ergibt.

Bild 3.16 zeigt zum Abschluß dieses Kapitels einen modernen 16:9-Empfänger ("Super PAL 17-100" der Firma *Loewe-Opta* in Kronach), der mit einer digitalen PALplus-Decodierung ausgerüstet ist. Solche Empfänger, die auf die eindrucksvollere Wirkung eines 16:9-Breitbildes setzen, treffen auf eine zunehmende Akzeptanz der Fernsehkonsumenten. Hinzu kommt die Tatsache, daß die Einführung des hochauflösenden Fernsehens HDTV aus Gründen, die in Kapitel 6 näher erläutert werden, mit dem Beginn der rein digitalen Fernsehentwicklung (etwa 1992, siehe Kapitel 7) zunächst zurückgestellt wurde. Damit entfällt aber die – zu Beginn dieses Kapitels anhand von *Bild 3.12* erläuterte – Forderung, daß die mit HDTV eng verbundene 16:9-Übertragung über den Satelliten durch eine parallele 16:9-Übertragung in PALplus im terrestrischen Netz ergänzt werden müsse. Das heißt aber, daß PALplus derzeit das einzige Fernsehmedium ist, das Breitbildsignale verbreiten kann, wenn auch in der Standard-TV-Norm.

Nach *Bild 3.12* kommen die Signale dann aus dem 16:9-Studio in 625 Zeilen [56] (im Studio-Komplex links oben). Sollten aber zukünftig HDTV-Signale in digitaler Form über den Satelliten übertragen werden, dann gilt das ursprüngliche Prinzip, daß die parallel zur 16:9-HDTV-Satellitenübertragung vorgenommene 16:9-PALplus-Übertragung über das terrestrische Netz (siehe die ausgezogenen Signalpfade im Studiokomplex von *Bild 3.12*) ihre ganz große Bedeutung hat.

Ein Anreiz zum Kauf eines 16:9-Empfängers besteht natürlich nur dann, wenn von den Rundfunkanstalten auch vermehrt PALplus-Ausstrahlungen vorgenommen werden. Sehr unterstützt wird dieses Vorhaben durch eine größere Förderungssumme (228 Mill. ECU über vier Jahre), die von der *Europäischen Kommission* für die Einführung von Fernsehprogrammen im 16:9-Breitbildformat seit 1994 zur Verfügung gestellt werden. Dabei werden 50 % der formatbedingten Zusatz-

Bild 3.16: Breitbildempfänger für das Format 16:9 ("Super PAL 17-100") der *Loewe Opta GmbH*, Kronach

kosten übernommen. Dies führte dazu, daß bis Ende 1994 in Deutschland insgesamt fast 2000 Programmstunden in PALplus ausgestrahlt wurden. Bereits 1995 waren es 4000 Programmstunden [57].

Alle Live-Programme der Internationalen Funkausstellung '95 in Berlin wurden von *ARD* und *ZDF* in 16:9 produziert und in PALplus ausgestrahlt. Die Empfängerindustrie hatte zu dieser Funkausstellung die ersten 16:9-Apparate mit integriertem digitalem PALplus-Decoder herausgebracht, so daß damit nach einer nur 6jährigen Entwicklung – von 1989 bis 1995 – das neue Fernsehsystem PALplus dem Publikum übergeben werden konnte.

Technologischer Hintergrund

Es sei noch einmal besonders darauf hingewiesen, daß die Erweiterung des PAL-Verfahrens zu dem Breitbild-Übertragungsverfahren PALplus erst durch die Einführung einer digitalen Signalverarbeitung verwirklicht werden konnte. Wirtschaftliche Empfängerkonzepte ließen sich insbesondere erst durch hochintegrierte Schaltungen und durch Prozessoren mit hoher Arbeitsgeschwindigkeit entwickeln, die zu Beginn der 90er Jahre zur Verfügung standen. Erst dann war es möglich, so komplexe Verarbeitungen wie die Interpolation und Dezimation im Zeilenkonverter, die Zeilenkompression, die "Helper"-Aufbereitung sowie die digitalen Filtertechniken im Digitalen Farbdecoder (*Bild 3.14b*) ökonomisch und stabil zu realisieren.

4 Komponententechnik – der Schlüssel zur Qualitätssteigerung in der Fernsehübertragung

Wie in den Abschnitten 2.2, 2.3, 2.4 dargestellt, handelt es sich bei den drei in der Welt verwendeten analogen Farbfernsehsystemen um (mit der Schwarzweiß-Übertragung) kompatible Verfahren, was durch eine Frequenzmultiplextechnik des im Luminanz-Frequenzband übertragenen Farbträgers realisiert wurde (*Bild 2.4b*). Der Preis für die Kompatibilität ist aber eine gegenseitige Beeinflussung ("Kreuzmodulation") von Luminanz und Chrominanz, was zu den Störungen "Cross-Luminanz" (Farbträgereffekte) und "Cross-Color" (farbiges Kantenflackern) führt, wie z.B. in *Bild 3.3a, c* dargestellt. Durch den Übergang auf eine digitale Kammfiltertechnik, wie sie in Abschnitt 3.1 (*Bild 3.2*) für den Digitalen Fernsehempfänger beschrieben wird, lassen sich diese beiden Störeinflüsse Cross-Luminanz und Cross-Color zwar reduzieren, es bleibt aber eine restliche Qualitätsminderung, wie sie z.B. in *Bild 3.3 b, d* zu sehen ist.

Letztlich können die Störeffekte der analogen Farbfernsehsysteme NTSC, SECAM und PAL nur vermieden werden, wenn man die farbträgerfrequente Übermittlung der Chrominanz verläßt und die beiden Chrominanzkomponenten sowie die Luminanzkomponente völlig getrennt voneinander übermittelt. Dies wird als "Komponententechnik" bezeichnet.

In den nachfolgenden vier Abschnitten wird zunächst beschrieben, mit welchen Mitteln die analogen Farbsignalkomponenten über einen einzigen Übertragungskanal übermittelt werden können. Weitere vier Abschnitte befassen sich mit der analogen und digitalen Komponententechnik im Studio.

4.1 Aufbereitung einer analogen Einkanal-Komponentenübertragung

Für die Übertragung oder Aufzeichnung auf Magnetbandgeräten ist man selbstverständlich daran interessiert, die drei Komponenten nicht über parallele Kanäle zu übermitteln, sondern in einem einzigen Signal zusammenzufassen. Eine bild- oder zeilensequentielle Lösung verbietet sich wegen des Auftretens von Bildflimmer-Effekten und Zeilenstruktur-Störungen (siehe Abschn. 2.1). Zwar ließen sich diese Störeffekte durch die Anwendung von Bild- und Zeilenspeichern vermeiden, was jedoch wiederum zu einem Rückgang in der Bewegungs- und Zeilenauflösung führt [3, Abschn. 2.4.2].

Anders liegen jedoch die Verhältnisse, wenn man die drei Signalkomponenten nicht bild- oder zeilensequentiell überträgt, sondern innerhalb einer Zeile. Die erste Idee für eine solche Lösung kam 1970 vom Erfinder des PAL-Verfahrens *W. Bruch*. Nach [58] komprimierte er das trägerfrequente Chrominanzsignal etwa um den Faktor 5. 1971 kam von *W. van den Bussche* der Gedanke hinzu [59], die beiden Basisband-Komponenten des Chrominanzsignals (R - Y), (B - Y) in gleicher Weise etwa um den Faktor 5 zu komprimieren und diese beiden Farbsignalkomponenten zeilensequentiell in der horizontalen Austastlücke zu übermitteln.

Technologischer Hintergrund

Für die analogen Komponentenübertragungsverfahren mit erhöhter Bildqualität (Timeplex und MAC) ist die Signalkompression eine unabdingbare Voraussetzung, um die Farbsignalkomponenten zusammen mit dem Luminanzsignal in einer Fernsehzeile unterbringen zu können. Dazu bedarf es eines Zeilenspeichers, der mit unterschiedlicher Taktfrequenz ein- und ausgelesen wird. Nachdem man zunächst Mitte der 60er Jahre versucht hatte, das analoge Speicherproblem mit Eimerkettentechnik zu lösen, brachte 1970 die Erfindung der CCD-Speicherkette den technologischen Durchbruch.

Um die technologischen Voraussetzungen für die Signal-Kompression und -Expansion erklären zu können, ist in ***Bild 4.1*** zunächst die historische Entwicklung der analogen Speichertechnik dargestellt [60].

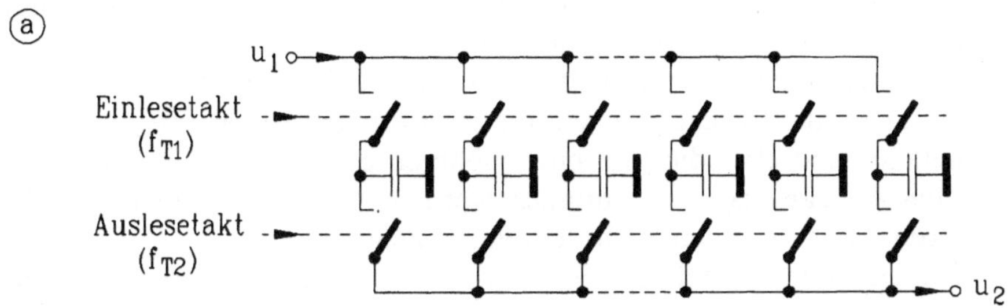

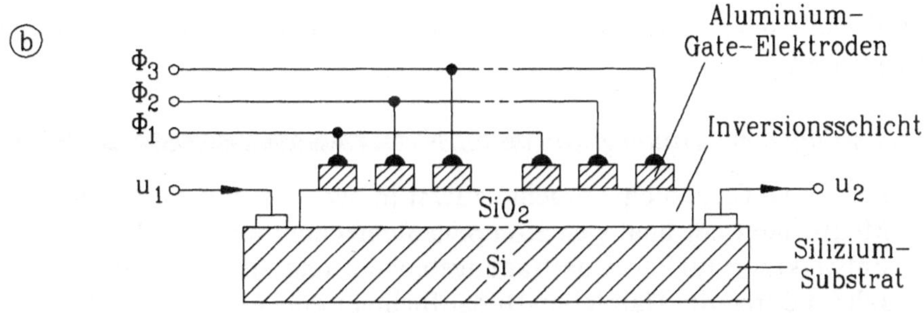

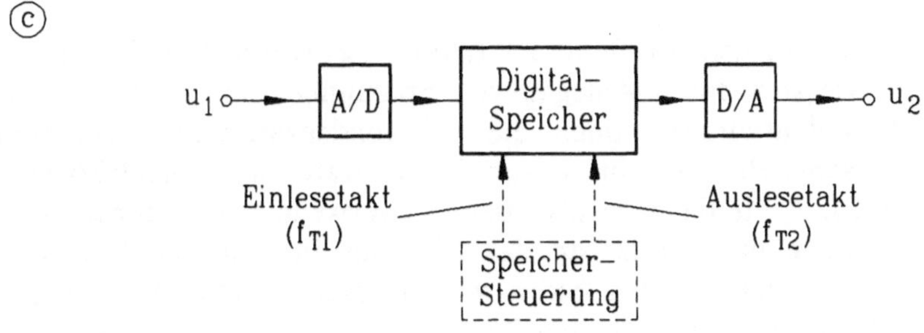

Bild 4.1: Analoge Speicherketten für die Kompression und Expansion von Signalen (a) Parallelspeicher nach dem Eimerkettenprinzip, (b) Charge Coupled Devices (CCD), (c) Digitaler Speicher

Die bisher besprochene Ultraschall-Verzögerungsleitung, wie sie für den PAL- und den SECAM-Decoder benötigt wird (Abschn. 2.3, 2.4) – sowie auch Laufzeitkabel und LC-Verzögerungsglieder – sind für eine Signal-Kompression und -Expansion nicht geeignet. Hierfür benötigt man einen Zeilenspeicher mit getaktetem Ein- und Auslesevorgang. Die älteste Form einer getakteten Speicherkette ist die seit Mitte der 60er Jahre bekannte Eimerkette. Daraus hat sich der in ***Bild 4.1a*** beschriebene "Parallelspeicher" entwickelt. Es ist ein Schieberegister, bei dem die Kapazitäten als Speicher dienen, die über die getakteten Eingangsschalter geladen und über die (mit einer höheren oder tieferen Frequenz) getakteten Ausgangsschalter entladen werden. Allerdings gibt es hier bei längeren Ketten Probleme mit dem Frequenzgang [60].

Der eigentliche Technologiesprung in der analogen Speichertechnologie mit Taktansteuerung kam 1970 mit der Erfindung des "Charge Coupled Devices" (CCD) durch *Boyle* und *Smith*, zwei Mitarbeiter der Firma *Bell Systems* in USA [61]. Der kompaktere Aufbau einer solchen CCD-Zeile nach ***Bild 4.1b*** führte zu den erforderlichen höheren Grenzfrequenzen.

Technologischer Hintergrund

> Die CCD-Technologie brachte zuerst in den 70er Jahren durch die Möglichkeit der analogen Komponententechnik eine revolutionäre Entwicklung für die Übertragungstechnik und später in den 80er Jahren durch die Halbleiter-Bildaufnehmer eine äquivalente Revolution in der Entwicklung von kompakteren Farbfernsehkameras.

In dem zugehörigen Abschnitt 1.8 (*Bild 1.12*) wurde auch bereits beschrieben, wie sich durch Anlegen von Spannungen an die Elektroden Φ_1, Φ_2, Φ_3 Potentialtöpfe bilden, die wie Kondensatoren wirken. Beim Bildsensor sammeln sich in diesen Kondensatoren Photoelektronen. Wird die CCD-Kette dagegen als Speicher verwendet, wie in *Bild 4.1b* dargestellt, dann muß direkt an das Silizium-Substrat die Eingangsspannung u_1 angelegt werden. Sie wird dann durch Potentialänderungen an den Elektroden Φ_1, Φ_2, Φ_3 von Potentialtopf zu Potentialtopf durchgeschoben (siehe Erläuterungen zu *Bild 1.12b*), bis die gesamte Ladungsverteilung gespeichert ist. Das Auslesen geschieht dann für eine Signalkompression mit höherer und für eine Signalexpansion mit niedrigerer Taktfrequenz.

Als Nachteil der analogen Kompressions- und Expansionstechnik ist zu nennen, daß bei Fehlern in den Speicherelementen, mit denen man bei der Herstellung von Eimerketten und CCD-Ketten gelegentlich rechnen muß, sich der Speicherfehler fortpflanzt und im Bild zu unangenehm störenden vertikalen Farbstreifen führt.

Technologischer Hintergrund

Die Entwicklung bewegte sich gegen Ende der 70er Jahre – nachdem die A/D-Wandler und die Speicheransteuerungen die nötige Verarbeitungsgeschwindigkeit erreicht hatten - in die Richtung einer digitalen Kompression und Expansion der Fernsehsignale (***Bild 4.1c***). Die hierbei praktisch fehlerfreie Signalverarbeitung führte ab etwa 1980 dazu, daß man auf Codecs mit einer komplett digitalen Signalverarbeitung überging [62].

Wie der Vorgang einer Signalkompression abläuft, ist in ***Bild 4.2*** noch einmal anschaulich dargestellt. Der Takt mit einer Frequenz f_{T1} liest das Signal in den analogen oder digitalen Speicher ein, und mit der höheren Taktfrequenz f_{T2} wird der Speicherinhalt anschließend schneller wieder ausgelesen. Das führt nach *Bild 4.2* zu einer Kompression des Signals. Damit eröffnen sich ganz neue Möglichkeiten der Übertragungs- und Aufzeichnungstechnik.

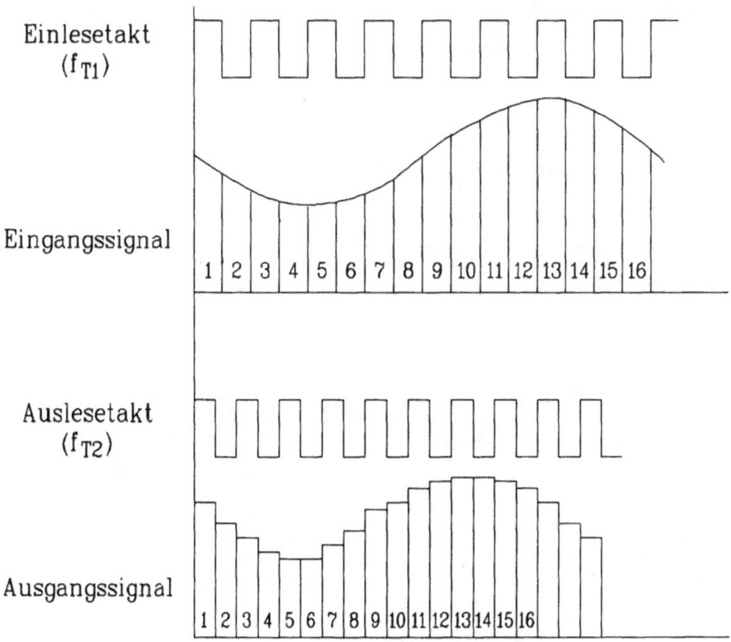

Bild 4.2: Prinzip der zeitlichen Kompression mit einer Speicherkette

Wie in ***Bild 4.3d*** dargestellt, lassen sich nun durch die Kompression der Chrominanzkomponente C_R bzw. C_B Luminanz und Chrominanz in einer Zeile seriell übertragen [64]. Dazu werden die beiden Chrominanzsignale C_B und C_R (in *Bild 4.3* unter (b) und (c) für den nach Helligkeitswerten geordneten Farbbalkentest dargestellt) etwa um den Faktor 5 zeitlich komprimiert, wie in *Bild 4.2* beschrieben, so daß sie näherungsweise noch in die horizontale Austastlücke passen. Hierzu muß das Luminanzsignal (a) lediglich von 52 µs auf 50 µs komprimiert und der Synchronimpuls schmaler gemacht werden.

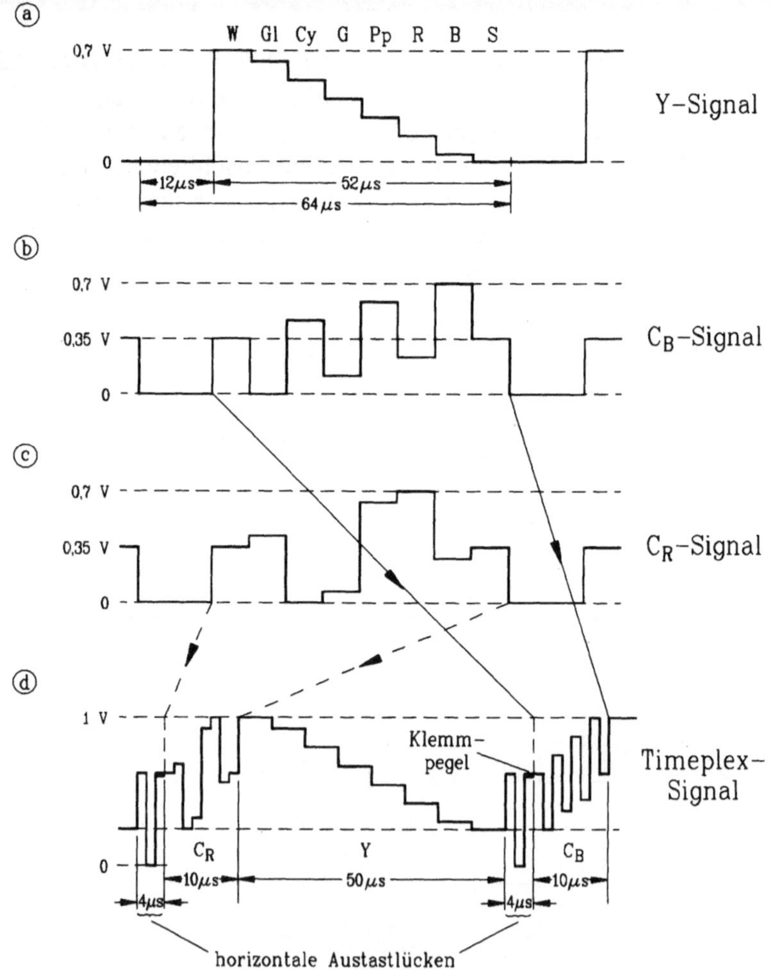

Bild 4.3: Erzeugung des analogen Zeitmultiplex-Verfahrens "Timeplex" (d) aus dem Luminanzsignal (a) und der Kompression beider Chrominanzkomponenten (b) und (c)

Zu beachten ist noch, daß das C_R-Signal eigentlich nicht der gleichen Zeile zugeordnet werden kann, wie in *Bild 4.3d* aus Gründen der Zeichnungsvereinfachung dargestellt, sondern erst der übernächsten Zeile, denn selbstverständlich ist eine zeitliche Vorverlegung nicht möglich. Ein entsprechender Laufzeitausgleich ist für die Luminanz im Decoder vorzusehen. Auch ist darauf hinzuweisen, daß die beiden Chrominanzkomponenten C_R, C_B im Gesamtsignal nach *Bild 4.3d* zeilensequentiell übertragen werden. Das ist die gleiche Methode wie beim SECAM-Verfahren nach Abschnitt 2.3 mit der gleichen Reduktion der vertikalen Chrominanzauflösung, die aber wegen der Anpassung an die reduzierte horizontale Auflösung (durch Bandbegrenzung der Chrominanzkomponenten) augenphysiologisch zulässig ist.

Große Bedeutung kommt der getasteten Schwarzsteuerung (= "Klemmung" = Pegelhaltung) des in *Bild 4.3d* etwas stärker ausgezogenen und mit "Klemmpegel" bezeichneten Mittelwertes (= "Unbuntreferenz") für die beiden Chrominanzsignale zu. Nach den Untersuchungen von *G. Brand* [62] ist nur dann gewährleistet, daß nichtlineare Übertragungsfehler im Übertragungskanal einen vernachlässigbaren Einfluß auf die Farbwiedergabe haben.

4.2 Timeplex-Verfahren

1973 begann die Abteilung "Fernsehtechnik und Bildübertragung" am Institut für Nachrichtentechnik der *TU Braunschweig* mit Arbeiten zur zeilenseriellen Multiplexübertragung der Farbsignalkomponenten Y, C_R, C_B. Die Signalform entsprach der Darstellung von *Bild 4.3d*. Sie wurde später "Timeplex-Signal" genannt. Die geringfügige Kompression des Luminanzsignals Y hat nach ***Bild 4.4c*** den großen Vorteil, daß die Bandbreite der Luminanzkomponente f_{gr} unverändert bleibt. Für die beiden Chrominanzkomponenten C_R, C_B erweitert sich dagegen das Frequenzspektrum.

Es gilt hier das Zeitgesetz der elektrischen Nachrichtentechnik [65, Abschn. 2.4.2]. Danach ist das Produkt aus Übertragungszeit und Bandbreite stets konstant. Werden demnach die beiden Chrominanzsignale C_R, C_B um den Faktor 5 komprimiert, um sie nach *Bild 4.4c* in den horizontalen Austastlücken unterbringen zu können, dann vergrößert sich die Bandbreite dieser Chrominanzsignale um den gleichen Faktor 5. Aus Abschnitt 2.2 ist nun aber bekannt, daß der Chrominanzanteil mit einer wesentlich kleineren Bandbreite übertragen werden kann, da die Gesamt-Bildschärfe hauptsächlich vom Luminanzanteil bestimmt wird. Beträgt daher die Bandbreite der Chrominanzkomponenten C_R, C_B nach *Bild 4.4c* (rechts) ohne Kompression $f_{gr}/5$, dann wird mit Kompression um den Faktor 5 die gleiche Bandbreite f_{gr} wie beim Luminanzsignal erreicht. Es tritt also – trotz der komprimierten Chrominanzübertragung – kein Bildschärfeverlust auf.

Aus dem Vergleich zwischen der Frequenzmultiplex-Übertragung von Luminanz und Chrominanz beim NTSC/PAL-Verfahren (***Bild 4.4b***) mit der Zeitmultiplex-Übertragung des Timeplex-Verfahrens (*Bild 4.4c*) lassen sich nun auch die Vorteile der zeilenseriellen Multiplexübertragung der Farbsignalkomponenten darstellen [3, Abschn. 3.3.5]:

1. Die beim NTSC/PAL-Verfahren durchgeführte farbträgerfrequente Übertragung des Chrominanzanteils im Luminanzband (*Bild 4.4b*, rechts) führt zur Kreuzmodulation zwischen Luminanz und Chrominanz (Cross-Luminanz und Cross-Color nach Abschn. 3.1). Diese Störungen entfallen beim Timeplex-Verfahren völlig, da die drei Komponenten Y, C_R, C_B in verschiedenen Zeitbereichen übertragen werden (*Bild 4.4c*, links) und sich daher gegenseitig nicht beeinflussen können.

2. Beim NTSC/PAL-Verfahren muß der farbträgerfrequente Chrominanzbereich (*Bild 4.4b*, rechts) von der Luminanz abgetrennt werden, um die Farbträgerstörungen auf dem Bildschirm in geringen Grenzen zu halten. Das geschieht beim Farbfernsehempfänger in der Standard-Ausrüstung durch eine "Falle" (genauer: "Farbträgerfalle" = Einsattelung des Frequenzgangs im Farbträgerbereich) im Luminanzkanal des Empfänger-Decoders (siehe *Bild 2.4a*). Damit verbunden ist eine Reduktion der Bildschärfe, die einer effektiven Bandbreite des Luminanzkanals von nur etwa 3,7 MHz entspricht. Beim Timeplex-Verfahren entfällt dagegen eine solche Trägerunterdrückung. Es wird die volle Luminanzbandbreite von f_{gr} = 5 MHz und damit die maximal mögliche Bildschärfe übermittelt (*Bild 4.4c*, rechts).

3. Liegt im Übertragungskanal ein erheblicher Frequenzgangabfall vor (***Bild 4.4a***), dann wird beim NTSC/PAL-Verfahren der Farbträgerbereich stark gedämpft (vergl. *Bild 4.4b*, rechts). Tritt eine starke Bandbegrenzung (z.B. $f_{gr}/2$) auf, dann wird der Farbträgerbereich sogar unterdrückt, d.h. es wird dann nur noch ein Schwarzweiß-Signal übertragen. Beim Timeplex-Verfahren wirkt sich dagegen der Frequenzgangabfall oder gar die Bandbreitereduktion nur in einer allgemeinen Reduktion der Bildschärfe aus, der Chrominanzanteil wird nicht mehr alleine beeinflußt oder gar unterdrückt (vergl. *Bild 4.4c*, rechts).

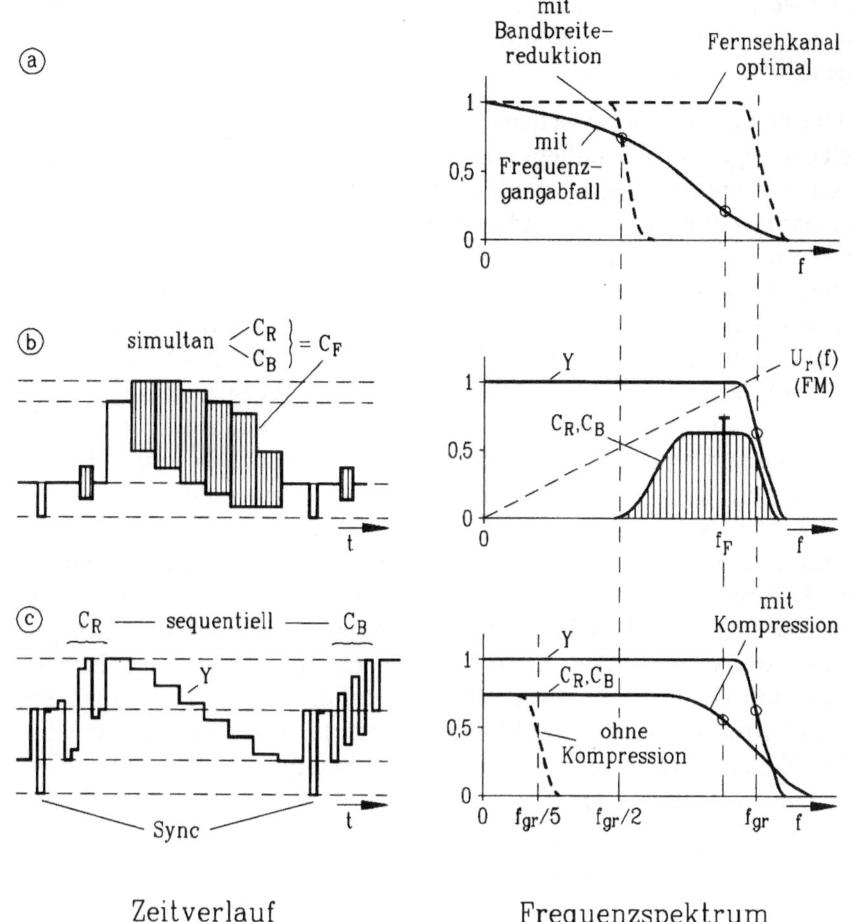

Bild 4.4: Vergleich einer Frequenzmultiplex- und Zeitmultiplex-Farbcodierung
a) Übertragungs- oder Aufzeichnungs-Kanal mit Frequenzgangabfall und Bandbreitereduktion
b) NTSC/PAL-Signal (frequenzmultiplex)
c) Timeplex-Signal (zeitmultiplex)

4. In *Bild 4.4b* (rechts) ist der Frequenzgang einer Störspannung am Demodulatorausgang bei frequenzmodulierter Übertragung dargestellt. Die Störwirkung nimmt also proportional mit der Störfrequenz zu [65, Abschn. 8.3.4]. Dieser "dreieckige Störfrequenzgang" gilt auch bei Rauschstörungen. Der Chrominanzanteil wird daher bei einer frequenzmodulierten Übertragung des NTSC/PAL-Signals besonders stark gestört. Bei einer frequenzmodulierten Timeplex-Übertragung entfällt dagegen diese starke Störwirkung. Der Energieschwerpunkt liegt nach

Bild 4.4c (rechts) bei niedrigen Frequenzen. Dort aber ist bei einer frequenzmodulierten Übertragung die Störwirkung wegen der dreieckförmigen Störbewertung (vergl. *Bild 4.4b*, rechts) besonders gering.

Die in Punkt 3 beschriebene geringe Empfindlichkeit des Timeplex-Systems gegenüber Bandbegrenzungen führten bereits 1973-75 zu einer ersten Anwendung des Systems beim Schmalband-Bildtelefon [66]. Es ging damals um die Analogübertragung eines Farbfernsehsignals über die allenthalben vorhandene Fernsprech-Ortsleitung, deren Bandbreite zu diesem Zweck allerdings (durch den Einbau von Zwischenverstärkern im 1-km-Abstand) auf 1 MHz erweitert werden mußte. Darüber ließ sich dann ein Fernsehsignal mit 313 Zeilen / f_B = 25 Hz / b : h = 1,1 mit f_{gr} = 1 MHz nach Gleichung (1.7) übertragen. Wegen dieser geringen Bandbreite kam ein Frequenzmultiplex-Verfahren mit trägerfrequenter Chrominanzübermittlung (ähnlich NTSC/PAL) nicht in Frage. Nur das analoge Zeitmultiplex-Verfahren "Timeplex" konnte diese Aufgabe lösen [67, 68].

Das in Punkt 3 angesprochene Problem der Schmalbandübertragung von Farbfernsehsignalen stellt sich aber auch bei den Heim-Videorecordern. Da hierfür eine ganz besondere Eignung des Timeplex-Systems erwartet werden durfte, begann das Institut für Nachrichtentechnik der *TU Braunschweig* 1975 im Rahmen einer Zusammenarbeit mit der Firma *Blaupunkt* in Hildesheim mit der Entwicklung eines 313-Zeilen-Timeplexsystems für die Aufzeichnung auf Miniatur-Videorecordern ("8-mm-Video"). Gegen Ende der 70er Jahre wurden diese Arbeiten erweitert auf ein 625-Zeilen-Timeplexsystem für die Aufzeichnung von Fernseh-Reportagebeiträgen auf Kompakt-Videorecordern, was in Zusammenarbeit mit der Firma *Robert Bosch GmbH, Geschäftsbereich Fernsehanlagen* in Darmstadt geschah. In eine ähnliche Richtung ging das ab 1982 von dieser Firma herausgebrachte "Lineplex"-Verfahren, das in den Quartercam-Aufnahmeeinrichtungen für Reportagezwecke verwendet wurde.

Bei der Anwendung des Timeplex-Signals für die Analogaufzeichnung auf Videorecordern kommt diesem Verfahren auch sein in Punkt 4 beschriebenes günstiges Verhalten bei Frequenzmodulation zugute, denn alle analogen Videorecorder arbeiten mit dieser Modulationsart. Das gilt auch, wenn das Timeplex-Signal für die Farbfernsehübertragung über Satelliten verwendet wird, denn auch hierbei wird Frequenzmodulation angewendet. Dies führt nach Punkt 4 zu einer erheblichen Störabstandsverbesserung für die Chrominanz gegenüber einer NTSC/PAL-Übertragung über den Satelliten.

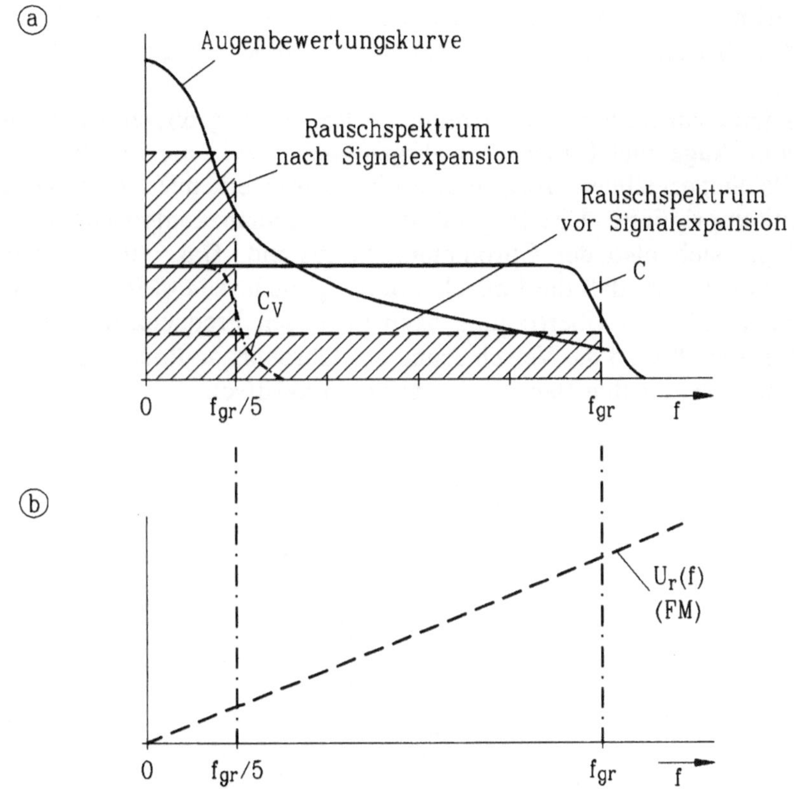

Bild 4.5: Rauschverhalten der zeitkomprimiert übertragenen Chrominanzkomponenten
a) Kompression des Rauschspektrums durch Signalexpansion
b) Einfluß der linear ansteigenden Rauschcharakteristik bei Frequenzmodulation (FM)

Leider werden nun aber durch die komprimierte Übertragung des Chrominanzanteils die Störabstandsverhältnisse wieder ungünstiger. Das zeigt ***Bild 4.5a***. Nach der Kompression der Chrominanzkomponenten (im Timeplex-Coder) um den Faktor 5 wird das Frequenzspektrum um den gleichen Faktor 5 gespreizt und nimmt nach *Bild 4.4c* (rechts) die volle Übertragungsbandbreite f_{gr} (genau wie das Luminanzsignal) ein. Dem Chrominanzsignal wird also nach *Bild 4.5a* die volle Rauschleistung des Kanals mit der Kanal-Bandbreite f_{gr} überlagert, wodurch sich bereits ein schlechterer Chrominanz-Störabstand ergibt. Durch die Expansion der Chrominanzkomponenten (im Timeplex-Decoder) um den

Faktor 5 wird das Rauschspektrum in *Bild 4.5a* um den gleichen Faktor 5 komprimiert. Da aber die Rauschleistung konstant bleiben muß, vergrößert sich nach *Bild 4.5a* die Rauschamplitude um diesen Faktor 5 [63].

Das jetzt vorliegende niederfrequente Rauschen größerer Amplitude wird vom Auge viel kritischer wahrgenommen, wie die im *Bild 4.5a* ebenfalls eingezeichnete Augenbewertungskurve erkennen läßt. Durch die zeitkomprimierte Übertragung der Chrominanzkomponenten verschlechtert sich also der Chrominanzstörabstand. Das wird aber dadurch kompensiert, daß die Rauschverteilung nach ***Bild 4.5b*** infolge der frequenzmodulierten Übertragung nach niedrigen Frequenzen zu linear abfällt. Dadurch wird die Verschiebung des Chrominanz-Rauschspektrums in den niederfrequenten Bereich weitgehend unkritisch.

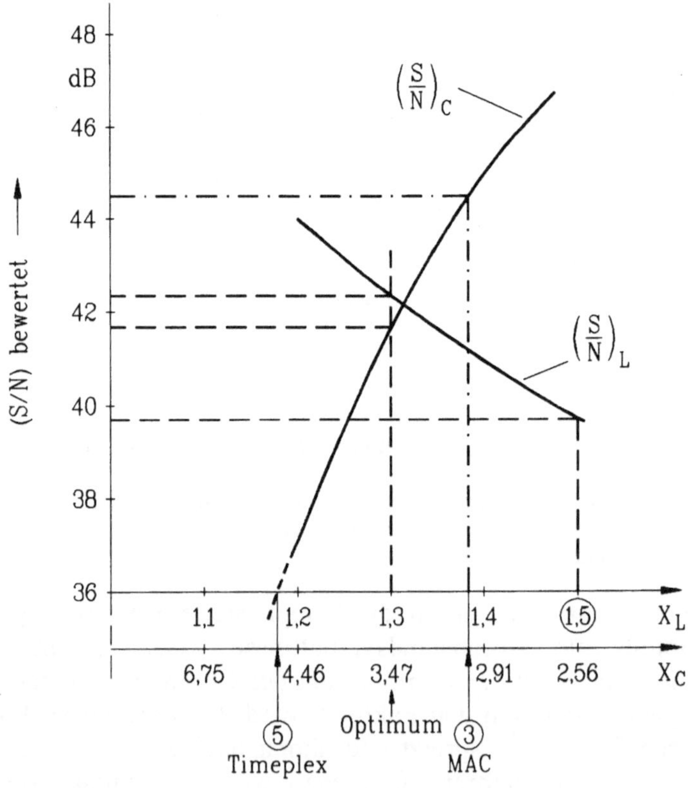

Bild 4.6: Abhängigkeit des Chrominanz-Störabstandes$(S/N)_C$ und des Luminanz-Störabstandes $(S/N)_L$ vom jeweiligen Kompressionsfaktor bei einer frequenzmodulierten Zeitmultiplex-Komponentenübertragung über Fernsehsatelliten

Die Störabstandsveränderung im Chrominanzkanal eines analogen Zeitmultiplex-Übertragungsverfahrens ist natürlich stark abhängig vom Kompressionsfaktor. In [69] wurden die resultierenden Störabstände für die frequenzmodulierte Übertragung eines Zeitmultiplex-Komponentensignals über einen Satelliten berechnet. In ***Bild 4.6*** sind diese mit der Augenkurve bewerteten Störabstände über den Kompressionsfaktoren aufgetragen. Mit größer werdender Chrominanz-Kompression X_C verringert sich erwartungsgemäß der Chrominanz-Störabstand $(S/N)_C$. Man erkennt deutlich, daß bei dem für das Timeplex-Verfahren gewählten Chrominanz-Kompressionsfaktor $X_C = 5$ der bewertete Störabstand mit $(S/N)_C \approx 36$ dB ein untragbar verrauschtes Signal ergeben würde.

Es empfiehlt sich daher nicht, ein Original-Timeplexsignal (*Bild 4.3d*) für die Satellitenübertragung zu verwenden. Erst wenn man nach *Bild 4.6* für den Chrominanz-Kompressionsfaktor z.B. $X_C = 3$ wählt, dann erhält man einen guten Chrominanz-Störabstand von $(S/N)_C \approx$ 44,5 dB. Da aber die aktive Zeilendauer konstant ist, muß bei einer geringeren Chrominanz-Kompression selbstverständlich die Luminanz-

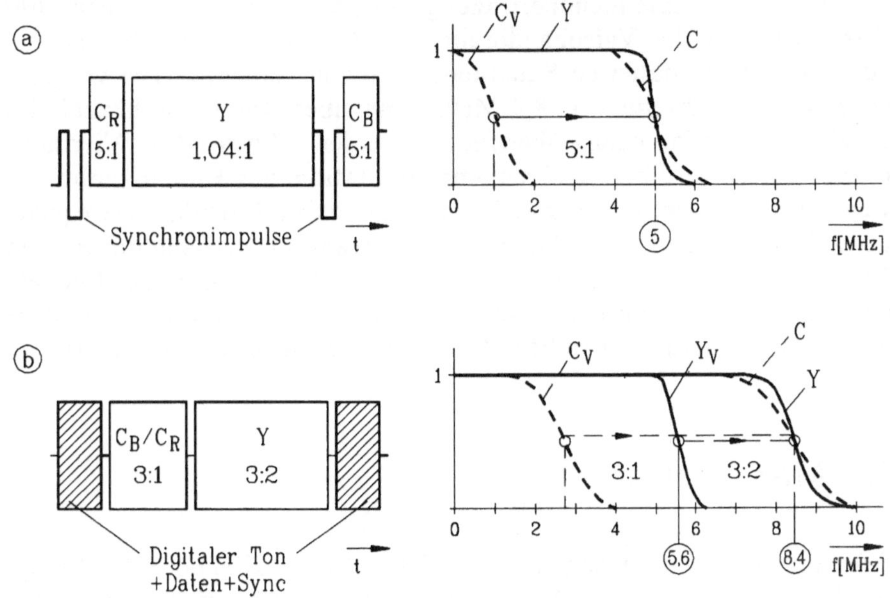

Bild 4.7: Analoge Zeitmultiplex-Komponenten-Systeme
a) Timeplex-Signal für die Standard-Videobandbreite 5 MHz
b) MAC-Signal für die Satellitenübertragung

kompression vergrößert werden. Das zeigt ***Bild 4.7b*** deutlich im Vergleich zum Timeplex-Signal in ***Bild 4.7a***. Wenn die Chrominanz-Kompression von 5:1 in (a) auf 3:1 in (b) verringert wird, dann muß die Luminanz-Kompression in (b) notwendigerweise auf 3:2 vergrößert werden.

Die Kompression auch des Luminanzsignals hat nun zwei wichtige Konsequenzen. Zum ersten wird der Störabstand für die Luminanz etwas verschlechtert. Nach *Bild 4.6* ergibt sich für eine Luminanzkompression von X_L = 1,5 ein auf 40 dB reduzierter Luminanz-Störabstand $(S/N)_L$. Optimal wäre – in gutem Kompromiß zum Chrominanz-Störabstand – der Wert X_L = 1,3. Bei X_L = 1,5 ergibt sich demgegenüber eine Störabstandsverschlechterung von etwa 3 dB. Zum zweiten wird durch die Luminanz-Kompression die Übertragungs-Bandbreite um den Faktor 3:2 erhöht, so daß jetzt eine Bandbreite von 8,4 MHz erreicht wird, wie *Bild 4.7b* erkennen läßt. Während also das Timeplex-Signal nach *Bild 4.7a* mit der üblichen Videobandbreite 5 MHz auskommt, so daß die Aufzeichnung auf einem üblichen Videorecorder oder sogar die terrestrische Übertragung über Fernsehsender möglich ist, geht die Bandbreite des für eine Satellitenübertragung vorgesehenen Signals nach *Bild 4.7b* weit über die Videobandbreite 5 MHz hinaus. Dies aber ist bei einer frequenzmodulierten Satellitenübertragung zulässig. Die vorgesehene Videobandbreite von 8,4 MHz kann über den Fernsehkanal des Satelliten gerade noch übertragen werden. Etwa das Vierfache (= 33,6 MHz) ergibt bei Frequenzmodulation die Kanalbandbreite, wenn der Frequenzschub gleich der maximalen Modulationsfrequenz gewählt wird (siehe Abschn. 7.1). Bei Transponder-Bandbreiten von 27... 36 MHz [141, Abschn. 4.2.2] ist dieses FM-Frequenzband gerade noch übertragbar. Eventuell muß der Frequenzschub etwas reduziert werden, was allerdings den Störabstand entsprechend verschlechtert.

4.3 MAC-System

Bei dem in *Bild 4.7b* dargestellten Zeitmultiplex-Komponenten-Signal für die frequenzmodulierte Satellitenübertragung handelt es sich um das sogenannte "Multiplexed-Analogue-Components" (MAC)-System. Es wurde etwa seit 1981 in der Forschungsabteilung der britischen Rundfunkgesellschaft *IBA* (= *Independant Broadcast Authority*) entwickelt.

Technologischer Hintergrund

Nachdem die technologische Weiterentwicklung der Speichertechnologie – insbesondere aber der schnellen digitalen Video-Signalverarbeitung – Anfang der 80er Jahre die gleichzeitige Übertragung zeitkomprimierter Signalkomponenten in einer Fernsehzeile gestattete, wurde in England das analoge Zeitmultiplex-Komponenten-Übertragungsverfahren MAC entwickelt, um Farbfernsehsendungen über Satelliten zukünftig mit erhöhter Bildqualität durchführen zu können.

Folgende Varianten des MAC-Verfahrens wurden entwickelt [70]:

A-MAC: System mit digitalem Ton-Unterträger, der dem Videosignal vor der FM-Modulation zugesetzt wird (nicht mehr verwendet).

B-MAC: System mit digitalen Tonsignalen, die in die horizontale Austastlücke vor der FM-Modulation eingetastet werden (1985 in Australien eingeführt).

C-MAC/Paket: System, bei welchem der digitale Ton dem Ruheträger der FM in Form einer PSK-Modulation zugesetzt wird (1983 für Europa vorgeschlagen).

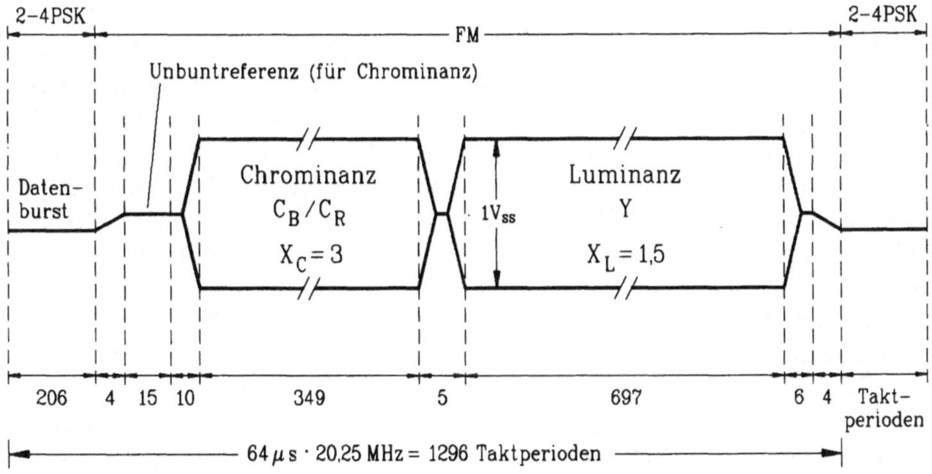

Bild 4.8: Signalformat des C-MAC/Paket-Systems

Das endgültige Signalformat für das C-MAC/Paket-System, wie es von der *Europäischen Rundfunkunion EBU* 1983 für zukünftige Satellitenübertragungen von Farbfernsehsendungen vorgeschlagen wurde, ist in ***Bild 4.8*** dargestellt [44, Abschn. 6.4.1]. Die verschiedenen Zeitabschnitte werden durch die Anzahl Perioden eines Taktes der Frequenz 20,25 MHz beschrieben. Diese Taktfrequenz wurde gewählt, weil sie sich aus der für das digitale Fernsehstudio (Abschn. 4.6) international festgelegten Abtastfrequenz 13,5 MHz leicht ableiten läßt: 13,5 MHz · 1,5 = 20,25 MHz. Wenn man ein mit 13,5 MHz in den digitalen Speicher eingelesenes Luminanzsignal mit 20,25 MHz ausliest, hat man es um den Faktor 1,5 komprimiert, wie nach dem Signalschema in *Bild 4.8* vorgesehen. Die beiden Chrominanzsignale C_B/C_R werden dagegen um den Faktor 3 komprimiert und zeilensequentiell übertragen, wie bereits in *Bild 4.7b* dargestellt.

Besondere Bedeutung kommt beim C-MAC-Verfahren der Tonübertragung zu. Sie erfolgt im Datenburst von *Bild 4.8* digital und deshalb mit höchster Qualität. Es stehen hierfür 206 Taktperioden zur Verfügung. Nach Abzug von je einem Einlauf- und Reserve-Bit sowie 6 bit für die Synchronisierung verbleiben 198 Nutz-Bits, die einen Nachrichtenfluß von 198 bit / 64 µs = 3,1 Mbit/s zu übertragen gestatten [63; 70]. Für einen digitalen High-Quality-Tonkanal muß bei 32 kHz Abtastfrequenz und 14 bit ein Datenfluß von 32 kHz · 14 bit = 448 kbit/s aufgewendet werden. Damit ließen sich 3,1/0,448 = 7 Tonkanäle in Zeitmultiplextechnik übermitteln.

In den Laboratorien des französischen Rundfunks und der französischen Post *(CCETT)* wurde aber ein zusätzliches Paket-Multiplex-System für den Datenkanal des C-MAC-Verfahrens entwickelt, so daß die verschiedenartigsten Datenkanäle mit entsprechenden Adressen über den Datenrahmen übermittelt werden können [70; 44, Abschn. 6.4.3]. So ist es dann auch möglich, maximal 8 hochwertige Tonkanäle – oder 16 geringerwertige Tonkanäle – zu übertragen. Das Übertragungsverfahren erhielt daher die Bezeichnung "C-MAC/Paket".

Bei der Weiterverteilung des C-MAC/Paket-Signals über Kabelfernseh-Kanäle gab es allerdings große Probleme wegen der hohen Abtastfrequenz 20,25 MHz für den Datenburst. 1984 ging daher von der deutschen und französischen Industrie die Initiative aus, das C-MAC-System so abzuwandeln, daß sowohl eine Satellitenübertragung als auch eine anschließende terrestrische Verteilung über Kabelfernsehkanäle mit 7 MHz Bandbreite möglich wird. Man erreichte dies durch eine sogenannte "Duobinär-Codierung", wodurch das Spektrum des Datensignals halbiert, also auf 20,25/2 = 10,125 MHz reduziert wird. Mit diesem "D-MAC" genannten Verfahren käme man dann mit einer Übertragungsbandbreite von etwa 8 MHz aus. Dabei wurde nun auch auf eine PSK-Modulation der Senderschwingung verzichtet, da dies eine separate Zuführung der Tonsignale zum Sender erforderlich macht. Die Daten werden jetzt im D-MAC-Coder dem Videosignal direkt zugesetzt und modulieren das Sendesignal (zusammen mit dem Videosignal) in der Frequenz. Das ist apparativ einfacher zu realisieren, insbesondere auch im D-MAC-Decoder des Heimempfängers [43, Abschn. 6.1.2].

Die französisch-deutsche Arbeitsgruppe ging schließlich noch einen Schritt weiter und verringerte die Zahl der Tonkanäle von 8 auf 4, so daß die Bitrate von 20,25 Mbit/s beim D-MAC-Verfahren auf 10,125 Mbit/s reduziert wird. Das nun "D2-MAC" genannte Verfahren (wegen der Übertragung nur zweier Stereotonkanäle!) kommt damit für die Datenübertragung mit nur 5 MHz Bandbreite aus und kann damit in Restseitenband-Amplitudenmodulation über den heutigen Kabelkanal von 7 MHz Bandbreite übertragen werden [43, Abschn. 6.1.2].

Da das Videosignal jedoch nach *Bild 4.7b* beim MAC-Signal ein Spektrum von 8,4 MHz erzeugt, wirkt sich die Bandbegrenzung auf 5 MHz in einer Reduktion der Video-Bandbreite auf 5,6 MHz · 5/8,4 = 3,3 MHz aus. Es wurde daher vorgesehen, für die Kabelverteilung des D2-MAC-Signals auf das sogenannte "Hyper-Band" überzugehen, das oberhalb der 300-MHz-Grenzfrequenz heutiger Kabelfernsehsysteme liegt [vergl. Abschn. 7.5, *Bild 7.6*) und Kanalbandbreiten von 10,5 MHz oder sogar 12 MHz zulassen würde. Dann könnte der Videoanteil des MAC-Signals mit seinen 8,4 MHz Bandbreite ohne Auflösungsverlust bis zum Kabelfernsehteilnehmer übertragen werden. Dann allerdings könnte man das D2-MAC-Verfahren mit seinen 4 Tonkanälen und 5 MHz Bandbreite wieder verlassen und zum D-MAC-Verfahren mit seinen 8 Tonkanälen und 10,125 MHz Bandbreite zurückkehren. Aus dem gleichen Grund hat man sich in England 1987 für das D-MAC-Verfahren entschieden und auf das C-MAC-Verfahren, das schon 1982 eingeführt worden war, verzichtet [43, Abschn. 6.1.2].

Im Juni 1985 entschieden die Regierungen in Deutschland und Frankreich, gemeinsam das D2-MAC-Verfahren für die Ausstrahlung über die beiden ersten DBS-Satelliten (Direct Broadcast Satellite) TV-SAT und TDF einzuführen.

Technologischer Hintergrund

Eine wesentliche Rolle spielte bei der Entscheidung für MAC, daß man beim grenzüberschreitenden Satellitenempfang nun eine (von PAL und SECAM unabhängige) einheitliche Satelliten-Farbfernsehnorm zur Verfügung hatte. Seit etwa 1992 allerdings zeichnet sich ab, daß eine rein digitale Fernsehübertragung über Satelliten europaweit diese Aufgabe einer einheitlichen TV-Norm übernehmen – und dazu noch eine Reihe weiterer Vorteile hinzufügen – könnte (Kap. 7). Das allerdings würde in einigen Jahren das Ende der MAC-Ära bedeuten, die mit großem finanziellem Aufwand europäischer Firmen und Forschungsinstitutionen realisiert wurde. Wieder einmal zeigt sich, wie technologische Weiterentwicklungen (hier die Verarbeitungsgeschwindigkeit digitaler Schaltungen, Abschn. 6.1) einen grundlegenden Wandel der Fernsehwelt herbeiführen können.

4.4 HDTV-Komponentenübertragung

Bei der Übertragung eines HDTV-Signals – also eines Hochzeilen-Fernsehsignals – wird üblicherweise die Zeilenzahl verdoppelt (z.B. von 625 Zeilen des Standard-TV auf 1250 Zeilen des HDTV (siehe Abschn. 3.6). Dem entspricht auch eine Verdopplung der Bildpunktzahl in jeder Zeile, um das gewünschte Fernsehbild mit erhöhter Auflösung (High Definition TV = HDTV) zu erhalten. Das bedeutet aber in der Bildfläche eine Vervierfachung der Bildpunktzahl und damit auch eine Vervierfachung der Bandbreite für die HDTV-Übertragung. Da bei HDTV auch eine Breitbildübertragung vorgesehen ist, erhöht sich die Bandbreite nach Abschnitt 3.6 um den Faktor:

$$4 \cdot \frac{16/9}{4/3} = 4 \cdot \frac{4}{3} = 5{,}33 .$$

Wenn nach Gleichung (1.7) die Bandbreite des Standard-TV-Systems 5 MHz beträgt, dann ergibt sich eine HDTV-Bandbreite von 5 MHz · 5,33 = 26,7 MHz.

Nach umfangreichen Vorversuchen, deren Anfänge bis 1978 zurückgehen, wurde in Japan eine HDTV-Norm mit 1125 Zeilen (Zeilensprung

2:1), Vertikalfrequenz 60 Hz und einem Seitenverhältnis 5:3 festgelegt. Wie in [44, Abschn. 4.1] dargestellt, wurde die Luminanz-Bandbreite aus technischen Gründen auf 20 MHz begrenzt. Für die beiden Chrominanzkomponenten wählte man zunächst 6,5 MHz Bandbreite, korrigierte das aber 1982, indem man aus farbmetrischen und psychooptischen Gründen - ganz ähnlich wie beim NTSC-Verfahren nach [9, Abschn. 3.6] - eine Breitbandkomponente C_W mit 7 MHz Bandbreite und eine Schmalbandkomponente C_N mit 5,5 MHz Bandbreite definierte [44, Abschn. 4.1].

Es fehlte nun nicht an Vorschlägen und praktischen Erprobungen, wie bei einer HDTV-Übertragung über Satelliten die breitbandigen Luminanz- und Chrominanzkomponenten zunächst in Frequenzmultiplextechnik und mit Frequenzmodulation über die Satellitenkanäle zu übertragen wären. Ein Vorschlag von 1981 [72] benötigt die trägerfrequente Bandbreite von 100 MHz, was das 3,7-fache des heutigen Satellitenkanals von 27 MHz Kanalbandbreite wäre und deshalb abzulehnen ist. Auch der nach [44, Abschn. 4.2] 1982 in Japan entstandene Vorschlag eines PAL-ähnlichen Verfahrens mit 30 MHz Video-Bandbreite führt bei Frequenzmodulation zu einer Satelliten-Kanalbandbreite von mindestens 100 MHz. Es wurden daher auch Versuche mit einer parallelen Übertragung der Luminanz- und Chrominanzkomponente über zwei Satellitenkanäle durchgeführt.

Alle diese frühen japanischen Versuche einer Frequenzmultiplex-Übertragung des HDTV-Signals über Satelliten berücksichtigten nicht die Kompatibilität mit dem Standard-TV-System. Das ist auch bis heute so geblieben und entspricht einem japanischen Prinzip. Im Gegensatz dazu bemühte man sich bereits bei den ersten HDTV-Satellitenübertragungen in den USA um kompatible Verfahren. So wurde 1983 von der amerikanischen Fernsehgesellschaft *CBS* (= *Columbia Broadcasting System*) vorgeschlagen, in einem ersten Kanal (Satelliten oder Kabel) ein Standard-TV-Signal mit 525 Zeilen zu übertragen sowie in einem zweiten Kanal diejenigen Informationen zu übermitteln, die notwendig sind, um aus dem 4:3-Bild mit 525 Zeilen ein HDTV-Bild mit 2 × 525 = 1050 Zeilen und einem Seitenverhältnis von 5:3 zu machen [44, Abschn. 4.2.4].

Bei dem CBS-Verfahren wurde bereits in den beiden Kanälen ein Zeitmultiplex-Komponentenverfahren angewendet. Es wurde in den USA als TMC (= "Time Multiplex of Components") bezeichnet, war aber eindeutig von dem europäischen Verfahren MAC (= "Multiplex Analogue Components") bzw. von dem japanischen Verfahren TCI (= "Time Compressed Integration of Line Color Signals") übernommen worden. Alle diese Zeitmultiplexverfahren leiten sich aus dem in den

70er Jahren in Deutschland entwickelten "Timeplex-System" ab, das in Abschnitt 4.2 (*Bild 4.3*) ausführlich beschrieben wurde. Mit Beginn der 80er Jahre war die Verarbeitungsgeschwindigkeit digitaler integrierter Schaltungen so weit fortgeschritten, daß man bei analoger Komponentenübertragung an eine komplette digitale Codierung – und damit störungsfreie Kompression und Expansion von Videosignalen (Abschn. 4.1) – denken konnte. Die Zeitmultiplex-Komponentenverfahren TMC (in USA), MAC (in Europa) und TCI (in Japan) wiesen jetzt sogar den Weg zu einer Einkanal-HDTV-Übertragung. Für die Satellitenübertragung des HDTV-Signals hieß das nun aber, daß das HDTV-Signal in eine Videobandbreite von 8 MHz komprimiert werden mußte, um es in Frequenzmodulation über einen Satellitenkanal von etwa 30 MHz Bandbreite übermitteln zu können.

Das 1984 von einer Forschungsgruppe der staatlichen Rundfunkorganisation *NHK* in Japan vorgestellte MUSE-Verfahren war das erste Einkanal-HDTV-Übertragungssystem, das mit 8 MHz Video-Bandbreite auskam [44, Abschn. 4.2.5]. Es enthält aber zwei wichtige Verfahren, deren Grundideen aus Europa kommen, so z.B. die Offset-Tastung, die 1980 von *Wendland* [48] in ähnlichem Zusammenhang angegeben wurde, und das TCI-Verfahren für die zeitkomprimierte Komponentenübertragung, die schon in den 70er Jahren in Deutschland als "Timeplex-Verfahren" intensiv untersucht wurde (Abschn. 4.2).

In Europa störte man sich daran, daß das japanische HDTV-Übertragungsverfahren nicht kompatibel war mit dem bestehenden Standard-TV-System. Die Entscheidung für ein europäisches HDTV-System fiel etwa 1986 und beinhaltete wegen der Forderung, mit dem eigenen Standard-TV-System kompatibel zu sein, auch die Abkehr von dem japanischen HDTV-Standard mit 1125 Zeilen / 60 Hz Vertikalfrequenz. Für Europa wurde das Doppelte der Standard-TV-Zeilenzahl (625) gewählt, also eine HDTV-Norm mit 1250 Zeilen / 50 Hz Vertikalfrequenz.

Ab 1986 wurde die Entwicklung eines eigenen europäischen HDTV-Systems auch intensiv von der Europäischen Gemeinschaft unter der Projektbezeichnung EUREKA EU-95 gefördert. Wichtigstes Ergebnis dieser Bemühungen war das unter Führung der Firma *Philips* entwickelte HDTV-Übertragungssystem "HD-MAC" [74]. Es ist ein zur europäischen Standard-TV-Norm kompatibles Übertragungsverfahren, das allerdings nicht mit dem PAL- oder SECAM-System kompatibel ist, sondern mit dem für eine qualitätsverbessernde Satellitenübertragung verwendeten D2-MAC-Verfahren (Abschn. 4.3). HD-MAC ist also eine kompatible "Aufstockung" von D2-MAC. Es enthält zwei mit dem MUSE-Verfahren identische Komponenten, deren Grundlagen, wie bereits erwähnt, auf europäische Entwicklungen zurückgehen. Beide Verfahren MUSE und HD-MAC werden daher im späteren *Bild 4.10* gemeinsam behandelt.

Zunächst soll auf eine andere wichtige Konzeption hingewiesen werden, die dem Gedanken der Kompatibilität mit dem Standard-TV-System zugrunde liegt. Schon bei seinen ersten HDTV-Arbeiten, die *B. Wendland* am Lehrstuhl für Nachrichtenübertragung an der *Universität Dortmund* 1978 begann, stellte er die Forderung nach einer kompatiblen HDTV-Übertragung in den Mittelpunkt und wies nach, welche Qualitätsverbesserung sich für den Standard-TV-Kanal dabei ergibt [73; 48; 30, Kap. 10].

Bild 4.9a zeigt dieses "kompatibel verbesserte Fernsehsystem" nach *Wendland*. Die Verbesserung der Qualität des 625-Zeilen-Systems ergibt sich durch den HDTV-Produktionsstandard. Die 1250 Zeilen stellen nach der Abtasttheorie eine um den Faktor 2 höhere Abtastfrequenz dar, wodurch Aliasfehler - also Interferenzstrukturen an feinen Bilddetails - vermieden werden. Auch bei der Aufwärtskonversion im HDTV-Empfänger von 625 auf 1250 Zeilen werden Aliasfehler vermieden.

In ***Bild 4.9b*** ist hierzu die Vermeidung von Aliasfehlern durch vertikale Überabtastung dargestellt. Es handelt sich um eine ähnliche Darstellung wie in *Bild 1.7c*, die für das Standard-TV-System mit 625 Zeilen gilt. Die dabei entstehenden Überschneidungen der Seitenlinien-Spektren für hohe Frequenzen (feine Bilddetails) ergeben Schwebungen und Interferenzen (schraffiertes Gebiet). Durch die Verdopplung der Zeilenzahl von 625 auf die 1250 des HDTV-Studios verdoppelt sich auch in *Bild 4.9b* die vertikale Abtastfrequenz (= Ortsfrequenz f_y des Abtastrasters) von $1/Y_Z$ auf $2/Y_Z$. Wie man sieht, verschieben sich dadurch die Aliasfehler (schraffierter Bereich) in ein Frequenzgebiet, das weit oberhalb der beim 625-Zeilen-System auftretenden höchsten Videofrequenz (= Bandgrenze = Nyquistgrenze für HD-MAC beim 625-Zeilen-System) liegt. Nach [64] bedeutet dies, daß man jetzt nicht mehr - wie in Abschnitt 1.5 dargestellt - von einer durch den "Kell-Faktor" k = 0,64 beschriebenen, auf 64 % reduzierten Zeilenauflösung ausgehen muß, sondern die volle Auflösung der maximalen Zeilenzahl nutzen kann, was dem Kell-Faktor $k \approx 1$ entspricht. Das 625-Zeilen-System wird also durch die Verwendung einer HDTV-Quelle in seiner Bildschärfe verbessert. Das kommt dem kompatiblen D2-MAC-Empfänger in *Bild 4.9a* zugute. Beim HD-MAC-Empfänger wird nach der Zeilenkonvertierung die volle HDTV-Bildschärfe allerdings erst erreicht, wenn die anschließend zu besprechende "Line-Shuffling"-Technik hinzukommt.

Die hier besprochene Methode der "Überabtastung" im Produktionsstandard läßt sich zusätzlich zur Zeilenzahlerhöhung auch auf eine gleichzeitig höhere Bildfrequenz anwenden. *C. Vogt* [75] zeigt in seiner Studie, welche Qualitätsverbesserung dann für das Empfangsbild zu erwarten ist.

Wie bereits erwähnt, sollen wegen ähnlicher Verarbeitungstechniken die HDTV-Übertragungsverfahren MUSE (japanisch) und HD-MAC (europäisch) in einem gemeinsamen Blockschema dargestellt werden. So zeigt in ***Bild 4.10a*** der Coder die gemeinsamen Verfahren in ausgezogenen Blöcken, während die bei HD-MAC zusätzlich hinzukommenden Verarbeitungen als gestrichelte Blöcke dargestellt sind. Nur durch eine digitale Verarbeitung lassen sich diese komplexen Verfahren mit der nötigen Präzision realisieren. A/D-Wandler am Eingang und D/A-Wandler am Ausgang stellen die Verbindung des digitalen Coders mit der analogen Umgebung her.

Gemeinsam ist den beiden Verfahren MUSE und HD-MAC, daß sie nach *Bild 4.10a* mit einer bildinhaltsabhängigen Verarbeitung ausgerüstet sind, die sich in den zwei bzw. drei Kanälen präsentiert, wobei diese von einer Bewegungserkennung umgeschaltet werden. Dazu werden in einer "a-posteriori-Entscheidung" die Ausgangssignale der Vorfilter mit dem Eingangssignal verglichen und daraus in einer Bewegungsschätzung entschieden, an welchen Bilddetails langsame, schnelle oder auch mittlere Bewegungen auftreten, so daß der Ausgangsschalter (der im tatsächlichen Coder aus Qualitätsgründen ein schneller Überblender ist) den entsprechenden Kanal einschalten kann [76, Teil II].

Die TCI-Codierung am Coder-Ausgang nach *Bild 4.10a* entspricht in etwa dem Timeplex-Verfahren nach *Bild 4.7a*. Mit einer Chrominanz-Videobandbreite von 6,5 MHz würde man bei einer um den Faktor 5 komprimierten Chrominanzübertragung eine Bandbreite von 6,5 MHz · 5 = 32,5 MHz erhalten. Da im Satellitenkanal nur eine Videobandbreite von 8 MHz übertragen werden kann, muß demnach im MUSE-Coder eine Bandbreitenreduktion von 32 MHz / 8 MHz = 4 vorgenommen werden. Die Bezeichnung MUSE (= "Multiple Sub-Nyquist Sampling Encoding") weist darauf hin, daß dies durch eine an den Bildinhalt angepaßte Unterabtastung realisiert wird. Der MUSE-Coder enthält dazu nach *Bild 4.10a* zwei Kanäle, die eine Unterabtastung bei langsamer und bei schneller Bewegung des Bilddetails durchführen.

Der Zeilen/Teilbild/Vollbild-Offset für langsam bewegte und ruhende Bilddetails wird in ***Bild 4.11a*** ausführlich dargestellt. Prinzipiell läßt sich die Bandbreite reduzieren, indem man bei der Abtastung einen Teil der Bildpunkte unterdrückt (= "Unterabtastung"). So wird in *Bild 4.11a* jeder zweite Bildpunkt (Kreuze) des HDTV-Rasters weggelassen und

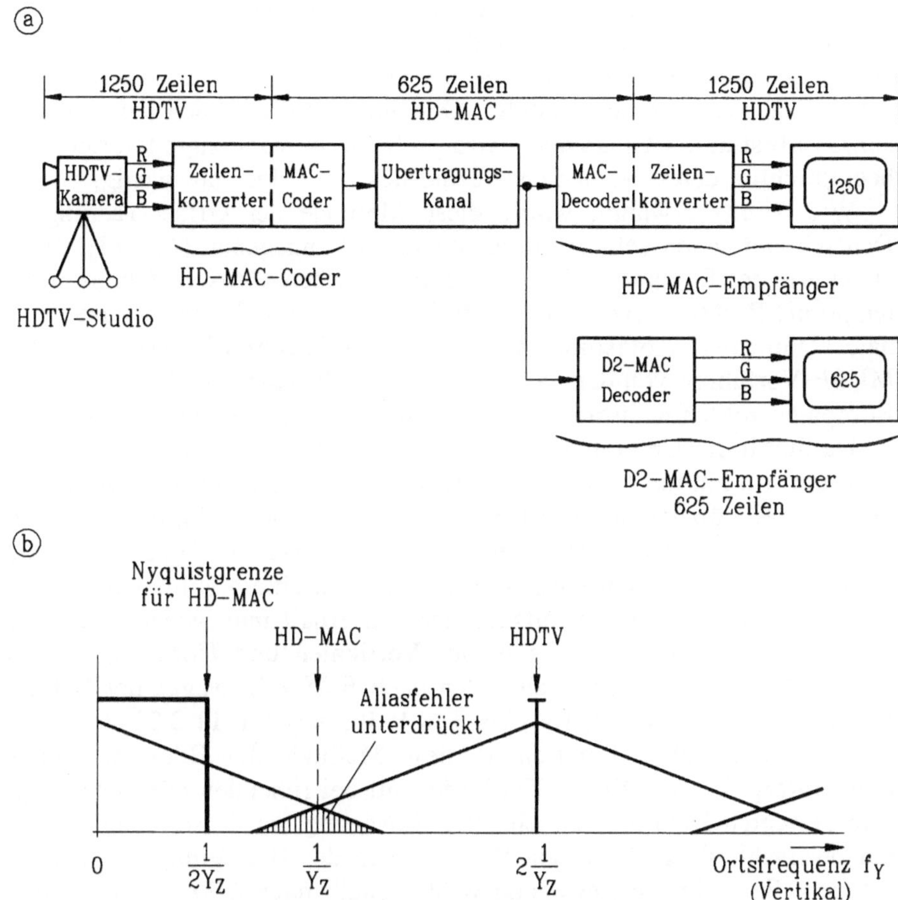

Bild 4.9: Qualitätsverbesserung im Standard-TV-System bei einem HDTV-Produktionsstandard
a) Blockschema einer HDTV-Übertragung im Standard-TV-System (HD-MAC)
b) Vermeidung von Aliasfehlern (Interferenzen) durch HDTV-Abtastung, dargestellt im vertikalen Ortsfrequenz-Spektrum

dadurch bereits die Bandbreite halbiert. Entscheidend ist dabei jedoch, daß durch eine sogenannte "Offset-Unterabtastung" die in geometrisch benachbarten Zeilen übertragenen Bildpunkte (Kreise, Punkte, Rechtekke) in Gegenphase (Phasenverschiebung 180° = "im Offset") liegen. Dadurch bleibt die Auflösung in der x- und y-Richtung (Horizontale und Vertikale des Bildes) erhalten. Einen Auflösungsverlust gibt es dagegen in der Diagonalen des Bildes. Deshalb entsteht nach ***Bild 4.12*** eine Auflösungsverteilung in der x-y-Ortsfrequenzebene, die sich als schrägliegende Gerade darstellt. Der hier deutlich sichtbare Auflösungsverlust in der Diagonalen wird größtenteils vom Auge toleriert und beeinträchtigt den Gesamt-Schärfeeindruck des Bildes nur wenig.

Wie bereits erwähnt, wurde diese Methode der Offset-Tastung in Deutschland schon sehr früh von *Wendland* angegeben [48; 73]. 1981 erweiterte der Engländer *Tonge* [77] diese Offset-Abtastverfahren in die temporale Richtung (von Bild zu Bild) und damit auf eine dreidimensionale "Quincunx"-Abtastung (Quincunx = Schachbrett). Als 1984 das MUSE-Verfahren von den Japanern vorgestellt wurde, enthielt es die in Europa erprobten mehrdimensionalen Offset-Abtastmethoden!

Da durch die Unterabtastung nach *Bild 4.11a* die Bandbreite insgesamt um den Faktor 4 reduziert werden soll, darf nur jeder 4. Bildpunkt in jeder Zeile übertragen werden. Dabei erfolgt von Teilbild zu Teilbild ein Offset-Versatz der Abtastpunkte, so daß nach 4 Teilbildern jede Position einmal erreicht wird. Werden dann in einem Bildspeicher des Decoders die 4 Teilbilder aufsummiert, so erhält man wieder die volle Auflösung des HDTV-Bildes in der Vertikalen und Horizontalen des Bildes (Auflösung in der Diagonalen nach *Bild 4.12* wegen der Offset-Unterabtastung reduziert) [64; 76, Teil I; 30, Abschn. 1.1.2.2].

Selbstverständlich funktioniert diese Methode der Bildpunktsammlung (Interpolation) über 4 Teilbilder nur bei ruhenden oder sehr langsam bewegten Details. Bei schneller Bewegung würde sich eine Bewegungsverschleifung – also ein Rückgang in der Bewegungsauflösung – ergeben. Für schnelle Bewegung wird deshalb nach *Bild 4.10a* auf den Zeilen/Teilbild-Offset umgeschaltet. Jetzt erfolgt nur noch eine "Intrafield"-Verarbeitung, d.h. eine Tiefpaßfilterung (Interpolation) nur innerhalb eines Teilbildes. Dadurch werden Bewegungsverschleifungen vermieden. Übertragen wird nach ***Bild 4.11b*** innerhalb einer Zeile nur jeder 4. Bildpunkt. Zwei geometrisch benachbarte Zeilen (aus zwei Teilbildern) enthalten die gleiche Information. Aber die abgetasteten Bildpunkte je zweier Zeilen liegen nach *Bild 4.11b* zueinander im Offset [78]. Deshalb wird die Auflösung nicht ¼, sondern ½ der HDTV-Auflösung in der Horizontalen des Bildes. Durch die Übertragung der gleichen Information in beiden Teilbildern halbiert sich die Auflösung auch in der Vertikalen des Bildes. Somit ergibt sich in dem Auflösungsdiagramm von *Bild 4.12* für die schnelle Bewegung gegenüber der langsamen Bewegung eine auf die halbe Auflösung verschobene diagonale Gerade [76, Teil III].

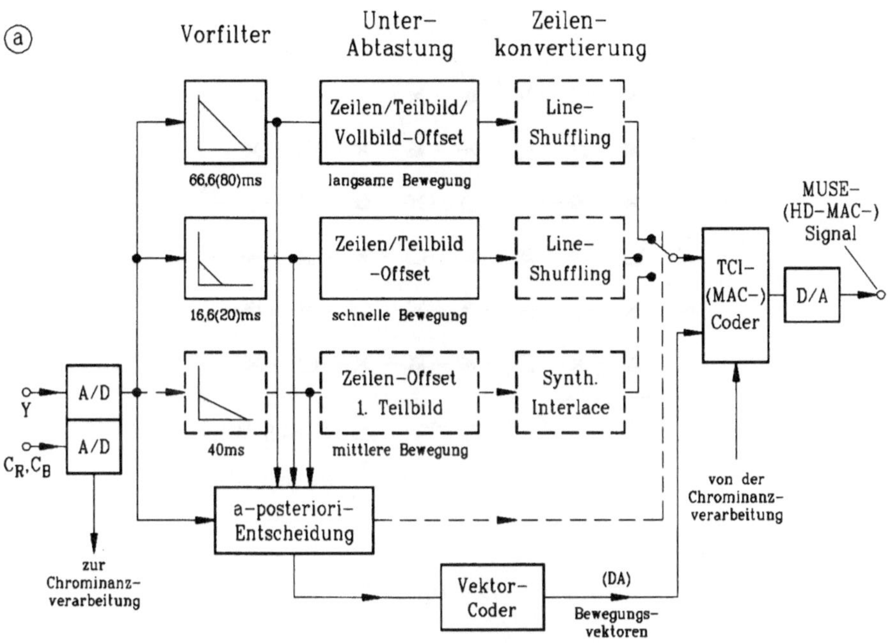

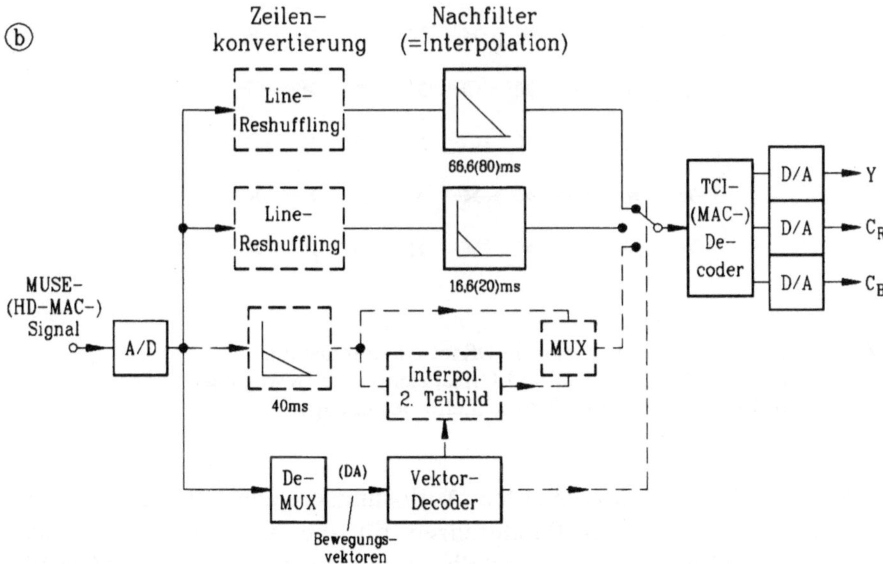

Bild 4.10: Blockschema eines Codecs für das MUSE-Verfahren (ausgezogene Linien) und das HD-MAC-Verfahren (zusätzlich gestrichelte Linien) (a) Coder, (b) Decoder

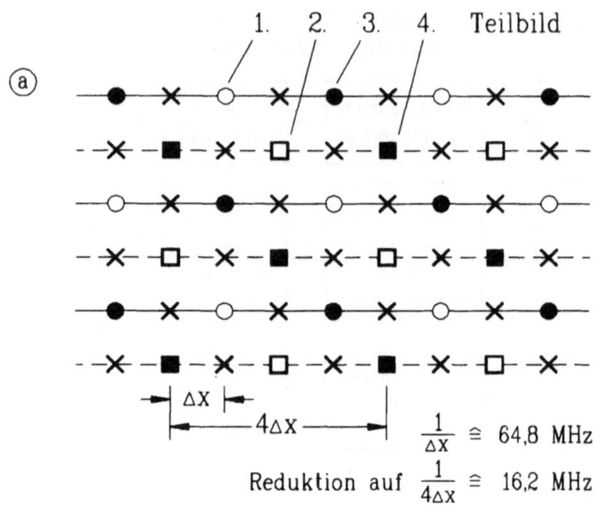

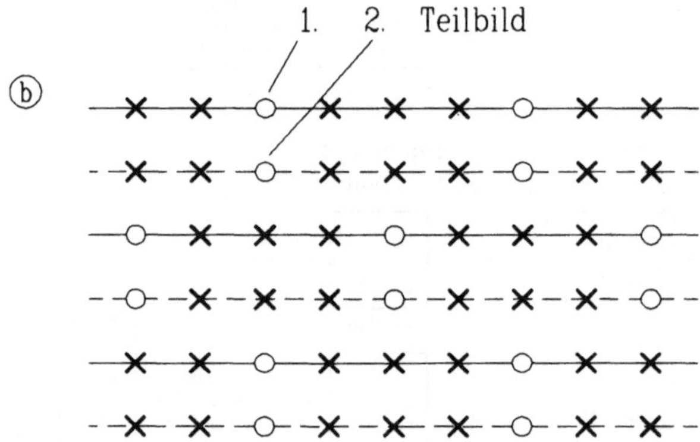

Bild 4.11: Rasterdarstellungen für die Offset-Unterabtastung
a) Zeilen/Teilbild/Vollbild-Offset (langsame Bewegung)
b) Zeilen/Teilbild-Offset (schnelle Bewegung)

Die in *Bild 4.12* dargestellten Auflösungsgrenzen sind gleichzeitig auch die anzustrebenden Bandgrenzen für die Vor- und Nachfilter. Notwendig sind nach dieser Darstellung zweidimensionaler Diagonalfilter, die sich als Digitalfilter gut realisieren lassen [22]. Im Coder müssen nach *Bild 4.10a* diese Diagonalfilter als "Vorfilter" vor die Unterabtastungen in den beiden Kanälen geschaltet werden. Im Decoder nach ***Bild 4.10b*** präsentieren sich die "Nachfilter" in den beiden Kanälen gleichzeitig als zweidimensionale Interpolatoren. Nur so können Interferenzstrukturen sowie Kantenverfälschungen und Bewegungsstörungen infolge der starken Unterabtastung vermieden werden.

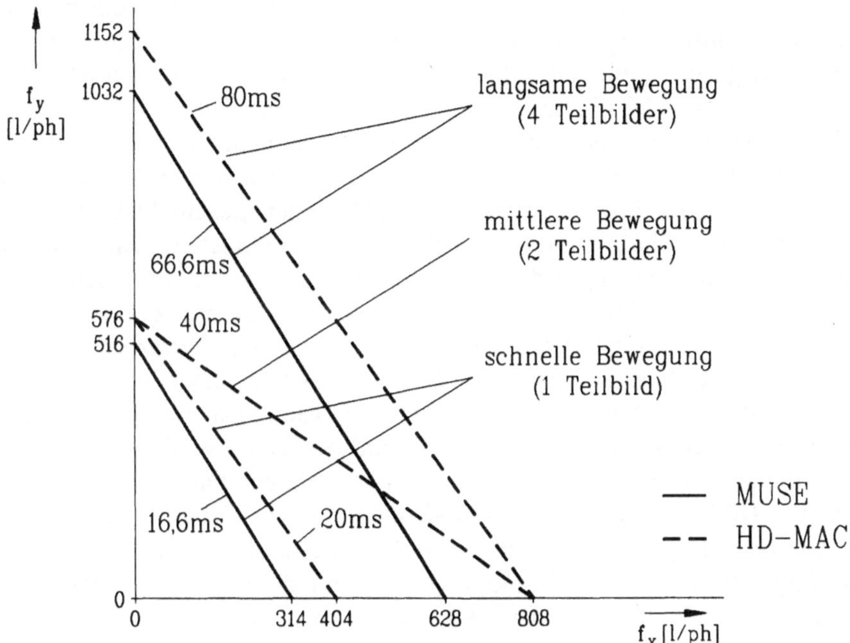

Bild 4.12: Auflösungsgrenzen bei den zwei (MUSE) bzw. drei (HD-MAC) Bewegungsmoden (= zweidimensionale Filtercharakteristiken für die Vor- und Nachfilter)

Wie im Blockschema des Coders und Decoders von *Bild 4.10* zu erkennen, kommt beim europäischen HD-MAC-Verfahren noch ein dritter Kanal hinzu (gestrichelte Blöcke), der bei mittlerer Bewegungsgeschwindigkeit eingeschaltet wird. Nach [76, Teil II] wird jetzt nur das 1. Teilbild für die Abtastung verwendet, das 2. Teilbild dagegen mit einem künstlichen Zeilensprung ("Synthetic Interlace") regeneriert. Dadurch wird nach *Bild 4.12* für diesen Mode "mittlere Bewegung" die Vertikalauflösung halbiert, während die Horizontalauflösung erhalten bleibt. Das führt zu einer besseren Anpassung der Unterabtastung an die unterschiedlichen Bewegungsabläufe in einem Fernsehbild. Bei MUSE gibt es nämlich diesbezüglich Probleme. Schon bei geringen Bewegungsgeschwindigkeiten schaltet der Codec auf den Zeilen/Teilbild-Offset (1 Teilbild) mit seiner sehr geringen Ortsauflösung (nach *Bild*

4.12 horizontal und vertikal halbiert!). Dadurch wirkt das Bild häufig unscharf. Die These, daß der menschliche Gesichtssinn bei schnellen Bewegungsvorgängen eine geringere Ortsauflösung toleriert [3, Abschn. 4.1] ist vor allem dann nicht haltbar, wenn es sich um vorhersehbare Bewegungen handelt, die das Auge auf dem Bildschirm verfolgt. Die Einführung eines dritten Verarbeitungszweiges für mittlere Bewegungsgeschwindigkeiten hat die Bildschärfe bei bewegten Strukturen für das HD-MAC-System wesentlich verbessert.

Eine weitere wichtige Erweiterung ergibt sich bei HD-MAC durch die Forderung nach Kompatibilität mit dem 625-Zeilen-System. Diese Konvertierung des HDTV-Signals auf 625 Zeilen geschieht in den mit "Line-Shuffling" bezeichneten (gestrichelt gezeichneten) Blöcken im HD-MAC-Coder von *Bild 4.10a*. Die Methode wird näher beschrieben in ***Bild 4.13*** [79; 30, Abschn. 11.2.1]. Man erkennt, wie die Bildpunkte zweier aufeinanderfolgender Zeilen des mit reduzierter Bildpunktzahl im Offset abgetasteten HDTV-Rasters zu jeweils einer Zeile des 625-Zeilen-Rasters zusammengefaßt werden. Da zwar die Zeilenzahl halbiert, dafür aber die Bildpunktzahl pro Zeile verdoppelt wurde, bleibt die Bandbreite des HD-MAC-Signals gleich. Die Verteilung der gesamten Bildpunktzahl des HDTV-Bildes auf 625 Zeilen ergibt jedoch ein Signal, das von dem nach *Bild 4.9a* angeschlossenen D2-MAC-Empfänger im 625-Zeilen-Standard normal wiedergegeben werden kann (Kompatibilität!). Im HD-MAC-Decoder nach *Bild 4.10b* erfolgt dann die Zeilenkonvertierung von 625 auf 1250 Zeilen in den "Line-Reshuffling"-Stufen. Dabei werden die in der Zeile hintereinander liegenden Bildpunkte wieder auf jeweils 2 Zeilen des HDTV-Rasters verteilt.

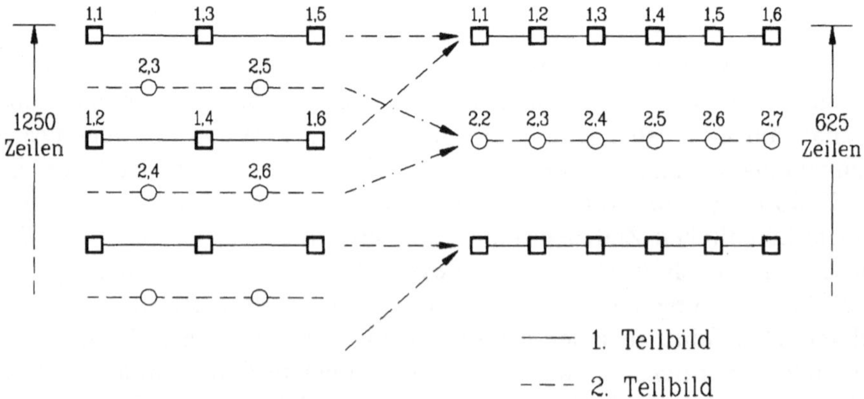

Bild 4.13: Zeilenkonverter 1250/625 Zeilen nach dem Line-Shuffling-Verfahren

Technologischer Hintergrund

Spätestens beim "Line-Shuffling" dürfte es klar sein, daß solch komplexe Prozesse eine derart hohe Präzision benötigen, wie sie nur mit digitaler Verarbeitungstechnik im Coder und Decoder einzuhalten ist. Allein die Übertragung bleibt analog in der Form eines zeitkomprimierten Komponentensignals MAC.

Korrekterweise muß noch darauf hingewiesen werden, daß die gemeinsame Darstellung des MUSE- und HD-MAC-Verfahrens in *Bild 4.10* an gewisse Grenzen stößt. Obwohl es zwar prinzipiell möglich ist, auch beim HD-MAC-Decoder die Komponentenzerlegung erst nach der Zeilenkonvertierung und Interpolation in einem TCI-(MAC-)-Decoder durchzuführen, wäre das im HDTV-Bereich eine unnötig aufwendige Lösung. Deshalb wird man bei HD-MAC diese Zerlegung in Y, C_R, C_B am Decodereingang vornehmen und Luminanz/Chrominanz jeweils parallel verarbeiten (wie auch im HD-MAC-Coder).

Für den bewegungsadaptiven Betrieb von Coder und Decoder verwendet HD-MAC eine Fehlerverarbeitungseinheit ("a-posteriori-Entscheidung") nach *Bild 4.10a*, mit der eine sehr präzise Bewegungsschätzung vorgenommen werden kann [76, Teil II]. Parallel zur Modenumschaltung im Coder werden daraus Bewegungsvektoren abgeleitet, die als "Digital Assisted" (DA)-Signal zusätzlich zum Decoder übertragen werden und hier – praktisch zeitgleich – die Modenumschaltung durchführen (*Bild 4.10b*). MUSE benützt dagegen getrennte Bewegungsdetektoren im Coder und Decoder, was zu Umschaltfehlern führen kann [79].

4.5 Analoges Komponentenstudio

Unter den Komponenten eines Farbfernsehsignals versteht man primär die Farbwertsignale (oder auch "Farbauszugsignale" genannten) Ausgangssignale einer Farbkamera oder eines Farbfilmabtasters für die Grundfarben Rot, Grün, Blau (U_R, U_G, U_B), die in diesem Buch der Einfachheit wegen mit R,G,B bezeichnet werden. In Anlehnung an ein Grundprinzip des NTSC-Verfahrens (Abschn. 2.2, *Bild 2.3*) kann auch in einer Matrix des Farbfernsehabtasters die Umwandlung in die drei neuen Farbkomponenten Y, C_R, C_B vorgenommen werden. Dadurch paßt man sich schon im Studio besser an die Eigenschaften des Gesichtssinnes an, denn nur das Luminanzsignal Y muß mit der vollen Bandbreite übertragen werden, da es die Bildschärfe dominiert, während die beiden Chrominanzkomponenten $C_R \sim$ R-Y und $C_B \sim$ B-Y nach *Bild 2.3* allein den Farbanteil beschreiben, der wie eine Kolorierung des Bildes wirkt und daher entsprechend unscharf übertragen werden darf. Die damit zugelassene geringere Bandbreite der Komponenten C_R, C_B stellt auch schon für das Studio eine Vereinfachung der Signalverarbeitung dar, so daß der Übergang von den R,G,B-Signalen auf die drei neuen Komponenten Y, C_R, C_B nach ***Bild 4.14b*** in einer Matrix (die üblicherweise Teil der Kamera ist) als ökonomische Lösung angesehen werden kann.

Die nach *Bild 4.14b* dann folgende unmittelbare Verarbeitung dieser Komponenten Y, C_R, C_B in einem sogenannten "Komponentenstudio" ist ein naheliegender Gedanke, der schon bei den ersten Planungsarbeiten für Farbfernsehstudios Anfang der 60er Jahre ins Auge gefaßt wurde. Auch in den USA war bei der RCA das erste Farbfernsehstudio 1952 mit einer sogenannten "Dreikanal-Umschalttechnik" ausgerüstet [80, Kap. 1]. Man hatte jedoch sehr mit den damaligen Unzulänglichkeiten der Röhren-Schaltungstechnik zu kämpfen, die zu mangelndem Gleichlauf der drei Komponenten beim Überblendvorgang führten. Außerdem gab es Qualitätsverluste bei der Einspeisung von Fremdsignalen ins Studio, da diese mit einem Decoder in die Komponenten zerlegt werden mußten. Schließlich schien der Aufwand für eine Dreifachverkabelung im Studio zu hoch.

Aus diesen Gründen ging man schon 1954 in den USA und Anfang der 60er Jahre dann auch in Europa zu der "Einkanal-Umschalttechnik" nach ***Bild 4.14a*** über [80, Kap. 1]. Man erkennt an dieser Darstellung sofort die Vorteile des Systems:

- Das Studio braucht nur noch einkanalig verkabelt zu werden. Dazu muß jedem Farbfernsehabtaster ein eigener PAL-Coder zugeordnet werden, so daß der Regieeinrichtung von jeder Quelle nur noch ein einziges – ein sogenanntes "Composite-Signal" – zugeführt werden kann, was auch die Überblendtechnik vereinfacht.
- PAL-fremd-Signale können in das Studio direkt – ohne qualitätsmindernde Decodierung – eingespeist werden.
- Ein Schwarzweiß-Signal kann problemlos in das Farbfernsehstudio eingespeist werden (Kompatibilität bei Schwarzweiß-Beiträgen aus dem Archiv).

Mit der Einführung dieser Einkanal-Umschalttechnik ergab sich allerdings die Problematik, daß die Farbträgerphasen der einzelnen Signale am Regiegeräteeingang angepaßt werden mußten. Doch wurden hierfür schon bald ökonomische Lösungen gefunden [80, Kap. 5].

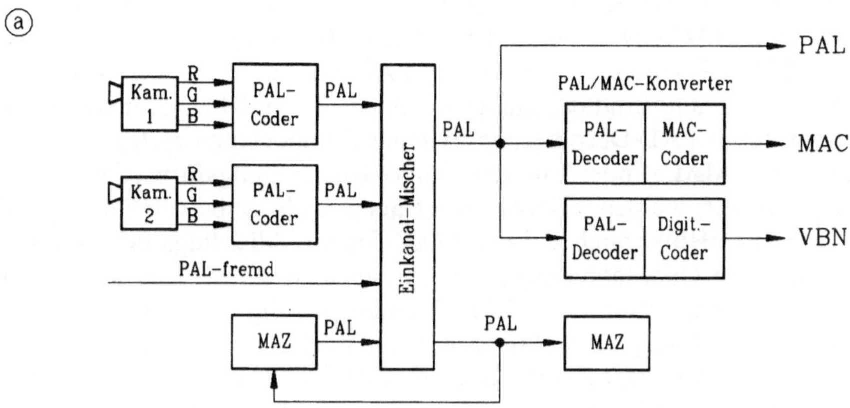

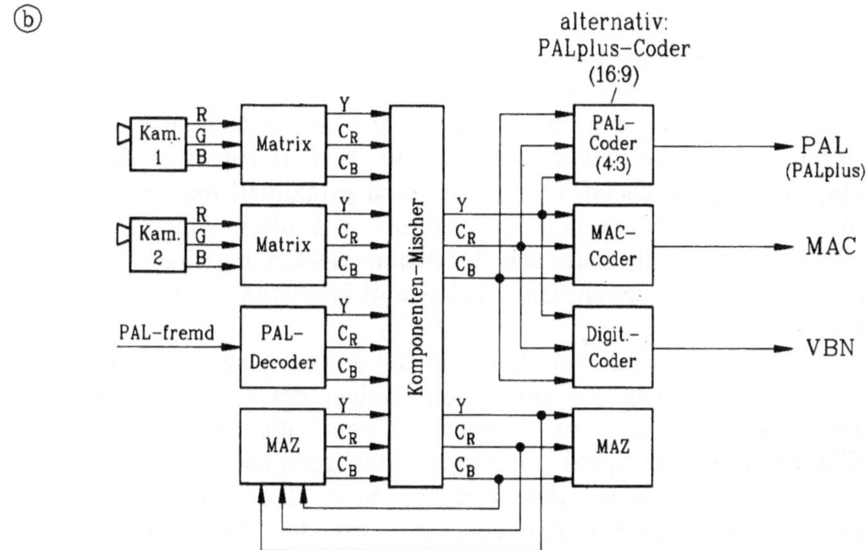

Bild 4.14: Konzeptionen für Farbfernsehstudios
a) PAL-Studio mit Einkanal-Verarbeitung
b) Analoges Komponentenstudio mit Dreikanal-Verarbeitung

Ein Umdenken in dieser Studiostrategie wurde ausgelöst durch die Entwicklung des Komponenten-Übertragungsverfahrens MAC, das nach Abschnitt 4.3 eine Satellitenübertragung mit verbesserter Farbbildqualität anstrebt. Die hierbei beabsichtigte Vermeidung der typischen – durch die Kompatibilität mit der Schwarzweißtechnik verursachten – PAL-Systemfehler läßt sich aber nur dann erreichen, wenn die Primärsignale aus einem Komponentenstudio kommen. Nach *Bild 4.14b* können dann die Farbsignalkomponenten Y, C_R, C_B am Studioausgang direkt dem MAC-Coder zugeführt werden. Im Gegensatz dazu muß bei der MAC-Übertragung aus einem PAL-Studio nach *Bild 4.14a* das PAL-Signal am Studioausgang in einem "PAL/MAC-Konverter" zunächst durch PAL-Decodierung in seine Komponenten zerlegt und diese dann im "MAC-Coder" in das MAC-Übertragungsformat (*Bild 4.8*) umgewandelt werden. Dabei übertragen sich selbstverständlich alle PAL-Systemfehler auch auf das MAC-Signal. Allerdings läßt sich dann eine gewisse Qualitätsverbesserung erzielen, wenn man im PAL/MAC-Konverter einen Präzisions-PAL-Decoder mit digitaler Videosignalverarbeitung nach Kapitel 3 (*Bild 3.1*) verwendet.

Nur für eine Signalverteilung im PAL-Format (4:3) ist das PAL-Studio von Vorteil, weil nach *Bild 4.14a* das Ausgangssignal ohne jede Wandlung an die Übertragungsstrecken abgegeben werden kann. Alle modernen Fernseh-Übertragungsverfahren arbeiten jedoch mit Komponenten-Übertragungsmethoden. Eine moderne Studioeinrichtung sollte daher nur noch in Komponententechnik ausgeführt werden. Nach *Bild 4.14b* braucht dann erst am Studioausgang entschieden zu werden, nach welchem Verfahren codiert werden muß. Das ist eine sehr flexible Lösung [63, 64]. Auch HDTV-Studios sind prinzipiell immer Komponentenstudios [81, 82], da sich nach Abschn. 4.4 alle in Frage kommenden HDTV-Übertragungsmethoden der Komponentenübertragung bedienen, wozu insbesondere auch das MUSE- und HD-MAC-Verfahren gehören (*Bild 4.10*).

In *Bild 4.14b* sind drei Beispiele für die ausgangsseitige Codierung der Komponentensignale angegeben. Neben der bereits besprochenen MAC-Codierung kann ein "Digitaler Coder" die Aufbereitung in ein PCM-Komponentensignal vornehmen, das geeignet ist für eine Breitbandübertragung über Glasfasernetze bzw. über ein "Vermittelndes Breitband-Netz" (VBN) der Telekom, was der Zuspielung zu einem anderen Fernsehstudio, der Übertragung zu einem terrestrischen Sender oder auch der Zuführung zur Kopfstation eines Kabelfernsehnetzes dienen kann. Für die Fernsehverteilung im PAL-Format ist schließlich ein "PAL-Coder (4:3)" vorgesehen. Werden jedoch im Studio 16:9-Signale erzeugt, dann tritt an diese Stelle ein "PALplus-Coder (16:9)" nach *Bild 3.14a*.

Die für eine Fernsehverteilung vorgesehenen Komponentensignale werden bei den meisten Produktionen zunächst auf einer magnetischen Aufzeichnungsanlage (MAZ) am Studioausgang von *Bild 4.14b* gespeichert, oder sie werden für eine Trickmischung auf der zweiten MAZ am Mischer-Eingang aufgezeichnet. Diese Magnetbandmaschinen müssen in der Lage sein, die analogen Komponentensignale Y, C_R, C_B aufzuzeichnen. Schon Anfang der 80er Jahre standen solche Maschinen zur Verfügung. Sie waren von der japanischen Firma *Sony* unter der Bezeichnung "Betacam" und von der Firma *Bosch Fernsehanlagen GmbH* in Darmstadt unter der Bezeichnung "Quartercam" für das Zusammenwirken mit einer kompakten Farbkamera in einer Camcorder-Aufnahmeeinrichtung für Reportagezwecke entwickelt worden. Das Betacam-System stand dann später in der verbesserten Version "Betacam SP" auch für die elektronische Schnittbearbeitung in einer Komponenteninsel innerhalb eines PAL-Studios zur Verfügung. Eine solche analoge Komponenten-MAZ ist natürlich ideal geeignet für die Magnetaufzeichnung in einem analogen Komponentenstudio nach *Bild 4.14b*. Die bereits seit Mitte der 80er Jahre eingeführte elektronische Komponenten-Schnittbearbeitung erleichterte den Rundfunkanstalten das Umdenken auf ein Komponentenstudio und förderte dessen Einführung sehr.

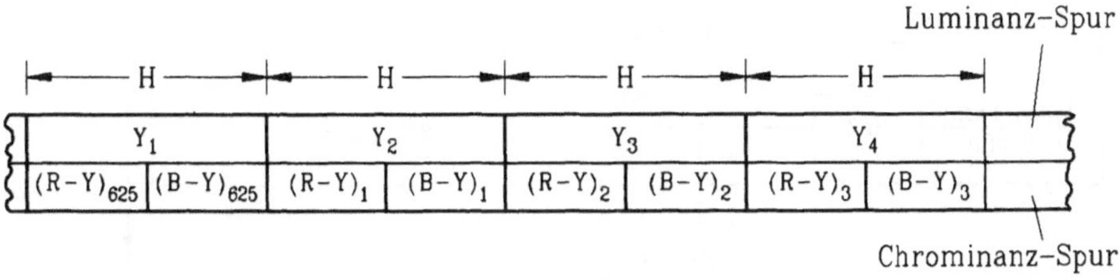

Bild 4.15: Komponentenaufzeichnung in zwei parallelen Spuren bei einer magnetischen Videoaufzeichnung in Analogtechnik nach dem Betacam-Verfahren der Firma *Sony*. (Der jeweilige Index bezeichnet die Zeilennummer, H = Zeilenperiode)

Die Komponentenaufzeichnung erfolgt bei dem Betacam-Verfahren nach [63] auf den beiden Parallelspuren von ***Bild 4.15***. In der oberen Spur wird die Luminanz Y, in der unteren Spur werden die beiden Chrominanz-Komponenten R-Y $\sim C_R$ und B-Y $\sim C_B$ aufgezeichnet. Zu diesem Zweck wurden sie nach der Methode von *Bild 4.2* komprimiert, damit sie seriell in einer Zeile H (= Horizontalperiode) aufgezeichnet werden können. Die Chrominanz-Bandbreite wird dabei gegenüber der Luminanz halbiert, was für die Nachbearbeitungen – insbesondere bei der später noch zu besprechenden Chromakey-Tricktechnik (*Bild 4.20*) – einen zulässigen Wert darstellt.

Bei der Besprechung von *Bild 4.14b* war bereits erwähnt worden, daß bei einer 16:9-Produktion im Komponentenstudio an die Stelle des PAL-Coders am Studioausgang ein PALplus-Coder tritt.

Technologischer Hintergrund

Ganz deutlich muß festgestellt werden, daß es nicht möglich ist, PALplus-Signale zu überblenden oder tricktechnisch zu verarbeiten, da Probleme mit dem Helper-Signal (*Bild 3.14*) auftreten. Die Einführung des neuen Dienstes PALplus erfordert daher - genau wie bei der Einführung des MAC-Verfahrens - die Umstellung der Fernsehstudios auf Komponententechnik. Der Übergang auf diesen neuen Fernsehdienst erhöhter Bildqualität führt daher zu einem erheblichen Aufwand auf der Studioseite.

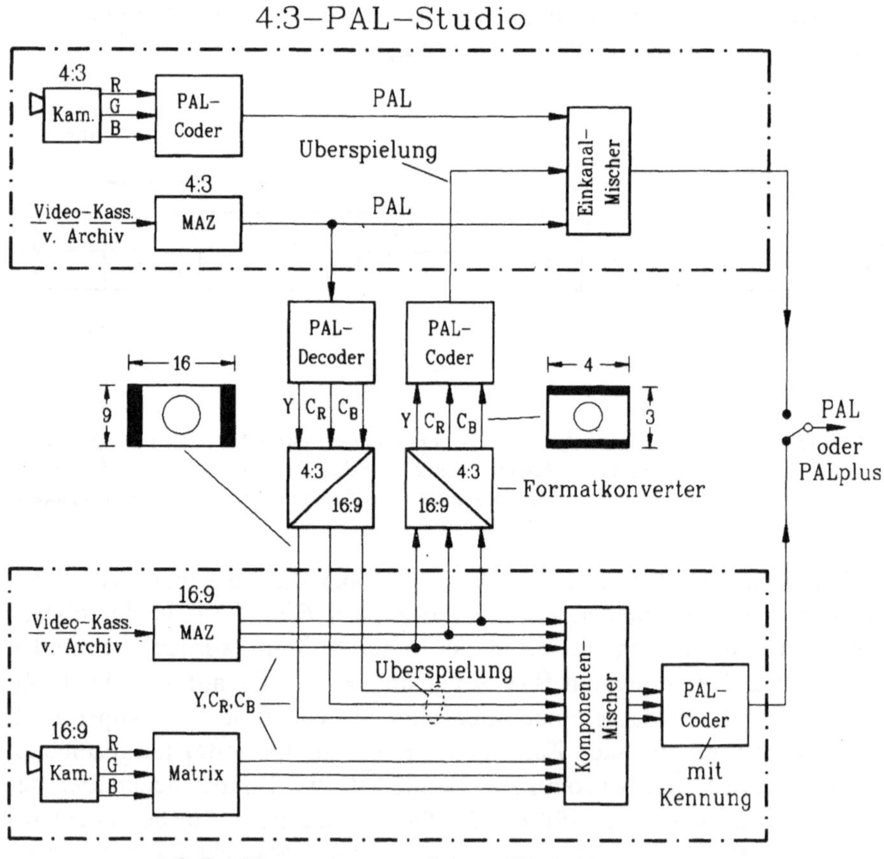

Bild 4.16: Parallelbetrieb eines 4:3-PAL-Studios und eines 16:9-Komponenten-Studios

Wie auch schon in *Bild 3.12* (links unten) angedeutet, werden aber PAL-Studios in 4:3-Technik und Komponenten-Studios in 16:9-Technik noch viele Jahre parallel betrieben werden. Es ergibt sich dann die in ***Bild 4.16*** gezeigte Konstellation. Der Übergang zwischen den beiden Sendearten muß mit einer harten Umschaltung erfolgen, da eine Überblendung von 4:3 auf 16:9 nicht möglich ist. Eine Kennung, die im PALplus-Coder zugesetzt wird, veranlaßt den 16:9-Empfänger von der 4:3-Wiedergabe auf die PALplus-Decodierung umzuschalten (*Bild 3.14b*).

Wichtig ist nun, daß zwischen den beiden Studios in *Bild 4.16* gegenseitige Überspielmöglichkeiten vorgesehen sein müssen. Dabei wird es stets so sein, daß Beiträge aus dem jeweiligen Archiv für die Produktion im anderen Format eingespielt werden müssen. Die Überspielung erfolgt daher nach *Bild 4.16* von der Magnetbandmaschine "MAZ" des jeweils anderen Studios. Hierfür müssen nun "Formatkonverter" vorgesehen sein. Im Prinzip sind das vereinfachte PALplus-Codecs. Für die Einspielung in das 16:9-Studio genügt die Zeilenkompression, während für die Einspielung in das 4:3-Studio der "Interpolator + Dezimator" nach *Bild 3.14b* benötigt wird.

4.6 Digitales Komponentenstudio

Das im vorigen Kapitel beschriebene analoge Komponentenstudio war bereits der richtige Schritt für die Anpassung der Studiotechnik an die modernen Fernseh-Übertragungssysteme. Dies blieb allerdings auf die elektronische Schnittbearbeitung beschränkt und sorgte durch die Komponenten-Aufzeichnungstechnik (*Bild 4.15*) für eine wesentlich bessere Überspielqualität. Für das Gesamtstudio konnte sich jedoch die analoge Komponententechnik nicht richtig einführen. Dafür lassen sich die folgenden Gründe nennen [83, Abschn. 2.1.2.3]:

- Die dreikanalige Verkabelungstechnik (*Bild 4.14b*) stellt einen zu großen Aufwand dar.
- In vielen Analoggeräten der Studiotechnik befinden sich bereits digital arbeitende Bausteine, die mit vorgeschaltetem A/D- und nachgeschaltetem D/A-Wandler versehen sind. Die Serienschaltung vieler Analog-Digital-Wandlungen verschlechtert durch Akkumulation der Quantisierungsfehler die Qualität der Signalverarbeitung.

- Die Integration analoger Schaltungen hatte ihre Grenzen erreicht. Der hohe Schaltungsaufwand bei komplexeren Verarbeitungen läßt sich daher nicht realisieren.
- Trotz Qualitätsverbesserung der elektronischen Schnittechnik durch analoge Komponenten-MAZ reicht die Überspielqualität bei hoher Generationenzahl (Zahl der Überspielungen) nicht aus, wenn komplizierte Tricktechniken gefordert werden.

Als optimale Lösung für die Komponenten-Studiotechnik bietet sich das voll digitale Studio mit serieller (einkanaliger) Verbindungstechnik zwischen den Gerätekomponenten an, DSC (= Digital Serial Components) genannt.

Technologischer Hintergrund

Der Übergang von der analogen zur digitalen Komponententechnik im Studio ist symptomatisch für eine erst durch technologische Weiterentwicklungen möglich gewordene Optimallösung. Das analoge Komponentenstudio mußte zwangsläufig eine übergangsweise Ersatzlösung bleiben, weil sich bereits Mitte der 80er Jahre eine Realisierung der beiden Hauptprobleme des Digitalstudios abzeichnete: die digitale Magnetbandaufzeichnung und die Erhöhung der Verarbeitungsgeschwindigkeit integrierter Schaltungen, so daß die komplexen Signalverarbeitungen ohne aufwendige parallele Schaltungsanordnungen durchführbar wurden. Ende der 80er Jahre standen auch Lösungen für die digitalen Koppelpunkte der Kreuzschienen und für die digitalen Mischer – sogar für das digitale HDTV-Studio – zur Verfügung [81; 82]. Der Siegeszug des digitalen Komponentenstudios konnte beginnen!

Mit ***Bild 4.17*** wird noch einmal die Bedeutung des Übergangs von der analogen zur digitalen Magnetbandaufzeichnung verdeutlicht [82]. Man erkennt, wie stark sich der Störabstand bei einer "Analogen MAZ (Standard-TV)" mit zunehmender Generationenzahl (= Zahl der Überspielungen) reduziert. Ab der 9. Generation sinkt der Störabstand unter 40 dB, was zu einer so schlechten Bildqualität führt, daß die Überspielungen unbrauchbar werden. Bei einer "Analogen HDTV-MAZ" ist bereits nach der ersten Aufzeichnung der Störabstand um etwa 7 dB schlechter, da man wegen der höheren Bandgeschwindigkeit schmalere Spuren schreiben muß, um den Bandverbrauch in vernünftigen Grenzen halten zu können. Bei einer "Digitalen HDTV-MAZ" wird man dagegen nach *Bild 4.17* von der Generationenzahl praktisch unabhängig, denn hier tritt keine Akkumulation der Fehler auf. Das gleiche gilt natürlich auch bei einer Digitalen MAZ für das Standard-TV (in *Bild 4.17* nicht dargestellt!). Damit ergeben sich ideale Verhältnisse für die elektronische Schnittbearbeitung. Anfang der 80er Jahre baute man daher zunächst in den USA eine digitale Insel - eine sogenannte "Digital Editing Suite" - in die analogen NTSC-Studios ein. Nach [3, Abschn. 4.2] enthielten sie außer den digitalen Magnetbandmaschinen auch digital arbeitende Mischer, um die elektronische Schnittbearbeitung weitgehend verlustfrei durchführen zu können.

Voraussetzung für ein "All-Digital-Studio" war die Festlegung eines digitalen Studio-Standards, der ab 1981 – also erstaunlich früh – als internationale Empfehlung unter der Bezeichnung *CCIR 601* vorlag (*CCIR* = *Consultative Committee of International Radio*). Etwas später wurde dann mit *CCIR 656* auch die serielle Übertragung des Datenstroms festgelegt. Denn nach ***Bild 4.18*** werden bei der Digitalisierung der (über eine Matrix aus den Kamera-Ausgangssignalen R, G, B abge-

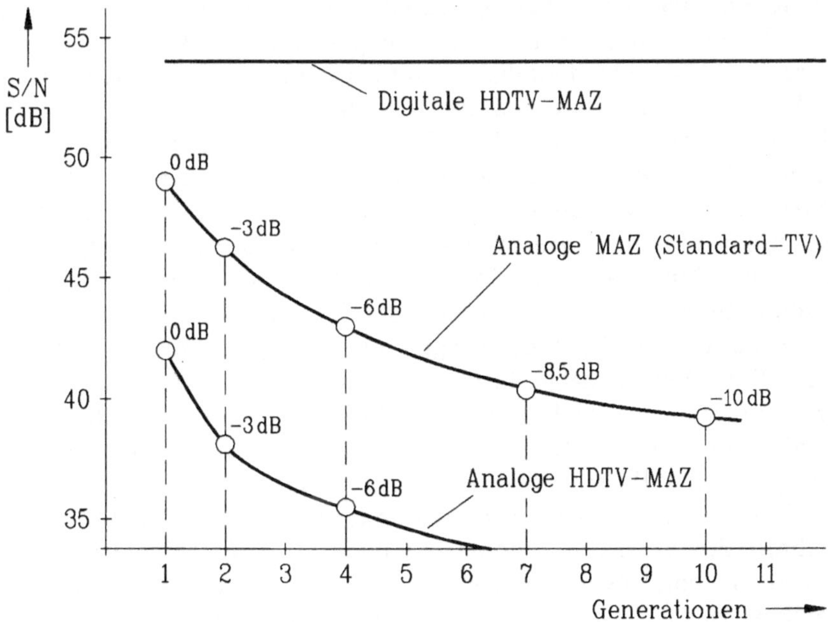

Bild 4.17: Störabstandsreduktion in Abhängigkeit von der Anzahl Generationen (Überspielungen) bei Studio-Magnetbandmaschinen

leiteten) Farbsignalkomponenten Y, C_R, C_B zunächst drei getrennte Datenströme erzeugt. Im Gegensatz zum "Composite-Coding", wo man nach *Bild 3.1a* das gesamte PAL-Signal (oder auch NTSC-Signal) digitalisiert, nennt man die separate Digitalisierung der drei Farbsignalkomponenten nach *Bild 4.18* "Component-Coding". Innerhalb eines Geräteschranks und auch innerhalb eines Geräteraums (bis etwa 50 m Entfernung [84]) lassen sich diese digitalen Komponenten über parallele Leitungen verkabeln. Aber auch schon um den Verkabelungsaufwand gering zu halten, sollte bei größeren Entfernungen im Studio eine Einkanal-Übertragung über 75-Ω-Koaxialkabel erfolgen. Die Grenzentfernung liegt hier wegen des sehr hohen Datenflusses (große Bandbreite) bei etwa 300 m, ehe die Digitalsignale so stark verzerrt werden, daß sie nicht mehr regenerierbar sind [84]. Für größere Entfernungen (über 300 m) – z.B. zwischen Studiokomplexen – müßte man auf Glasfaserverbindungen übergehen.

Bild 4.18 zeigt den für die Einkanalübertragung erforderlichen Vorgang der Serialisierung zum sogenannten "DSC-Signal" (DSC = Digital Serial Components). Der entstehende Gesamt-Datenfluß H'_0 [Mbit/s] des seriellen DSC-Signals soll nun ermittelt werden. Die in *Bild 4.18* dargestellte Komponentencodierung hat den großen Vorteil, daß die beiden stärker bandbegrenzten Chrominanzkomponenten C_R, C_B mit einer geringeren Taktfrequenz digitalisiert werden können, so daß sich ein entsprechend geringerer Datenfluß des DSC-Signals ergibt.

Bei der Festlegung der Abtastfrequenz für das Luminanzsignal Y ging man über die vom Abtasttheorem vorgeschriebenen $2 \cdot 5$ MHz = 10 MHz hinaus und wählte nach ***Bild 4.19a*** f_{TY} = 13,5 MHz. Durch diese "Überabtastung" ergibt sich eine geringere Anforderung an die Steilheit der Filterflanke des "Vorfilters" (Tiefpaß "TP" vor der A/D-Wandlung in *Bild 4.18*), so daß sich der Filteraufwand in vernünftigen Grenzen halten läßt. Nach der Empfehlung CCIR 601 sind die Toleranzen des Filterfrequenzgangs festgelegt. Nach *Bild 4.19a* wurde der Frequenzgangabfall des Tiefpaßfilters ("Vorfilter") letztlich doch so steil gewählt, daß infolge der Überabtastung die Video-Bandbreite von 5 MHz auf 6,2 MHz erhöht werden konnte. Dies ist bei der Übertragung von 16:9-Fernsehbildern von Bedeutung, da sich die Bandbreite nach Abschnitt 3.6 um 33 % erhöht und nach *Bild 4.7b* bei der MAC-Übertragung eine etwas vergrößerte Video-Bandbreite für das Luminanzsignal zulässig ist (6-dB-Bandbreite 5,6 MHz, Grenzauflösung bei etwa 6 MHz).

Das veranlaßte eine Arbeitsgruppe aus Vertretern der Rundfunkanstalten und der Studiogeräteindustrie auf einer Klausurtagung im Okto-

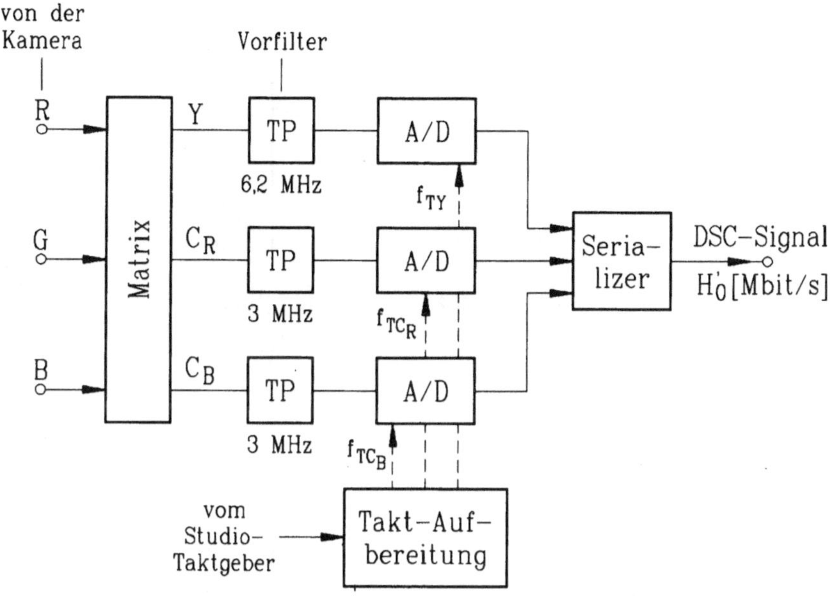

Bild 4.18: Digitaler Coder zur Umwandlung von analogen R,G,B-Signalen in ein Digital-Serielles-Komponentensignal (DSC-Signal)

ber 1990 die Empfehlung auszusprechen, daß zukünftige Fernsehstudios - in Anpassung an die neuen Fernsehdienste MAC und PALplus sowie an die 16:9-Übertragung - Digitale Komponentenstudios mit serieller Komponentenübermittlung (DSC) sein sollten [85]. Als sich dann zu Beginn der 90er Jahre die mögliche Einführung einer rein digitalen Fernsehübertragung abzeichnete, hatte das Digitale Fernsehstudio eine noch größere Bedeutung bekommen. Die ersten - in den 90er Jahren neu eingerichteten - Studios sind dann auch digital-serielle Komponentenstudios (DSC). So ging im April 1994 beim *Süddeutschen Rundfunk (SDR)* in Stuttgart ein erstes DSC-Studio in Betrieb [86]. Zu Jahresbeginn 1995 folgte der *Bayerische Rundfunk* mit seinem auf Digitaltechnik umgerüsteten Studio UF1 in München [87]. Auch der *Norddeutsche Rundfunk (NDR)* in Hamburg nahm Anfang 1995 ein erstes Digitalstudio in Betrieb.

Alle diese neuen digital-seriellen Komponentenstudios (DSC) basieren auf der bereits erwähnten und schon 1981 festgelegten Empfehlung CCIR 601 für den digitalen Komponenten-Standard. Es geht dabei vor

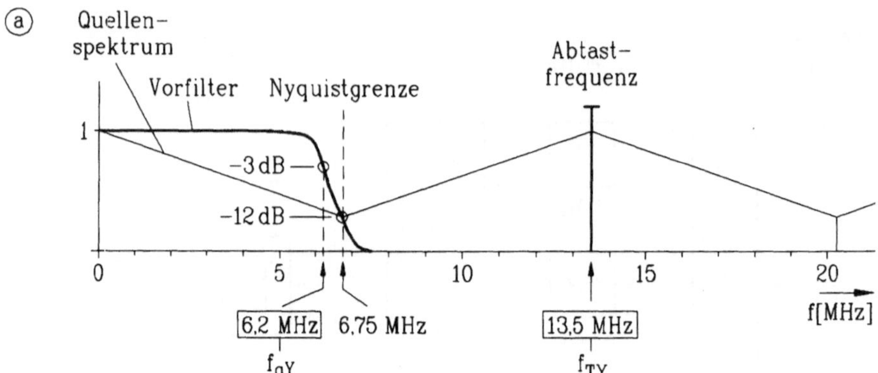

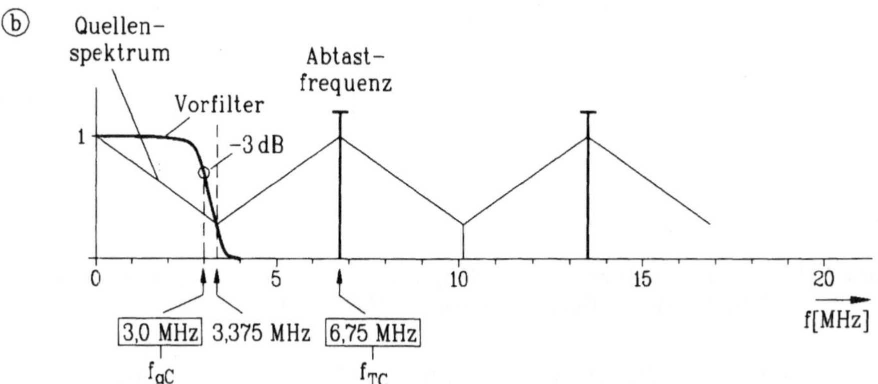

Bild 4.19: Wahl der Abtastfrequenzen für das Digitale Komponentensignal im Studio
a) Abtastspektrum und Vorfilterung für die Luminanzkomponente
b) Abtastspektrum und Vorfilterung für die Chrominanzkomponenten

allem um die Abtastraten für die drei Komponenten Y, C_R, C_B. Nach Festlegung der Abtastfrequenz für die Luminanz auf f_{TY} = 13,5 MHz entsprechend *Bild 4.19a* wurde für die beiden Chrominanzkomponenten nach *Bild 4.19b* genau die Hälfte dieser Abtastfrequenz gewählt, also f_{TC} = 13,5 MHz / 2 = 6,75 MHz, da ja die Chrominanz – wie bereits in Abschn. 2.2 (*Bild 2.3*) und in Abschn. 4.5 beschrieben – mit geringerer Bandbreite übertragen werden darf. Das Abtastratenverhältnis für die drei Komponenten wird damit:

$$f_{TY} : f_{TC_R} : f_{TC_B} = 4:2:2.$$

Der Gesamt-Datenfluß am Ausgang des Serializers in *Bild 4.18* wird damit:

$$\begin{aligned} H_0' &= H_Y' + H_{C_R}' + H_{C_B}' \\ &= \left[f_{TY} + f_{TC_R} + f_{TC_B}\right] \cdot m \\ &= [13{,}5 + 6{,}75 + 6{,}75]\ \text{MHz} \cdot 8\ \text{bit} \\ &= 27\ \text{MHz} \cdot 8\ \text{bit} = 216\ \text{Mbit/s}. \end{aligned} \qquad (4.1)$$

Hierbei wurde m = 8 bit pro Abtastwert zugrunde gelegt. Bei einigen komplexen Operationen – insbesondere bei nichtlinearen Verarbeitungen – treten jedoch mit 8 bit (entspricht 256 Pegelstufen) Quantisierungsfehler auf. Man änderte deshalb das Konzept CCIR 601 noch einmal und legte m = 10 bit pro Abtastwert (entspricht 1024 Pegelstufen) fest. Damit ergibt sich eine noch wesentlich höhere Datenrate:

$$H_0' = 27\ \text{MHz} \cdot 10\ \text{bit} = 270\ \text{Mbit/s}. \qquad (4.1a)$$

Alle drei oben erwähnten ersten deutschen Digitalstudios laufen mit dieser 10-bit-Norm.

Technologischer Hintergrund

Da die 10 bit zu einer Datenrate 270 Mbit/s führen, hat man das System "DSC 270" genannt. Alle Studiogerätehersteller haben ihre digitalen Komponenten inzwischen auf diese 10-bit-Norm umgestellt. Auch das war nur möglich, weil VLSI-Halbleiterschaltungen die mit der Bit-Erhöhung verbundene höhere Verarbeitungsgeschwindigkeiten mit Beginn der 90er Jahre zu leisten imstande waren.

Die Gesamt-Datenrate wäre niedriger ausgefallen, wenn für die Chrominanz nicht nur die Hälfte der Luminanz-Datenrate gewählt worden wäre, sondern z.B. ein Viertel (4:1:1-System). Damit wäre natürlich auch die Chrominanz-Bandbreite nur 1,5 MHz, würde aber dann dem entsprechen, was für den Heimempfänger nach Abschnitt 2.2 als ausreichend bezüglich der Bildschärfe angesehen werden kann. Im Studio gelten jedoch andere Gesichtspunkte für die Wahl der Chrominanz-Bandbreite. Von den Effekt-Mischverfahren ist es vor allem die sogenannte "Chromakey-Technik", die in ihrer Qualität sehr wesentlich von der gewählten Chrominanz-Bandbreite abhängt [88].

Um dies zu verstehen, wird in ***Bild 4.20a*** das Prinzip des Chromakey-Verfahrens in einer stark vereinfachten Darstellung wiedergegeben. Man erkennt, daß das "Vordergrund-Bild" vor einem blauen Hintergrund aufgenommen wird, wodurch sich im Zeitverlauf des "Blausignals" (hier für eine Bezugszeile dargestellt) deutliche Schaltflanken ergeben, die über einen "Schwellenwert-Schalter" im "Key-Decoder" in ein "Schaltsignal" (Key-Signal) umgewandelt werden. Dieses Key-Signal bewirkt an den Konturen des Vordergrund-Bildes (hier ein Kopf- und Schulter-Bild) die Umschaltung vom Hintergrund-Bild auf das Vordergrund-Bild und umgekehrt. Dies führt zur Einstanzung des Vordergrund-Bildes in ein (über die Video-Kreuzschiene) beliebig wählbares Hintergrund-Bild. Bei der tatsächlich realisierten Ausführung des Chromakey-Mischers tritt allerdings an die Stelle des Schalters ein Überblender, und das Key-Signal wird nicht allein aus dem Blausignal gewonnen, sondern aus dem gesamten Chrominanzsignal [88; 91].

Wegen der konturgesteuerten Umschaltung handelt es sich hier um ein besonders kritisches Mischverfahren. Die Qualität des Mischbildes hängt nämlich sehr wesentlich von der Bandbreite und dem Störabstand des Vordergrund-Bildes ab. In ***Bild 4.20b*** ist der Verlauf des Blausignals bei einer großen und bei einer kleinen Chrominanz-Bandbreite mit gleich großer Störüberlagerung dargestellt. Deutlich ist der größere Einfluß einer Rauschstörung auf das Key-Signal bei zu geringer Bandbreite zu erkennen. Die statistische zeitliche Verschiebung ("Jitter") des Key-Signals – und damit auch der Eintast-Kontur – wird bei größerer Chrominanz-Bandbreite wesentlich geringer sein. Umfangreiche Untersuchungen im Rahmen eines BMFT-geförderten Forschungsprojektes im Institut für Nachrichtentechnik der *TU Braunschweig* [88] stellten die Eigenentwicklung eines digitalen Chromakey-Mischers in den Mittelpunkt, da – wie bereits gezeigt – dieses Gerät die kritischste Signalverarbeitung enthält und sozusagen wie ein "Sensor" für den Rauscheinfluß bei den verschiedenen Chrominanz-Bandbreiten wirkt. Damit konnte ermittelt werden, daß sich bei einer Bandbreitereduktion des Chrominanzsignals auf die Hälfte der Luminanz-Bandbreite – also ein Abtastratenverhältnis von 4:2:2 – eine noch sehr gute Chromakey-Qualität ergibt.

Für ein digitales HDTV-Studio wurde dieses Ergebnis mit dem Hardwareaufbau eines digitalen Chromakey-Mischers sowie des gesamten Versuchsstudios bestätigt. Dabei mußten zu dem damaligen Zeitpunkt (ab 1985) ganz erhebliche Probleme der Schaltungselektronik überwunden werden wegen einer damals noch zu geringen Verarbeitungsgeschwindigkeit der integrierten Halbleiterschaltungen, was durch aufwendige Parallelverarbeitungen ausgeglichen werden konnte [89; 90].

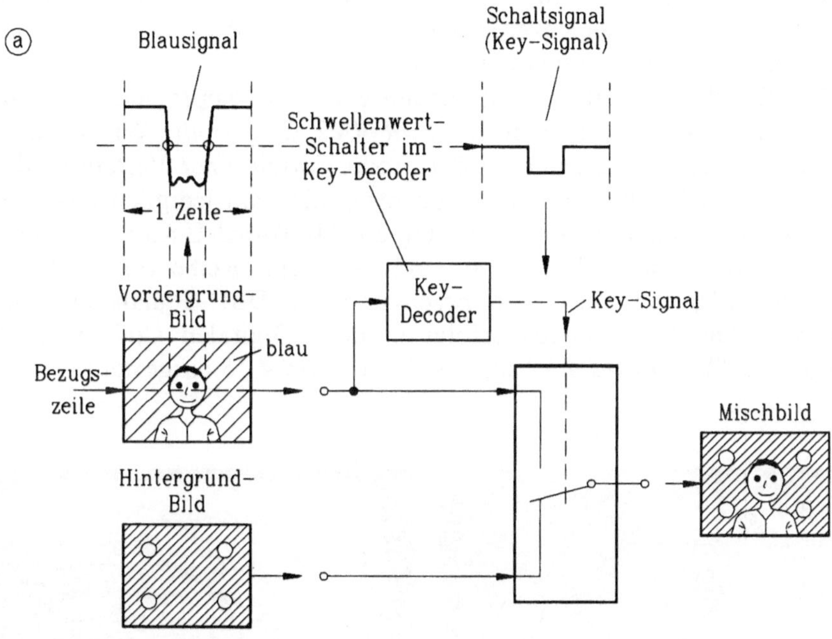

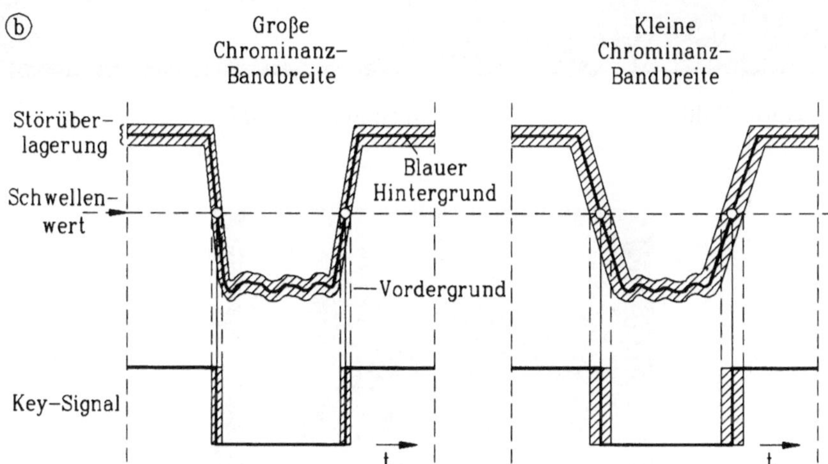

Bild 4.20: Prinzip des Chromakey-Verfahrens
a) Blockschema für die Ableitung des Mischbildes aus dem Vordergrund- und Hintergrundbild
b) Einfluß der Chrominanz-Bandbreite auf die Rauschstörungen des Key-Signals

Später ließ sich dann diese Chromakey-Mischung mit einer Bildsequenzanlage simulieren. ***Bild 4.21*** zeigt die Schirmbildaufnahmen einer solchen Studie, die gleichzeitig auch noch einmal die Funktion des Chromakey-Mischers verdeutlichen.

Das für die zukünftigen Studioeinrichtungen empfohlene Digital-Serielle-Komponentenstudio ist in ***Bild 4.22*** dargestellt. Wie auch in [83, Abschn. 2.4.10] gezeigt, ist der große Vorteil einer Verteilung des DSC-Signals (Digital Serial Components), daß man lediglich eine einkanalige Verkabelung benötigt. Analog zur "Einkanal-Umschalttechnik" des PAL-Studios nach *Bild 4.14a* sind damit eine Reihe von Vorteilen verbunden (Abschn. 4.5). Die Erzeugung des DSC-Signals aus den RGB-Signalen der Kameras erfolgt in den "Digitalen Codern" (und "Serializern") von *Bild 4.22* so, wie das in *Bild 4.18* dargestellt wurde.

a) Vordergrundbild

b) Hintergrundbild

c) Chromakey-Mischbild

Bild 4.21: Schirmbildaufnahmen einer Bildmischung nach dem Chromakey-Verfahren

Alle Umschalt- und Bildmischvorgänge laufen mit diesem DSC-Signal ab und stellen daher an die Koppelpunkt- sowie Überblend- und Effektmischtechnik sehr große Anforderungen wegen der bei 270 Mbit/s (Gleichung 4.1a) außerordentlich hohen Verarbeitungsgeschwindigkeit.

Doch für das Digital-Serielle-Komponentenstudio werden von der Ausrüstungsindustrie inzwischen alle Komponenten zur Verfügung gestellt. Dazu gehören nach *Bild 4.22* der Mischer für "Digitale Video-Effekte", wozu auch das in *Bild 4.20* erläuterte Chromakey-Verfahren zählt, sowie die "Digitale MAZ" (Magnetbandaufzeichnung) für 270 Mbit/s. Beide liegen nach *Bild 4.22* in einer Rückführschleife, da sie für die "Nachverarbeitung" ("post-production") eines Videobeitrages benötigt werden.

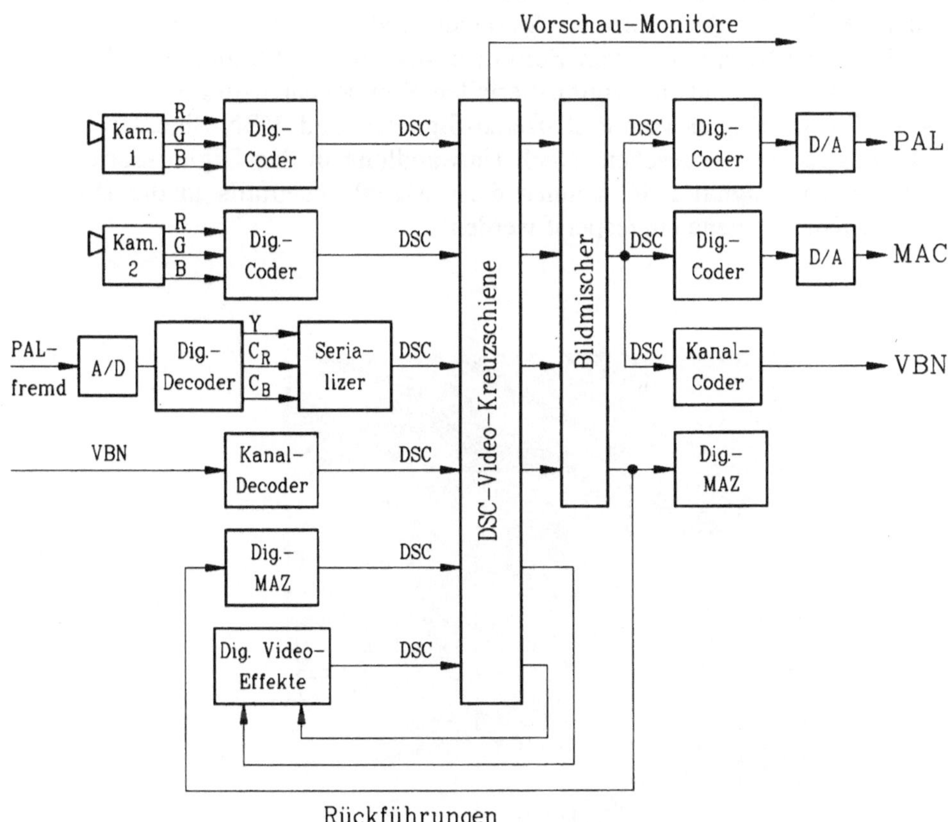

Bild 4.22: Digital-Serielles-Komponentenstudio (Einkanal-Verarbeitung der DSC-Signale)

Am Ausgang wird die laufende Sendung oder der vorproduzierte Beitrag gewöhnlich mit einer separaten MAZ aufgezeichnet. Weiterhin sind nach *Bild 4.22* drei Studioausgänge vorgesehen: PAL, MAC, VBN. Aus Qualitätsgründen (bei PALplus nach *Bild 3.14a* eine Voraussetzung!) wird man die Umwandlung von DSC in PAL mit einem "Digitalen Coder" vornehmen. Das gilt auch für die Erzeugung des MAC-Signals (*Bild 4.8*). Ein spezieller "Kanal-Coder" ist für eine rein digitale Verteilung des Studio-Ausgangssignals erforderlich. Dabei kann es sich um die Übertragung zu einer Satelliten-Sendestelle bzw. zu der Kopfstelle (Rundfunkempfangsstelle) für die Kabelverteilung in Kupfer oder Glasfaser handeln oder auch um die Zuspielung in ein anderes Studio. Es hängt von den Netz-Konfigurationen der *Telekom* ab, ob dafür VBN-Signale (VBN = Vermittelndes Breitband-Netz) oder ATM-Signale (ATM = Asynchronous Transfer Mode) benötigt werden.

Für die Überspielung von Beiträgen aus anderen Studios oder Übertragungswagen sind im Digital-Seriellen-Komponentenstudio nach *Bild 4.22* Einspeisungen von PAL-fremd-Signalen und VBN-Signalen von Digitalstrecken vorgesehen. Nach Umwandlung in das Digital-Serielle-Komponentensignal DSC können diese Signale ebenfalls in die DSC-Video-Kreuzschiene eingespeist werden.

Bild 4.23: Blick in die Bildregie eines digitalen Produktionsstudios (Studio PK4, *Süddeutscher Rundfunk, SDR* [86])

Dies und speziell die flexible Anpassung des Digital-Seriellen-Komponentenstudios an die verschiedenartigsten Übertragungsaufgaben bei hervorragender Produktionsqualität zeigt noch einmal die Zukunftssicherheit dieser neuen Studiotechnik. Man kann deshalb davon ausgehen, daß alle neuen Studios mit dieser Digital-Seriellen Komponententechnik für 270 Mbit/s ausgerüstet werden. ***Bild 4.23*** gestattet einen Blick auf die Regieeinrichtungen des ersten DSC-Studios, das beim *Süddeutschen Rundfunk* im April 1994 in Stuttgart in Betrieb genommen wurde [86].

4.7 Digitales HDTV-Studio

Als unmittelbare Folge der Festlegung eines europäischen HDTV-Standards mit 1250 Zeilen/50 Hz Vertikalfrequenz und des Förderbeginns durch das EUREKA-Projekt EU95 im Jahre 1986 setzte auf dem Gebiet des hochauflösenden Fernsehens eine allseitige Aktivität in den Fernseh-Forschungslaboratorien ein. Ein wichtiges Ergebnis war das in Abschn. 4.4 beschriebene HDTV-Komponenten-Übertragungssystem "HD-MAC". Voraussetzung hierfür war die Präsenz eines HDTV-Komponenten-Studios. Es stellte sich jedoch schon bald heraus, daß sich die hohen Qualitätsforderungen an ein HDTV-Übertragungssystem nur mit einem Digitalen HDTV-Komponentenstudio realisieren lassen [81; 82].

Die Anforderungen an die Geschwindigkeit der Signalverarbeitung steigen jedoch beim Übergang auf ein HDTV-Studio enorm. Durch die Verdopplung der Zeilenzahl ergibt sich nach Gleichung (1.7) eine viermal größere Bandbreite. Nach der gleichen Formel erhöht sich die HDTV-Bandbreite weiter durch den Übergang vom Seitenverhältnis b/h = 4:3 auf 16:9. Insgesamt ergibt das eine Vergrößerung des Datenflusses um den Faktor:

$$4 \cdot \frac{16/9}{4/3} = 5{,}33,$$

wie das bereits in Abschnitt 4.4 ermittelt wurde. Umfangreiche Untersuchungen – insbesondere unter Berücksichtigung einer digitalen HDTV-Chromakeytechnik (*Bild 4.20*) – hatten ergeben, daß man für das digitale HDTV-Studio das gleiche Abtastratenverhältnis 4:2:2 wählen konnte, wie für das digitale Standard-TV-Studio [82]. Dann erhöht sich die Datenrate des Standard-TV-Studios, die nach Gleichung (4.1) H'_0 = 216 Mbit/s (bei 8 bit/Abtastwert) beträgt, auf den Wert:

$$H'_{0(\mathrm{HDTV})} = 216 \cdot 5{,}33 = 1{,}152 \text{ Gbit/s}. \tag{4.2}$$

Mit 10 bit/Abtastwert erhöht sich der Datenfluß sogar auf 1,152 · 10/8 = 1,44 Gbit/s.

Nach [82] wurden Ende der 80er Jahre im Rahmen des EUREKA-Projektes EU95 Vorschläge gemacht, von einem übergeordneten "Umbrella-Standard HDP" auszugehen. Das "P" steht für "progressive Abtastung". Dieses Abtastraster hätte die Normwandlung in die verschiedenen HDTV-Standards (USA und Europa) wesentlich vereinfacht. Allerdings hätte sich der Datenfluß zusätzlich verdoppelt, weshalb bei der Normwandlung eine "Quincunx-Abtastung" (schachbrettartige Abtastung, die trotz halbiertem Datenfluß die Bildschärfe in vertikaler und horizontaler Richtung beibehält und nur in der Diagonalen reduziert) vorgeschlagen wurde [82].

Dieses System war viel zu komplex. Besonders störte der sehr hohe Datenfluß von 1,152 Gbit/s für ein einziges HDTV-Signal, das man gerade noch als Einzelsignal über eine damals verfügbare Glasfaserleitung hätte übertragen können. Wie in Abschnitt 6.4 noch ausführlich dargestellt wird, hatte man auch auf der Empfängerseite das Displayproblem für HDTV noch in keiner Weise gelöst. Als daher sich etwa ab 1991 die Möglichkeit einer hohen Datenreduktion für Standard-TV-Signale abzeichnete, wurde die HDTV-Entwicklung erst einmal zurückgestellt. Nach Kapitel 8 hat man allerdings eine hohe Datenreduktion für das digitale HDTV-Signal von Anfang an mit berücksichtigt, da dies in ein "Hierarchisches System" mit einfließen sollte. Doch wäre das erst in einer späteren Ausbaustufe von Interesse, erst dann, wenn die HDTV-Displayfrage befriedigend gelöst sein würde.

Auf HDTV-Studios meinte man vorerst verzichten zu können, obwohl diese ja nach *Bild 4.9* (Abschn. 4.4) auch für die Standard-TV-Übertragung erhebliche Qualitätsreserven enthalten würden. Zu Beginn der 90er Jahre standen die Gerätekomponenten für ein HDTV-Studio komplett zur Verfügung. In einem Großeinsatz mehrerer HDTV-Übertragungswagen wurden 1992 die Olympischen Winterspiele von Albertville (Frankreich) und die Sommerspiele von Barcelona (Spanien) übertragen, was überzeugend die Funktionstüchtigkeit größerer HDTV-Produktionskomplexe demonstrierte. Einen großen Anteil hieran hatte die Firma *BTS* in Darmstadt, die zum damaligen Zeitpunkt komplette HDTV-Studios in Analogtechnik einrichten konnte, aber auch bereits die Labormuster einer digitalen HDTV-Aufzeichnung ("Gigabit-Recorder") sowie eines digitalen HDTV-Mischers ("Diamond") vorzeigen konnte [92].

Doch diese hoffnungsvolle Entwicklung wurde jäh unterbrochen, nachdem sich fast im gleichen Jahr 1992 abzeichnete – erst in den USA und kurz darauf in Europa –, daß möglicherweise ein komplett digitales Fernseh-Übertragungssystem in der Lage wäre, die Fernseh-Verteilaufgaben (für Standard-TV und HDTV) zu revolutionieren. Nach Kapitel 7 und 8 konzentriert man sich dabei zunächst auf das Standard-Fernsehen mit 625 Zeilen, eine Berücksichtigung von HDTV sollte später dazukommen. Deshalb erlosch zunächst einmal das Interesse an der Einrichtung von HDTV-Studios. Die mit europäischen Steuergeldern aus dem EUREKA-Projekt EU95 bzw. mit Mitteln des *Bundesministeriums für Forschung und Technologie (BMFT)* sowie mit erheblichem Eigenkapital der Firmen durchgeführten HDTV-Entwicklungen waren praktisch nutzlos geworden. Das brachte die Ausrüstungsindustrie in große Schwierigkeiten [93].

Sicher ist es für die Firmen ein nur kleiner Trost, daß HDTV-Studios auch im "Non-Broadcast-Bereich" benötigt werden, denn hier handelt es sich um sehr geringe Stückzahlen. Ein wichtiges Beispiel ist die elektronische Filmproduktion. Die gesamte Schnittechnik - einschließlich der im elektronischen Bereich viel einfacheren Effekt-Mischtechnik - erfolgt in einem Fernsehstudio. Um in die Größenordnung der Detailauflösung eines 35-mm-Filmes kommen zu können, muß die elektronische Produktion in HDTV erfolgen, also von einem HDTV-Studio kommen. Wegen der hervorragenden Verarbeitungsqualität sollte es auch möglichst ein digitales HDTV-Studio sein. Das auf Magnetband gespeicherte Produktionsergebnis wird dann - z.B. mit dem in [94] beschriebenen "Electron Beam Recording" - auf den Filmstreifen übertragen.

4.8 Blick in die fernere Zukunft der Produktionstechnik

Der erste große Schritt in die Zukunft der Fernseh-Produktionstechnik ist der Übergang auf ein rein digitales Fernsehstudio, wie in Abschnitt 4.6 beschrieben. Man profitiert dabei von den weiteren Technologiesprüngen der hochintegrierten Schaltungstechnik, so daß zukünftig immer komplexere und damit wirkungsvollere Verfahren realisierbar werden könnten. Der übernächste Schritt einer Produktionstechnik wird aber stark beeinflußt werden von der Technologie moderner Breitbandnetze und den damit verbundenen dezentralen Bearbeitungsmöglichkeiten sowie von der technologischen Weiterentwicklung der "Disk Server" und "Datenrecorder" [83, Abschn. 2.5].

Im Mittelpunkt solcher Betrachtungen steht dabei oft die effektivere Zusammenarbeit von Journalisten und Redakteuren bei der Produktion von Aktualitäten (Nachrichtensendungen, "News"). Die modernen Netzwerkkonfigurationen mit den geplanten interaktiven und multimedialen Diensten erlauben dann die dezentrale Zusammenarbeit von Journalisten überall in der Welt mit den Redakteuren im Studio. ***Bild 4.24*** zeigt hierzu einen Systemvorschlag der Firma *BTS* in Griesheim (Darmstadt), der unter dem Titel "MONET" (= Multimedia Open Network Environment for Professional Television Studios) als Beitrag zu einem europäischen Projekt vorgesehen ist.

Das zentrale Gerät des MONET-Systems nach *Bild 4.24* (unten) ist ein "Disk Server" in Multi-Channel-Technik. Plattenspeicher gestatten einen viel schnelleren Zugriff zu den einzelnen "Takes" (Bewegtbildsequenzen) als Videorecorder und eignen sich damit vorzüglich für das elektronische Editing. Man spricht in diesem Zusammenhang von "nonlinear-processing" und beschreibt das Arbeiten mit Plattenspeichern als "tapeless-technique" [95] oder sogar als "video-storage beyond tape". Für die Langzeitspeicherung behält das Magnetband aber nach wie vor seine Bedeutung. Selbstverständlich kommt dann nur noch eine Digitalaufzeichnung in Frage, so daß man von "Datenrecordern" sprechen kann. In *Bild 4.24* (rechts unten) ist hierfür das "Robotic Data Tape Archive Storage" vorgesehen.

Für das elektronische Editing arbeiten diese beiden Zentralspeicher dann direkt mit den "Local Workstations" (rechts in *Bild 4.24*) zusammen. Außerdem sind "Remote Access Workstations" (links unten) vorgesehen, die von Journalisten in den entfernten Einsatzgebieten bedient werden. Unter der Bezeichnung ENG (= Electronic News Gathering) kommen die aktuellen Videobeiträge von einem "ENG Camcorder" (links) über eine Satelliten-Verbindung ("Contribution") unmittelbar vom Einsatzort.

Die Verbindung zwischen all diesen Komponenten wird durch das geplante digitale "ATM Network (Packet Video)" hergestellt. Es könnte auch das in Abschnitt 4.6 (*Bild 4.22*) erwähnte "Vermittelnde Breitband-Netz" (VBN) sein. Aber ein Netz mit dem "Asynchronous Transfer Mode" (ATM) ist für eine allumfassende Übertragung der verschiedensten Quellensignale ("Multimedia-Network") – einschließlich der interaktiven Verbindungen – besonders flexibel und hat die besten Chancen, international eingeführt zu werden. Die hierbei verwendete Datenrate wird voraussichtlich das STM-1-System mit 155 Mbit/s sein [83, Abschn. 2.5]. Da bei den einzelnen Komponenten häufig davon abweichende Datenraten verwendet werden (z.B. 270 Mbit/s), sind in *Bild 4.24* "Transcoder" zur Anpassung an das "ATM Network" vorgesehen, die eine entsprechende Datenreduktion bewirken (Kap. 5).

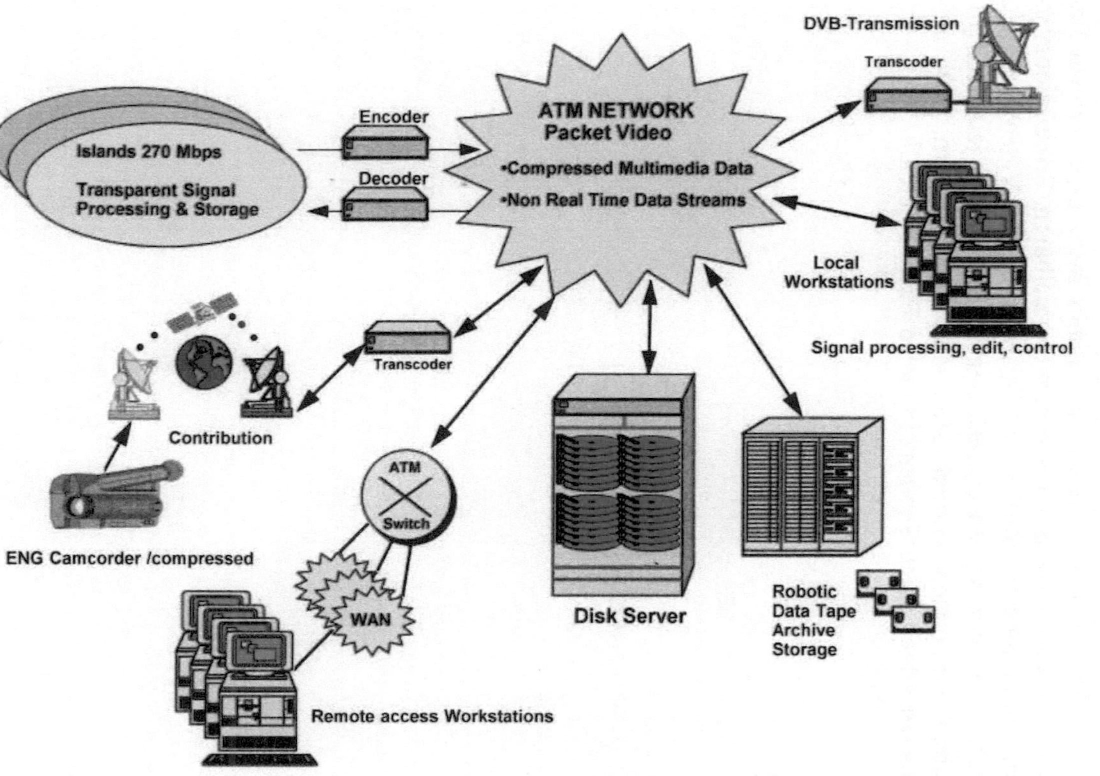

Bild 4.24: Dezentrale Produktionstechnik in Verbindung mit einem "Multimedia Open Network" (Systementwurf "MONET" der Firma *BTS*, Griesheim)

Für Überspielungen von und zu anderen Studiokomplexen ist nach *Bild 4.24* (links oben) der Anschluß an "Islands 270 Mbit/s" vorgesehen. Hierüber können auch Zuspielungen zu den Kabel-Kopfstationen durchgeführt werden. Eine weitere Fernsehprogramm-Verteilung erfolgt über die "DVB-Transmission" zur Satelliten-Sendestelle (rechts oben).

Abschließend läßt sich feststellen, daß bei einer Produktionstechnik der ferneren Zukunft die klassische Hardware der Video-Verarbeitung und Video-Verteilung von wesentlich geringerer Bedeutung ist und vor allem die Computer- und Datenübertragungstechnik dominieren wird. Das Zukunfts-Studio nähert sich damit immer mehr einer großen Rechenanlage. So leistungsfähig die hiermit erzielbaren Produktionsverfahren auch sein mögen, führen sie andererseits den Video-Ingenieur immer weiter weg von seinen eigentlichen Aufgaben, die jetzt von Informatikern übernommen werden. Man mag dies bedauern, doch entspricht das der allgemeinen Tendenz in vielen Fachgebieten.

5 Der lange Weg zur digitalen Fernsehübertragung – Historie der Datenreduktion

Bereits 1953 hat *Fritz Schröter*, der frühere Leiter der Fernseh-Grundlagenforschung bei *Telefunken* in Berlin, in einem richtungweisenden Artikel [96] darauf hingewiesen, daß durch eine Differenzbild-Übertragung die im Fernsehbild enthaltene Redundanz für eine Bandbreitereduktion genutzt werden kann. Hier sollte zum erstenmal die Tatsache genutzt werden, daß in einem Bewegtbild sehr viele Signalanteile in aufeinanderfolgenden Bildern konstant bleiben, also redundant sind und damit für die Übertragung eliminiert werden können. Sie lassen sich allerdings im Empfänger als redundante Anteile aus einem Bildspeicher wieder zusetzen. Im Prinzip wurde diese Bild-zu-Bild-Verarbeitung (= "Interframe-Coding") später bei den Datenreduktionsverfahren für das Bildtelefon eingesetzt [97; 98], da man hier wegen der eingeschränkten Parameter (Zeilenzahl, Bandbreite) mit einem geringeren Datenfluß – also mit geringerer Verarbeitungsgeschwindigkeit im Coder/-Decoder und mit einem kleineren Bildspeicher – auskommen konnte.

Im Mittelpunkt solcher datenreduzierenden Codierverfahren stand schon damals die "Differenz-Puls-Code-Modulation" (DPCM), eine Schaltung, die 1952 von *C. Cutler* in den Laboratorien von *Bell Systems* erfunden worden war [99]. Sie bildet die Differenz zweier räumlich oder zeitlich benachbarter Bildpunkte und quantisiert nur diese Differenz [100]. Bis heute ist sie die Grundschaltung für alle Datenreduktionsverfahren geblieben, die mit einer prädiktiven Codierung arbeiten. Ihre Funktion wird nachfolgend noch ausführlich beschrieben. Dabei wird sich auch zeigen, daß in dieser DPCM-Verarbeitung neben der "Redundanzreduktion" auch eine Methode der "Irrelevanzreduktion" verwendet wird.

Unter "Irrelevanzreduktion" versteht man die Reduktion des Datenflusses durch Entfernung von Signalanteilen, die für den Betrachtungsvorgang irrelevant sind. Man paßt sich also an die Augeneigenschaften weitgehend optimal an. Dazu werden die drei Auflösungsparameter "Gradationsauflösung", "Detailauflösung", "Bewegungsauflösung", die im Prinzip voneinander abhängig sind, gegeneinander ausgetauscht. Davon wird in praktisch allen Datenreduktionsverfahren - zusätzlich zur Redundanzreduktion - Gebrauch gemacht [101]. Einen der ersten Vorschläge für den Austausch zwischen Detailauflösung und Gradationsauflösung machte *E. R. Kretzmer* 1957, indem er eine Bandaufspaltung in niedrige und hohe Frequenzen vorschlug, und die niedrigen (große Flächen) mit 7 bit, die hohen Frequenzen (feine Details) aber nur mit 3 bit quantisierte [101; 102]. Der Datenfluß wird dadurch reduziert, aber nicht die Bildschärfe, da das Auge eine grobe Quantisierung an Schwarzweiß-Sprüngen und feinen Details nicht wahrnehmen kann. Von dieser Augeneigenschaft macht auch das DPCM-Verfahren (bzw. die Differenz-Codierung) Gebrauch. Das wird im nächsten Abschnitt ausführlich dargestellt.

5.1 Differenz-Codierung als Vorstufe zur DPCM

Nach Gleichung (4.1) ergibt sich der Datenfluß eines Digitalsignals aus dem Produkt von Abtastfrequenz f_T und Zahl der Bits/Abtastwert m:

$$H_0^{'} = f_T \cdot m\,[\text{bit/s}]. \qquad (5.1)$$

Dieser Datenfluß läßt sich reduzieren, indem die Abtastfrequenz f_T verringert wird. Das geht nur in Verbindung mit einer Bandbreitereduktion des Signals, wenn das Auge dies zuläßt. Dies ist damit eine typische Irrelevanzreduktion, wie in der Einleitung zu diesem Hauptkapitel definiert. Ein typisches Beispiel ist die Anpassung des Gesamt-Datenflusses eines digitalen Studios (mit m = 8 bit) von 216 Mbit/s nach Gleichung (4.1) an die 4. PCM-Hierarchiestufe von 140 Mbit/s zwecks digitaler Verteilung [3, Abschn. 4.2]. Nach Abschnitt 4.6 war der kritischste Fall einer digitalen Signalverarbeitung das Chromakey-Verfahren (*Bild 4.20*). Hierfür mußten die Abtastfrequenzen der beiden Chrominanzkomponenten jeweils die Hälfte der Luminanz-Abtastfrequenz betragen, was nach Gleichung (4.1) zum Abtastratenverhältnis von 4:2:2 führte. Für die Farbbildwiedergabe genügt es aber, wenn die Chrominanz nur ¼ der Luminanz-Bandbreite aufweist, wie z.B. für das NTSC-System nach

Bild 2.4b festgelegt. Das Abtastratenverhältnis könnte dann auf 4:1:1 reduziert werden, so daß sich in Analogie zu Gleichung (4.1) ein reduzierter Datenfluß:

$$\begin{aligned} H'_{0_1} &= \left[13{,}5 + \tfrac{1}{2}6{,}75 + \tfrac{1}{2}6{,}75\right] \mathrm{MHz} \cdot 8\ \mathrm{bit} \\ &= 20{,}25\ \mathrm{MHz} \cdot 8\ \mathrm{bit} = 162\ \mathrm{Mbit/s} \end{aligned}$$

ergibt. Er kann durch Eliminierung der H-Austastlücke (19 % nach Gleichung 1.6), die für eine Digitalübertragung nicht benötigt wird, noch weiter reduziert werden:

$$H'_{0_2} = 162\,(1 - 0{,}19) \approx 131\ \mathrm{Mbit/s}.$$

Dieser Datenfluß ist dann für die Übertragung über die 4. PCM-Hierarchiestufe mit 140 Mbit/s geeignet.

Solch einfache Datenreduktionsmethoden reichen allerdings nicht mehr aus, wenn die dritte PCM-Hierarchiestufe mit 34 Mbit/s oder sogar die noch niedrigeren Datenflüsse für das Digitale Fernsehen erreicht werden sollen. Man kommt dann nur zum Ziel, wenn nach Gleichung (5.1) die Zahl der Bits/Abtastwert m reduziert wird. Ohne besondere Verarbeitung würden sich dann allerdings die in ***Bild 5.1*** (links) dargestellten "Contouring"-Fehler ergeben. Abhilfe schafft hier nun eine "Differenz-Codierung", die nach *Bild 5.1* (rechts) diese Fehler vermeidet.

Bild 5.1: Vergleich eines 3-bit-PCM-Bildes (links) mit einem 3-bit-DPCM-Bild (rechts)

Die Wirkung dieser "Differenz-Codierung" wird anhand von ***Bild 5.2*** erläutert. Dabei wird eine Quantisierung von 3 bit vorausgesetzt. Das ergibt die Quantisierungs-Kennlinie mit $2^3 = 8$ Pegelstufen in ***Bild 5.2a***. Wird dieser Kennlinie der Signalverlauf $u_1(t)$ zugeführt, dann verursacht die zu niedrige Pegelstufenzahl eine deutliche Treppenstruktur im Flankenverlauf, was bei langsamen Grauwertänderungen das in Bild *Bild 5.1* (links) deutlich erkennbare "Contouring" hervorruft.

Die "Differenz-Quantisierung" nach ***Bild 5.2b*** vermeidet solche Bildfehler, indem das Eingangssignal $u_1(t)$ zunächst über ein Glied geführt wird, das die Differenz zwischen aufeinanderfolgenden Bildpunktinformationen bildet. Nach [101; 3, Abschn. 4.4.3] werden durch diese Differenzbildung die statistischen Bindungen (Korrelation) unmittelbar benachbarter Bildpunkte aufgehoben, weshalb man das Differenz-Schaltungsglied auch als "Dekorrelator" bezeichnet. Näherungsweise arbeitet diese Schaltungsanordnung auch wie ein Differenzierglied, so daß der differenzierte Verlauf $u'_1(t)$ auf die Quantisierungskennlinie trifft. Die Darstellung läßt anschaulich erkennen, daß jetzt nicht mehr der flache Flankenverlauf des Eingangssignals $u_1(t)$ die einzelnen Entscheidungsschwellen durchläuft und dadurch die Treppenstruktur im Graukeil (Contouring) auslöst, sondern der Differentialquotient – also ein Konstantwert des differenzierten Signals $u'_1(t)$ – über die Quantisierungskennlinie übertragen wird. Das Ausgangssignal des Quantisierers $u'_2(t)$ wird dadurch aber kaum verändert. Das zum Differenzierglied des Coders äquivalente Integrierglied im Decoder erzeugt aus dem Signal $u'_2(t)$ wieder den exakten Verlauf $u_2(t)$, der dann keinerlei Treppenstrukturen (Contouring) enthält! Durch das Differenzierglied (Dekorrelator) wird das Eingangssignal also in eine Signalform umgewandelt, die – auch bei der geringen Pegelstufenzahl 8, entsprechend 3 bit – unempfindlich für die Entscheidungsschwellen der Quantisierungskennlinie ist, was auch die Schirmbildaufnahme in *Bild 5.1* (rechts) bestätigt.

Die Vorschaltung eines Differenziergliedes (Dekorrelator) im Coder und die Nachschaltung eines Integriergliedes (Korrelator) im Decoder nach *Bild 5.2b* verursacht eine Wandlung der statistischen Bindungen benachbarter Bildpunktinformationen und kann damit als "Redundanzreduktion" eingestuft werden. Durch die Wahl der nichtlinearen Quantisierungskennlinie in *Bild 5.2b* ergibt sich zusätzlich eine "Irrelevanzreduktion". Wie bereits in der Einführung zu diesem Hauptkapitel erwähnt, müssen die groben Details des Bildes (große Flächen) sehr genau (mit feiner Quantisierung) abgearbeitet werden, während die feinen Details mit grober Quantisierung verarbeitet werden können. Da dies der Augeneigenschaft entspricht, nennt man das eine "Irrelevanz-

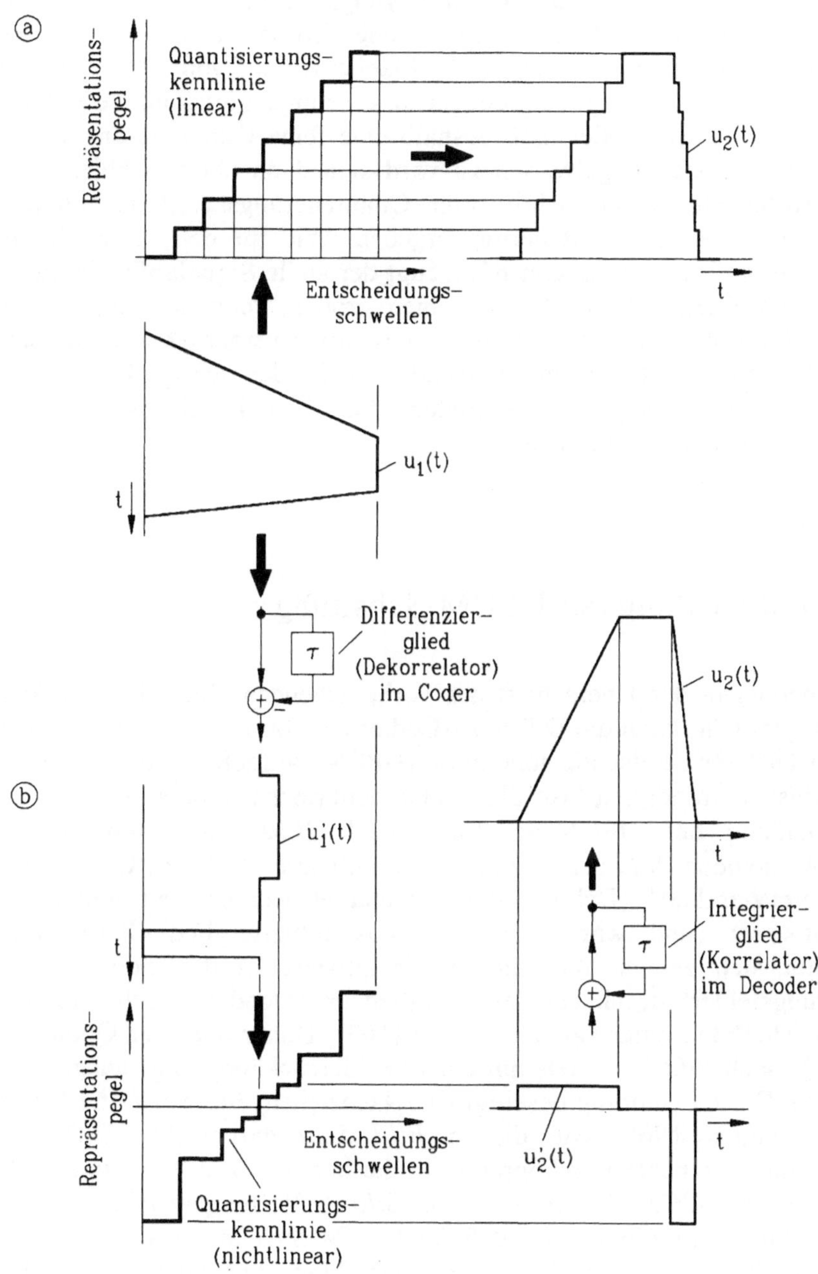

Bild 5.2: Vergleich einer direkten Quantisierung (a) mit einer Differenz-Quantisierung (b)

reduktion". Die nichtlineare Quantisierungskennlinie in *Bild 5.2b* bewirkt diese unterschiedliche Quantisierung. Große Flächen oder geringe Grauwertänderungen (wie der flache Flankenverlauf von $u_1(t)$) erzeugen nach dem Differenzierglied weitgehend konstante Signalanteile $u'_1(t)$ in der Nähe von Null. Hier muß deshalb eine feine Quantisierung vorliegen. Nach großen Pegelwerten zu wird sich dann bei gleichbleibender Pegelstufenzahl in der nichtlinearen Quantisierungskennlinie von *Bild 5.2b* eine gröbere Quantisierung ergeben. Wie für den beispielhaften Signalverlauf $u_1(t)$ zu erkennen, erzeugt der steile Signalabfall im differenzierten Signal (feines Detail) einen großen, schmalen Impuls, der durch die grobe Quantisierung nicht wesentlich verändert werden kann, so daß nach der Integration im Decoder wieder der richtige Flankenverlauf im Ausgangssignal $u_2(t)$ entsteht. Für feine Details ist also eine gröbere Quantisierung zulässig.

5.2 Entwicklung der DPCM-Schaltung

Wie bereits in der Überschrift des vorhergehenden Kapitels zum Ausdruck gebracht, kann die Differenz-Codierung von *Bild 5.2b* als Vorstufe zur Differenz-Pulscodemodulation (DPCM) aufgefaßt werden, die als wichtigstes Grundglied fast aller Datenreduktionsmethoden gilt. Für die Entwicklung der DPCM-Schaltung nach ***Bild 5.3a*** muß deshalb – in Analogie zu *Bild 5.2b* – vor den Quantisierer "Q" (des Coders) das "Differenzierglied" (Dekorrelator) geschaltet werden und hinter den Quantisierer – und zwar im Decoder – das "Integrierglied" (Korrelator). Es läßt sich zeigen, daß die im Quantisierer auftretenden "Quantisierungsfehler" durch das Integrierglied im Decoder in sehr störende Nachzieheffekte umgewandelt werden [103]. Daher muß der Quantisierer "Q" nach *Bild 5.3a* stets mit einer "Fehlerrückkopplung" ausgerüstet werden. Diese Schaltung beseitigt das Nachziehen. *Brainard* und *Candy* [105] zeigten 1969, wie die in *Bild 5.3a* dargestellte Differenz-Codierung mit Fehlerrückkopplung in die bereits 1952 von *Cutler* [99] angegebene DPCM-Schaltung nach *Bild 5.3b* umgewandelt werden kann. Damit wurde bewiesen, daß das DPCM-System ein Sonderfall des Fehlerrückkopplungsverfahrens ist [104]. Man kann auch sagen: Dies ist der Beweis dafür, daß in der allseits bekannten DPCM-Schaltung nach ***Bild 5.3b*** einerseits der Dekorrelator und andererseits die Fehlerrückkopplung enthalten ist.

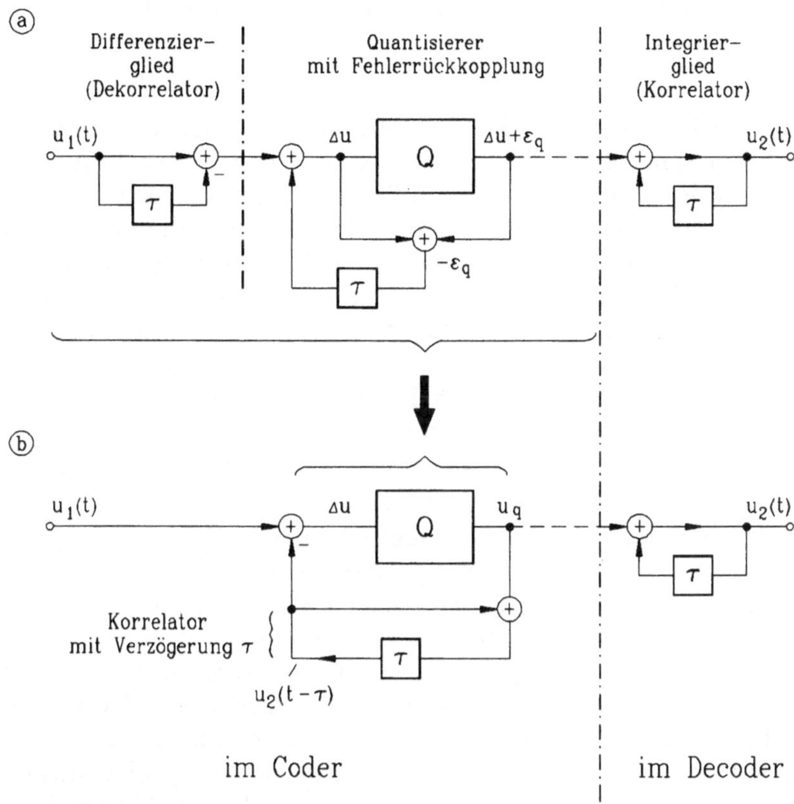

Bild 5.3: Umformung der Serienschaltung aus Dekorrelator und rückgekoppeltem Quantisierer (a) in eine DPCM-Schaltung (b)

In späteren Arbeiten wird jedoch die DPCM-Schaltung nach *Bild 5.3b* stets als prädiktives Datenreduktionsverfahren interpretiert [106]. Das Rückführglied wirkt wie ein "Korrelator mit Verzögerung τ" und ist damit in der Lage, das Ausgangssignal des Decoders mit der Verzögerung τ zu rekonstruieren. Damit liegt die um τ verzögerte Ausgangsspannung $u_2(t-\tau)$ am Subtrahierglied. Die hier verwendete einfachste Prädiktion besteht also darin, daß die Information des nächsten Bildpunktes die gleiche bleibt wie diejenige des vorhergehenden Bildpunktes. Über die Differenzstufe wird dann geprüft, inwieweit diese Vorhersage richtig war. Δu am Ausgang der Differenzstufe enthält den Vorhersagefehler bzw. den "Quantisierungsfehler". Nur diese Differenz wird quantisiert, was zu der gewünschten Datenreduktion führt.

5.3 Verbesserung der DPCM durch Interframe-Prädiktion

Der Datenreduktionsfaktor der DPCM-Schaltung nach *Bild 5.3b* wird um so höher sein, je besser die Vorhersage gelingt. Deshalb ging man zeitweise in der Rückführschleife auf eine dreidimensionale Prädiktion über, indem man parallele Rückführglieder mit τ_P (= Bildpunktverzögerung), τ_Z (= Zeilenverzögerung) und τ_B (= Vollbildverzögerung) anordnete [107; 3, Abschn. 4.4.5]. Durchgesetzt aber hat sich letztlich die temporale Prädiktion von Vollbild zu Vollbild, da sich in Bewegtbildern nur relativ wenige Bildpunkte verändern, so daß in dieser temporalen Richtung sehr viel Redundanz enthalten ist und damit hohe Datenreduktionsfaktoren bei einer solchen "Interframe"-Codierung möglich sind. In der Rückführschleife des DPCM-Coders nach *Bild 5.3b* muß dann für $\tau = \tau_B = 40$ ms (ein Vollbildspeicher) eingesetzt werden.

Für den horizontal bewegten Mädchenkopf von ***Bild 5.4a*** zeigt ***Bild 5.4b*** das Differenzbild Δu am Ausgang der Differenzstufe (*Bild 5.3b*). Die bewegten Konturen wurden mit weißen Markierungen versehen. Sie entsprechen etwa dem Fehlersignal, das anschließend quantisiert und übertragen wird. Dieser Quantisierungsfehler kann noch wesentlich verringert werden, wenn an die Stelle der einfachen Vollbildverzögerung im Rückführzweig eine Bewegungsschätzung und eine Bewegungskompensation tritt. Das sind Verfahren, die man dem Fachgebiet Mustererkennung entnommen hat [106]. Sie brachten bei den prädiktiven Datenreduktionsverfahren die entscheidende Verbesserung, da hierdurch eine wesentliche Erhöhung des Datenreduktionsfaktors erreicht werden konnte. Nach Abschnitt 5.5 wurde durch solche bewegungsadaptiven Verfahren das digitale Fernsehen überhaupt erst realisierbar.

a) Horizontal bewegter Mädchenkopf

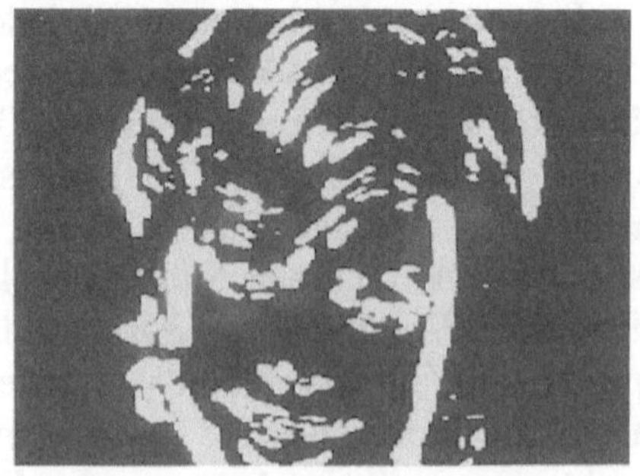

b) Differenzbild mit Markierung der bewegten Konturen

Bild 5.4: Differenzbild-Codierung beim Interframe-DPCM-Verfahren

Mit ***Bild 5.5*** soll dieses wichtige Verfahren der Bewegungsadaption ausführlich erläutert werden. Zunächst muß eine Bewegungsschätzung durchgeführt werden. Dabei geht es darum, eine Kontur, die sich beim Übergang vom Bild k auf das Bild k+1 um eine gewisse Strecke verschoben hat, im Bild k+1 wiederzufinden. Dieses Problem läßt sich nach [37; 30, Abschn. 10.1.5] mit einem Gradientenverfahren, mit einer Phasenkorrelation im Frequenzbereich oder mit einem sogenannten Matchingverfahren lösen. Letzterem soll hier der Vorzug gegeben werden. Es handelt sich um ein Suchverfahren mittels eines Suchfensters inner-

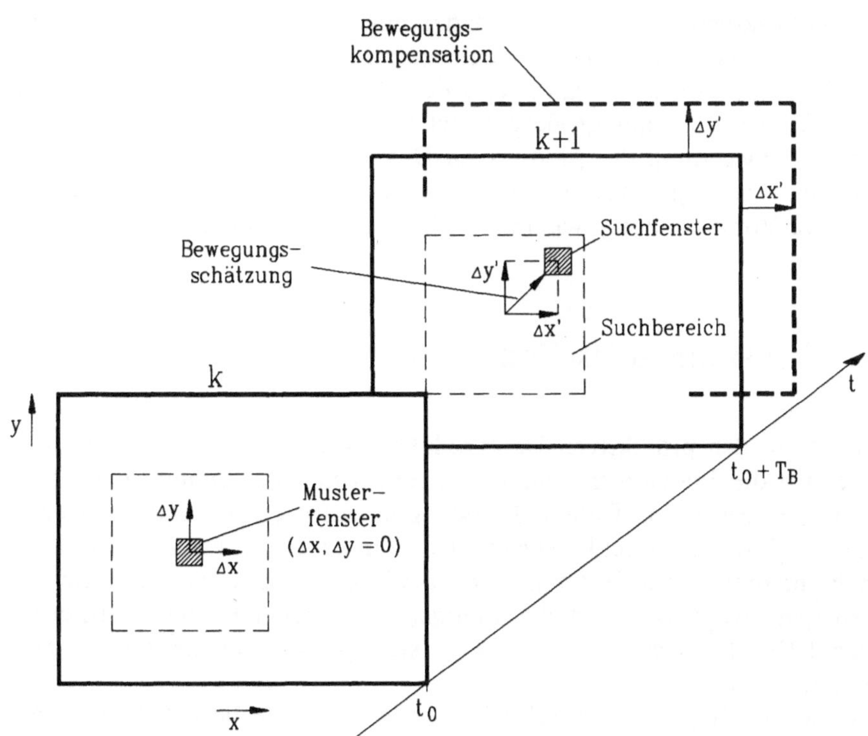

Bild 5.5: Prinzip der Bewegungsschätzung und Bewegungskompensation nach dem Blockmatching-Verfahren

halb des in *Bild 5.5* eingezeichneten "Suchbereichs". Man nennt dieses Verfahren "Blockmatching", denn das gesamte Bild wird in kleine Blöcke aufgeteilt. Für jeden dieser Blöcke wird angenommen, daß er zu genau einem Objekt gehört, das sich rein translatorisch bewegt. Es besteht nun die Aufgabe, ein innerhalb des "Musterfensters" in Bild k befindliches Detail (schraffiert in *Bild 5.5*) nach der Verschiebung um Δx' und Δy' im nächstfolgenden Bild k+1 wiederzufinden. Als Kriterium wird dabei die "mittlere absolute Differenz" (MAD) oder besser der "mittlere quadratische Fehler" (MSE) verwendet [37; 30, Abschn. 10.1.5].

Als zweiter Schritt der Bewegungsadaption folgt nun auf die Bewegungsschätzung die Bewegungskompensation. In *Bild 5.5* wird angenommen, daß das "Suchfenster" nach einer Verschiebung von Δx', Δy' das bewegte Detail im Bild k+1 wiedergefunden hat. Wenn dann die Adressen für die Auslesung aus dem Bildspeicher um die gleichen Koordinaten Δx', Δy' verschoben werden, dann entsteht die gewünschte Bewegungskompensation. Wird daher eine solche Bewegungsadaption im Rückführzweig der DPCM-Codierung nach *Bild 5.3b* eingesetzt (vgl. Abschn. 5.5, *Bild 5.7*), dann wird der Quantisierungsfehler sehr stark reduziert, so daß jetzt größere Datenreduktionsfaktoren zulässig sind. Für die Anwendung der prädiktiven Datenreduktion ist daher der Einsatz eines bewegungsadaptiven Verfahrens nach *Bild 5.5* eine unabdingbare Voraussetzung, wie in Abschnitt 5.5 dargestellt wird.

5.4 Transformations-Codierung

Parallel zu den prädiktiven Datenreduktionsverfahren (DPCM) entwickelte sich die Transformations-Codierung. Unter bestimmten Bedingungen ist diese für eine Datenreduktion sehr gut geeignet. Das Fernsehsignal wird in ein zweidimensionales Fourier-Spektrum transformiert. Nach entsprechender Ordnung der Koeffizienten kann man die unwichtigen ganz weglassen und die weniger wichtigen mit einer geringeren Anzahl Bits belegen. Dadurch lassen sich größere Datenreduktionsfaktoren erzielen.

Schon Anfang der 70er Jahre wurde in den USA diese Art der transformatorischen Datenreduktion untersucht [108]. Wegen der damals noch recht langsamen Rechenprozesse und der damit verbundenen relativ langen Transformationszeiten waren die Anwendungen jedoch zunächst auf ruhende Bilder beschränkt. Einfachere Realisierbarkeit war der Grund, weshalb man lange Zeit "Orthogonale Transformationen" bevorzugte, z.B. die "*Walsh-Hadamard*-Transformation". Dabei werden die Bilder in rechteckförmige Grundmuster verschiedener Ordnungen (Grundfrequenzen) zerlegt und mit reduzierten Gewichtsfaktoren wieder zusammengesetzt, so daß eine entsprechende Datenreduktion entsteht

[109]. So gelang schon 1979 die orthogonale Transformation von Farbfernsehbildern in Echtzeit [110].

Wegen ihrer vorzüglichen Anpassung an die Charakteristik von Bildsignalen hat sich schließlich die "Diskrete-Cosinus-Transformation" (DCT) durchgesetzt [109] und wird etwa ab Ende der 80er Jahre umfassend für die Datenreduktion verwendet. Möglich wurde das aber erst, als zu diesem Zeitpunkt schnelle integrierte Prozessoren für eine "Fast-Fourier-Transformation" zur Verfügung standen.

Bild 5.6 zeigt die einzelnen Verarbeitungsschritte bei einer Transformationscodierung mit Datenreduktion. Mit einer Fast-Fourier-Transformation in Form der zweidimensionalen "Diskreten Cosinus-

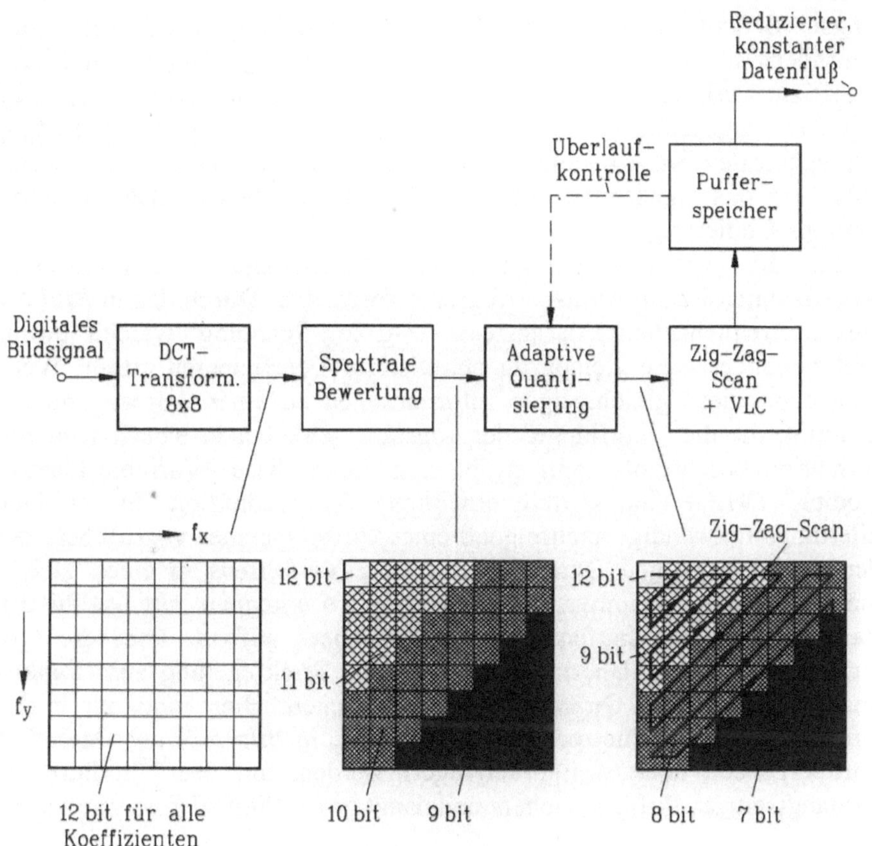

Bild 5.6: Datenreduktion durch Transformationscodierung, Bewertung der spektralen Koeffizienten und "Variable Length Coding" (VLC)

Transformation" (DCT) für $8 \times 8 = 64$ Blöcke erfolgt die Umwandlung des Bildsignals in die Frequenzebene f_x, f_y. Alle Koeffizienten werden dabei zunächst mit der gleichen Quantisierung 12 bit bearbeitet. In der nachfolgenden Stufe "Spektrale Bewertung" werden die Koeffizienten in der Reihenfolge ihrer Bedeutung geordnet, wobei mit wachsenden Frequenzen f_x, f_y die Bedeutung geringer wird. Dem Gleichspannungskoeffizienten (links oben in der zweiten Frequenzebene von *Bild 5.6*) kommt die höchste Bedeutung zu. Ihm wird daher die höchste Quantisierungsstufenzahl mit 12 bit zugeordnet (weißer Block). Von nur unwesentlich geringerer Bedeutung sind die Koeffizienten mit niedriger Frequenz. Sie werden daher mit 11 bit belegt (hellgraue Blöcke). Merklich geringere Bedeutung haben dagegen die Koeffizienten mit mittleren Frequenzen. Diesen werden daher 10 bit zugewiesen (dunkelgraue Blöcke). Die geringste Bedeutung haben die Koeffizienten höherer Frequenzen (insbesondere auch die zu diagonalen Strukturen gehörenden mittleren Koeffizienten). Ihnen wird deshalb die kleinste Quantisierungsstufenzahl mit 9 bit zugeordnet (schwarze Blöcke). In dieser – an die Bedeutung der spektralen Koeffizienten angepaßten – Verteilung der reduzierten Bits liegt das eigentliche Geheimnis der datenreduzierenden Transformations-Codierung.

Für die serielle Übertragung der Informationen in den einzelnen Koeffizienten ist ein Abtastverfahren erforderlich. Durch das in *Bild 5.6* (rechte Frequenzebene) dargestellte "Zig-Zag-Scanning" werden jeweils hintereinander viele gleichartig quantisierte Koeffizienten erfaßt. Wenn man dann diese gleichartigen Informationen zu einer Adresse zusammenfaßt, die die "Lauflänge" der konstant gebliebenen Koeffizienteninformation beschreibt, dann ergibt sich durch diese "Variable-Length-Coding" (VLC) eine weitere erhebliche Datenreduktion. Es ist dann allerdings notwendig, nachfolgend einen Pufferspeicher vorzusehen, der den ungleichmäßigen Datenfluß des VLC-Verfahrens in einen gleichmäßigen Datenfluß umwandelt. Wie *Bild 5.6* erkennen läßt, ist für den Fall, daß ein Überlaufen des Pufferspeichers auftritt, über die (gestrichelte) Leitung "Überlaufkontrolle" eine Rückregelung zum Funktionsblock "Adaptive Quantisierung" vorgesehen. Hier kann durch Reduktion der Bits (siehe rechte Frequenzebene in *Bild 5.6*) der Datenfluß vorübergehend noch weiter verringert werden, um den Überlauf des ausgangsseitigen Pufferspeichers und damit grobe Bildfehler zu vermeiden.

5.5 Hybrid-Codierung

Mitte der 60er Jahre begannen die Studien zur Datenreduktion für die digitalen Bildübertragungsmethoden. Es wurden zunächst nur prädiktive Methoden (DPCM) in Betracht gezogen. Die von *Cutler* [99] bereits 1952 angegebene DPCM-Grundschaltung nach *Bild 5.3b* wird im Prinzip auch heute noch für alle praktisch verwendeten prädiktiven Datenreduktionsverfahren eingesetzt. In ihrer Grundversion mit nur einer Bildpunktverzögerung $\tau = \tau_p = 0{,}1\ \mu s$ weist sie jedoch schon bei einem Datenreduktionsfaktor von 2 viel zu hohe Quantisierungsfehler auf. Spätere Arbeiten [98; 100] zeigten, daß nur mit einer adaptiven DPCM-Schaltung eine befriedigende Qualität erreicht werden konnte. Der damit zu erzielende Datenreduktionsfaktor 2 war jedoch noch viel zu gering und konnte erst durch den Übergang auf eine Interframe-DPCM ($\tau = \tau_B = 40$ ms, also ein Bildspeicher) in Verbindung mit einer Adreß-Codierung (nachgeschalteter *Huffman*-Coder) [98; 3, Abschn. 4.4.5] auf einen Reduktionsfaktor 8 gebracht werden. Damit war man bereits Mitte der 70er Jahre in der Lage, ein Bildfernsprechsignal (der Analog-Bandbreite 1 MHz) über das PCM-Grundsystem mit 2,048 Mbit/s zu übertragen.

Für das Digitale Fernsehen benötigt man aber noch größere Datenreduktionsfaktoren. Der erste Schritt zur Erweiterung der DPCM-Schaltung erfolgte durch die entscheidende Verbesserung der Prädiktion in der Rückführschleife, indem hier statt nur eines Bildspeichers nach Abschnitt 5.3, *Bild 5.5*, die komplette bewegungsadaptive Schaltung – bestehend aus einer "Bewegungsschätzung" und einer "Bewegungskompensation" – eingebaut wird, wie das in ***Bild 5.7*** dargestellt ist. Dadurch wird bei einer Interframe-DPCM die Vorhersagegenauigkeit im Prädiktionszweig so intensiv verbessert, daß im Ausgangssignal Δu des Differenzgliedes nur noch sehr geringe Quantisierungsfehler auftreten.

Eine zusätzliche Erhöhung des Datenreduktionsfaktors konnte durch die revolutionäre Kombination der prädiktiven Codierung (DPCM nach Abschn. 5.2) mit einer Transformations-Codierung (nach Abschn. 5.4) erreicht werden – daher die Bezeichnung "Hybrid-Codierung". Einer DCT-Transformation unterworfen wird nach *Bild 5.7* das Differenzsignal Δu, also der sowieso schon sehr geringe Vorhersagefehler. Die Verarbeitungsprozedur für dieses Differenzsignal verläuft dann genau so, wie das im vorhergehenden Abschnitt 5.4 (*Bild 5.6*) beschrieben wurde. Wegen des sehr geringen Differenzsignals Δu könnte die Überlaufkontrolle des Pufferspeichers entfallen.

In neueren Hybrid-Codern ist allerdings eine Steuerung der Vorstufen bei einem Pufferspeicher-Überlauf vorgesehen [130]. Weiterhin enthalten solche modernen Coder eine Ableitung von Bewegungsvektoren aus dem Bewegungsschätzer (in *Bild 5.7* gestrichelt dargestellt). Diese Bewegungsvektoren werden dem Ausgangs-Datenstrom über den Multiplexer "M" zugesetzt und können so den Empfänger-Decoder bewegungsabhängig steuern [130]. Man spart auf diese Weise den Bewegungsschätzer im Decoder und hat in der Bewegungskompensation präzise Übereinstimmung im Coder und Decoder.

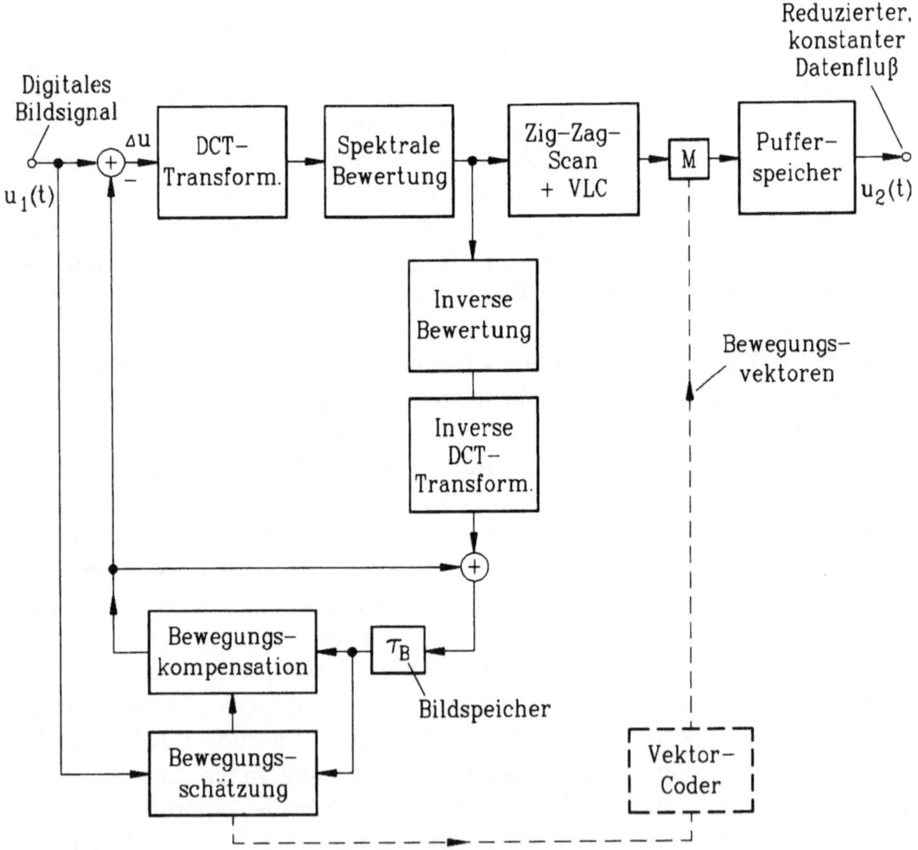

Bild 5.7: Hybrid-Codierung aus prädiktivem Verfahren (DPCM) mit Bewegungskompensation und Transformationscodierung (DCT)

Wichtig an der Schaltungsauslegung in *Bild 5.7* ist noch, daß die Verarbeitung des Differenzsignals Δu in der Frequenzebene vor der Einspeisung in die Rückführschleife durch eine "Inverse Bewertung" und eine "Inverse DCT-Transformation" wieder rückgängig gemacht werden muß. Dies ist nötig, da die bewegungsadaptive Verarbeitung im Rückführzweig ("Bewegungsschätzung" und "Bewegungskompensation") im Zeitbereich erfolgt.

Die Hybridschaltung nach *Bild 5.7* ist sozusagen der Schlüssel zur Digitalen Fernsehtechnik, da sie die notwendigen hohen Datenreduktionsfaktoren zu realisieren gestattet. Während die reine Interframe-DPCM in Verbindung mit einer Adreß-Codierung nach [98] günstigenfalls in der Lage ist, den Reduktionsfaktor 8 zu erreichen (geeignet für den Bildfernsprecher mit 2 Mbit/s), kann man mit der Hybridschaltung Datenreduktionen mit Faktoren im Bereich 30-50 realisieren. Damit lassen sich z.B. die 270 Mbit/s des digitalen Studios (Abschn. 4.6) auf 270 Mbit/s : 30 = 9 Mbit/s reduzieren, so daß bereits ein normaler (bisher analoger) Satelliten-Fernsehkanal mit 4 digitalen TV-Signalen in EDTV-Qualität belegt werden kann (Abschn. 7.4).

Die Hybridschaltung nach *Bild 5.7* ist daher die Grundlage für das Digitale Fernsehen geworden. Ihr Erfolgsgeheimnis beruht auf der geschickten Kombination von prädiktiver Codierung (DPCM) und Transformations-Codierung (DCT). Bis zum Ende der 90er Jahre waren diese beiden Richtungen der Datenreduktion getrennten Forschungsgruppen zuzuordnen. In Deutschland war das für die prädiktiven Codierungen die Hannoveraner Schule (*Prof. Musmann, Universität Hannover)* und für die Transformations-Codierungen die Aachener Schule (Professoren *Tafel, In der Smitten, Lüke, RWTH Aachen*), die zum Teil sehr konträr argumentierten. Aber erst die Kombination beider Datenreduktions-Verfahren in der Hybrid-Codierung nach *Bild 5.7* brachte diese so beachtliche Steigerung des Datenreduktionsfaktors. Der erste Impuls hierzu kam aus den USA, denn auf dem Fernseh-Symposium 1991 in Montreux wurde der Hybrid-Coder unter der Bezeichnung "Digicipher" [111] von der amerikanischen Firma *General Instrument Corporation* zum erstenmal in einer Rechner-Simulation gezeigt. Dies löste ein geradezu sensationelles Interesse aus, vor allem aber auch ungeheure Aktivitäten bezüglich der Vorbereitung eines rein digitalen Fernsehens, dessen Realisierung durch die Hybrid-Codierung nach *Bild 5.7* in greifbare Nähe gerückt wurde (Kap. 7, 8).

Technologischer Hintergrund

Die Entwicklung der Datenreduktionstechnik wurde ganz entscheidend von den Fortschritten in der Verarbeitungsgeschwindigkeit hochintegrierter Schaltungen beeinflußt. Das betrifft insbesondere die Transformations-Codierung. Erst als die On-Line-DCT (Diskrete-Cosinus-Transformation) und die hohe Geschwindigkeit des Zig-Zag-Scanning für die Koeffizientenabtastung mit integrierten Halbleiterschaltungen Anfang der 90er Jahre realisierbar wurden, konnte die Einbeziehung einer Transformations-Codierung in die DPCM Wirklichkeit werden. Dies und die bewegungsadaptive Codierung haben eine Hybrid-Codierung entstehen lassen, die mit ihrem hohen Datenreduktionsfaktor Grundlage der Digitalen Fernsehtechnik geworden ist.

6 HDTV – Fernsehtechnik an den Grenzen der Physik?

Um die Wirkung des Fernsehbildes an diejenige einer Filmprojektion mit 35-mm-Film heranführen zu können, ist beim "High Definition TV" (HDTV) eine Verdopplung der Zeilenzahl vorgesehen. Wie bereits in den Abschnitten 4.4 und 4.7 ermittelt, bedeutet dies – bei gleichzeitiger Erhöhung des Seitenverhältnisses auf 16:9 (Breitbildübertragung) – eine Vergrößerung der Bandbreite bzw. des Datenflusses um den Faktor 5,33 gegenüber dem Standard-TV. Bei analoger Übertragungstechnik führt die größere Bandbreite zu einem entsprechend größeren Übertragungsaufwand. Eine zukünftige Digitalübertragung erfordert einen 5,33-fachen Reduktionsfaktor, um den gleichen Digitalkanal wie das digitale Standard-TV-Signal verwenden zu können. Bei der hiermit verbundenen 5,33-fach schnelleren Verarbeitung besteht die Vermutung, daß bereits die physikalischen Grenzen der integrierten Halbleiter-Schaltungstechnik erreicht werden. Das soll im nächsten Abschnitt geprüft werden.

Die dann folgenden Abschnitte befassen sich mit weiteren technologischen Engpässen der HDTV-Technik, wie der digitalen Magnetbandaufzeichnung (Speicherung), der Forderung an Halbleiter-Bildsensoren (Aufnahme) und der Realisierung von HDTV-Displays (Wiedergabe).

6.1 Digitale HDTV-Übertragung

Setzt man den nach Gleichung (4.2) gegenüber dem Standard-TV-System um 5,33 erhöhten Datenfluß $216 \cdot 5{,}33 = 1{,}152$ Gbit/s voraus, so wird für die digitale HDTV-Übertragung über einen Satellitenkanal mit z.B. 9 Mbit/s ein Datenreduktionsfaktor 1152 Mbit/s : 9 Mbit/s = 128 benötigt. Mit Rücksicht auf die HDTV-Bildqualität beschränkt man den Datenreduktionsfaktor allerdings auf 50 (Abschn. 5.5) und kommt dann auf einen Datenfluß von 1152 Mbit/s : 50 = 23 Mbit/s. Dadurch erhöht sich die Verarbeitungsgeschwindigkeit in der Datenreduktionsschaltung für HDTV nicht um den ursprünglich angenommenen Faktor 5,33, sondern nur um 5,33 · 50/128 = 2,08.

Es bleibt aber zu prüfen, ob die in Abschnitt 5.5 beschriebene Hybrid-Codierung als Standard-Datenreduktion des Digitalen Fernsehens den erhöhten Anforderungen einer digitalen HDTV-Übertragung gerecht werden kann. Der eigentliche Engpaß ist dabei die nach *Bild 5.7* für die Verarbeitung des Differenzsignals Δu verwendete DCT-Transformation. Diese wird in Abschnitt 5.4 anhand von *Bild 5.6* ausführlich beschrieben. Die Transformation in den Frequenzbereich führt bei der Anwendung auf Bewegtbilder zu einer sehr hohen Verarbeitungsgeschwindigkeit, da in der kurzen Zeitdauer eines Fernsehbildes die Operationen für sämtliche Pixel durchgeführt werden müssen. Diese Verarbeitungsgeschwindigkeit soll zunächst für die Datenreduktion beim digitalen Standard-TV-System ermittelt werden. Solche Kalkulationen sind für den Entwurf der hochintegrierten VLSI-Schaltung eines Hybrid-Coders nach *Bild 5.7* nützlich, wie dies z.B. in [112] dargestellt ist.

Bei der Transformationscodierung nach *Bild 5.6* wird die zweidimensionale DCT-Transformation in die Frequenzebene aus Aufwandsgründen blockweise durchgeführt. Jeder Block enthält 8 × 8 = 64 Bildpunkte, wobei der Fehler gegenüber einer Verarbeitung des gesamten Bildes (mit allerdings untragbar hohem Aufwand) gerade noch in den zulässigen Grenzen bleibt. Um die N = 8 diskreten Amplitudenwerte (= Pixel = Bildpunkte) in N Frequenzkomponenten umwandeln zu können, bedarf es nach [109] N^2 komplexer Multiplikationen, so daß sich

$$\begin{aligned} &8^2 \text{ Operationen/Pixel} \times 64 \text{ Pixel/Block} \\ &= 4096 \text{ Operationen/Block} \end{aligned} \tag{6.1}$$

ergeben. Das gesamte Fernseh-Vollbild ist in folgende Blockzahlen unterteilt:

Horizontal: 720 Pixel/8 = 90 Blöcke
Vertikal: 576 Zeilen/8 = 72 Blöcke.

Damit ergibt sich für das gesamte Fernsehbild:

$$90 \times 72 = 6480 \text{ Blöcke/Vollbild.} \tag{6.2}$$

(6.1) und (6.2) ergeben zusammen die Anzahl Operationen/Vollbild:

4096 Op./Block × 6480 Blöcke/Vollbild
= 26,54 Mill. Operationen/Vollbild. (6.3)

Für diese Operationen steht die Dauer eines Fernseh-Vollbildes 1/25s zur Verfügung, so daß sich die folgende Verarbeitungsgeschwindigkeit ergibt:

26,54 Mill. Op./Vollbild x 25 Vollbilder/s
= <u>664 MOPS</u> , (6.4)

wobei MOPS für "Millionen Operationen pro Sekunde" steht. Der Grenzwert dieser Verarbeitungsgeschwindigkeit lag 1993 noch bei 300 MOPS, steigerte sich aber bis 1995 auf 1000 MOPS, so daß die Verarbeitungsgeschwindigkeit nach (6.4) mit einem einzigen DSP (<u>D</u>igitaler <u>S</u>ignal-<u>P</u>rozessor) realisierbar wäre.

Kritischere Verhältnisse ergeben sich jedoch für die Datenreduktion bei HDTV-Signalen. Bereits zu Beginn dieses Kapitels war ermittelt worden, daß sich für eine Reduktion des HDTV-Datenstroms auf 9 Mbit/s die Verarbeitungsgeschwindigkeit gegenüber Standard-TV um den Faktor 5,33 erhöhen müßte. Für eine Reduktion auf 23 Mbit/s beträgt dieser Faktor nur 2,08. Damit ergeben sich mit (6.4) die folgenden Verarbeitungsgeschwindigkeiten:

1. HDTV-Datenreduktion von 1,152 Gbit/s auf 9 Mbit/s:
   664 MOPS × 5,33 ≈ <u>3540 MOPS</u>
   → 4 Parallelverarbeitungen mit je 885 MOPS

2. HDTV-Datenreduktion von 1,152 Gbit/s auf 23 Mbit/s:
   664 MOPS × 2,08 ≈ <u>1380 MOPS</u>
   → 2 Parallelverarbeitungen mit je 690 MOPS.

Die Lösung bei den höheren Anforderungen einer Datenreduktion für HDTV-Signale liegt also in einer Parallelverarbeitung, mit der die Verarbeitungsgeschwindigkeit pro Kanal wieder unter den technologisch realisierbaren Grenzwert gesenkt werden kann.

In ***Bild 6.1*** ist diese Parallelisierung der Verarbeitung am Beispiel dreier Parallelkanäle dargestellt. Man wendet diese Methode bei zu großen Datenmengen und/oder zu hoher Verarbeitungsgeschwindigkeit (Taktfrequenz) – also bei zu hohen Datenflüssen (Datenmenge pro Zeit-

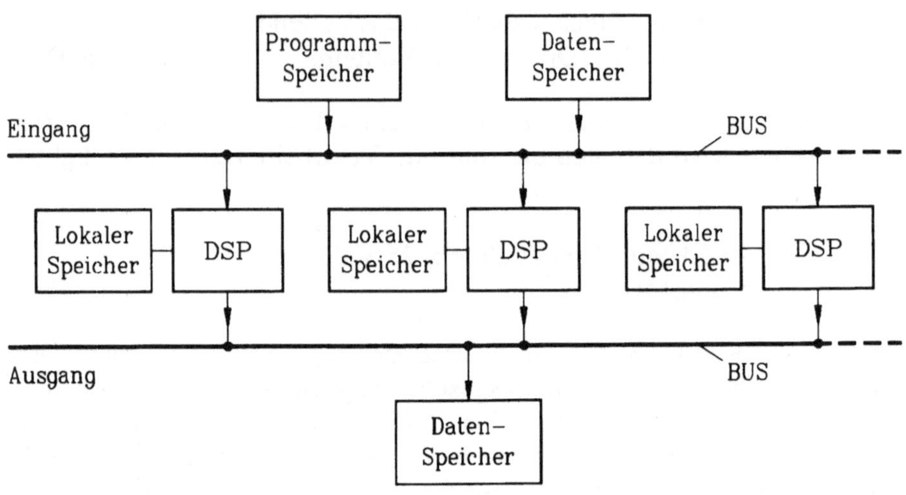

Bild 6.1: Parallelverarbeitung mit mehreren Digitalen Signal-Prozessoren (DSP) bei zu hohen Datenflüssen

einheit) – an. Bei *n* parallelen Verarbeitungszweigen muß dann jeder einzelne Zweig nur den n-ten Teil des gesamten Datenflusses verarbeiten. Die Parallelverarbeitung bringt aber auch einige Nachteile mit sich:

1. Der Schaltungsaufwand nimmt zu.
2. Durch die größere Chipfläche erhöht sich die Wahrscheinlichkeit für Gitterfehler im Kristallgefüge (höherer Ausschuß verringert die Wirtschaftlichkeit!).
3. Die längeren Verbindungen zwischen den Verarbeitungszweigen beeinträchtigen die Funktionssicherheit aus leitungstheoretischen Gründen (Impulsverzerrungen durch Reflexionen und Verluste).
4. Laufzeiteffekte der Verbindungen verhindern ein exaktes Timing.

Technologischer Hintergrund

Für eine leistungsfähige Datenreduktion (hoher Reduktionsfaktor) ist es von großer Bedeutung, den Integrationsgrad so hoch wie möglich zu wählen, um die parallelen Verarbeitungszweige möglichst kompakt anordnen zu können. Die hiermit verbundene höhere Verarbeitungsgeschwindigkeit reduziert dabei gleichzeitig die Anzahl der Parallelzweige. Ziel ist es, einen einzigen Funktionsblock für die 1380 MOPS einer HDTV-Datenreduktion von 1,152 Gbit/s auf 23 Mbit/s zu erhalten.

Mit der C-MOS-Technologie unter Verwendung eines fotolithografischen Verfahrens (Belichtung mit UV-Licht über eine Fotomaske im Kontaktverfahren) läßt sich nach ***Tabelle 6.1*** die Auflösungsgrenze 0,8 µm erreichen. Bei einer solchen Struktur wird nach [112] bereits die Verarbeitungsgeschwindigkeit 300 MOPS erreicht. Je höher die Integrationsdichte, um so kürzer werden die Leitungsverbindungen, was zu einer entsprechend höheren Verarbeitungsgeschwindigkeit führt. Die Integrationsdichte kann nur durch eine Verfeinerung des Belichtungsvorgangs bei der IC-Herstellung erhöht werden, d.h. die Auflösungsgrenze muß weiter gesenkt werden. Das gelingt nur, indem man bei der

Belichtung	Strahlungsart	λ	Auflösungsgrenze	Verarbeitungsgeschwindigkeit
Fotolithografie	UV-Licht mit Maske	400 nm	0,7-0,8 µm	300 MOPS
	Projektion	250 nm	0,2-0,3 µm	500 MOPS
Direktschreibend	Röntgenstrahl	0,4-5 nm	0,2-0,3 µm	500 MOPS
	Elektronenstrahl	0,02 nm	0,2 µm	1000 MOPS
	Ionenstrahl	< 0,001 nm	0,1 µm	>1000 MOPS

Tabelle 6.1: Lithografische Verfahren für die IC-Herstellung

VLSI-Technologie ("Very Large Scale Integration") von der Fotolithografie, deren Auflösung durch die Lichtbeugung bei etwa 0,3 μm ihre Grenze hat, auf direkt schreibende Verfahren übergeht, die den Herstellungsprozeß allerdings wesentlich verlangsamen und damit verteuern. Verwendet man dabei nach *Tabelle 6.1* Röntgenstrahlen, dann läßt sich die Auflösungsgrenze auf 0,2-0,3 μm, bei Elektronenstrahlen auf 0,2 μm und bei Ionenstrahlen auf 0,1 μm senken. Damit dürfte eine Verarbeitungsgeschwindigkeit von > 1000 MOPS zu erreichen sein, so daß man auch bei der Datenreduktion für HDTV-Signale mit dem angestrebten einzigen Funktionsblock auskommen kann.

Technologischer Hintergrund

> Bei einer Auflösung von 0,1 μm, die nur noch mit einem direkt schreibenden Ionenstrahl erreicht werden kann, stößt man bereits an die physikalischen Grenzen von integrierten Schaltungen. Die hiermit realisierbare Verarbeitungsgeschwindigkeit von über 1000 MOPS wird bei der HDTV-Datenreduktion benötigt, so daß man in der Tat mit einer digitalen HDTV-Übertragung an physikalische Grenzen stößt.

6.2 Digitale HDTV-Magnetbandaufzeichnung

Wie bereits in Abschnitt 4.7 ausführlich dargestellt, wird man bei einer HDTV-Übertragung aus Qualitätsgründen bereits im Studio eine digitale Komponententechnik vorsehen müssen. Als ein besonders schwieriger Engpaß stellt sich dabei die digitale Magnetbandaufzeichnung dar, denn es muß nach Gleichung (4.2) in Abschnitt 4.7 der sehr hohe Datenfluß 1,152 Gbit/s aufgezeichnet werden. Immerhin kam schon 1985 von der japanischen Firma *Hitachi* eine erste Realisierung für die digitale Aufzeichnung von HDTV-Signalen [82; 113]. Der speicherbare Datenfluß betrug jedoch hierbei nur 460 Mbit/s. Als dann im Mai 1986 eine CCIR-Empfehlung 801 die Norm für das digitale HDTV-Studio auf den Gesamt-Datenfluß von 1,188 Gbit/s festlegte, dauerte es nur etwa ein Jahr, bis die Firma *Sony* 1987 einen digitalen Recorder hierfür vorstellte [82; 114]. Ab 1990 standen Liefergeräte zur Verfügung [115].

Auch bei der Firma *BTS* in Darmstadt wurde ab 1989 ein sogenannter "Gigabit-Recorder" für die digitale HDTV-Aufzeichnung von 1,152 Gbit/s mit finanzieller Unterstützung des *Bundesministeriums für For-*

schung und Technologie (BMFT) entwickelt [116]. Während der olympischen Sommerspiele 1992 wurden zwei Funktionsmuster dieses digitalen HDTV-Recorders in Darmstadt vorgeführt [117]. Eine neuere Entwicklung verwendet den sogenannten D-6-Standard. Es handelt sich dabei um eine Kooperation von *BTS* und *Toshiba*. Daraus ist der digitale HDTV-Recorder "DCR 6000" entstanden [118].

In ***Bild 6.2*** wird ein solcher moderner "Gigabit-Recorder" beschrieben. Das prinzipielle Problem eines Videorecorders ist die notwendige hohe Relativgeschwindigkeit zwischen Magnetkopf und Magnetband. ***Bild 6.2d*** zeigt die Zusammenhänge. Die Elementarmagnete in der Magnetschicht sind bei einer Sinus- oder Rechteckaufzeichnung in benachbarten Abschnitten entgegengesetzt gerichtet. Zwei entgegengesetzte Magnetisierungen gehören zu einer Wellenlänge λ. Zur aufzuzeichnenden maximalen Frequenz f_{max} gehört die kürzeste Wellenlänge λ_{min}. Diese kleinste aufzeichenbare Wellenlänge hängt u.a. von der Breite s des Luftspaltes im Magnetkopf ab, wie *Bild 6.2d* erkennen läßt. Ein bei guter Kopftechnologie erreichbarer Wert der kleinsten aufzeichenbaren Wellenlänge liegt bei $\lambda_{min} = 1\ \mu m$. Nimmt man für die obere Grenzfrequenz des bei analoger Aufzeichnung (in Frequenzmodulation) benötigten Bandes 10 MHz an, dann ergibt sich mit der in *Bild 6.2d* angegebenen Basisformel eine Kopf-Band-Geschwindigkeit von:

$$V_{KB} = \lambda_{min} \cdot f_{max} = 1\ \mu m \cdot 10\ MHz = 10\ m/s. \qquad (6.5)$$

Solch hohe Bandgeschwindigkeiten lassen sich mit einer Longitudinalaufzeichnung nicht mehr beherrschen. Deshalb wird bei Video-Magnetbandaufzeichnung mit dem sogenannten "Helical-Scan"-Verfahren gearbeitet. Dabei sind gemäß ***Bild 6.2a*** die Magnetköpfe auf einem Kopfrad montiert, das mit großer Geschwindigkeit rotiert, so daß sich eine ausreichend hohe Relativgeschwindigkeit zwischen Kopf und Band ergibt. Nach ***Bild 6.2b*** wird das Magnetband schräg (in der Form einer Spirale) um das Kopfrad geschlungen, so daß der horizontal rotierende Kopf eine Schrägspur auf das Band schreibt [119, Abschn. 5.2.4].

Läßt man das Kopfrad mit 25 U/s rotieren, dann wird bei der in *Bild 6.2a* dargestellten Bandumschlingung von etwas mehr als 180° (Ω-Umschlingung) bei zwei komplementär angeordneten Köpfen gerade ein Teilbild pro Schrägspur geschrieben. Wählt man dagegen die angegebene Umdrehungszahl von n = 150 U/s, dann wird nach ***Bild 6.2c*** das Teilbild auf insgesamt 6 Cluster von je 313/6 = 52 Zeilen verteilt. Man nennt dies "Segmented-field"-Technik, wie sie beim 1"-B-Standard (Magnetbandmaschine BCN der Firma *BTS* in Darmstadt) verwendet wird [119, Abschn. 10.3.3]. Der Kopfrad-Durchmesser beträgt hierbei etwa d = 5 cm, so daß sich folgende Kopf-Band-Geschwindigkeit errechnet:

$$\begin{aligned} V_{KB} &= \pi \cdot d \cdot n \\ &= \pi \cdot 5\ \text{cm} \cdot 125\ \text{U/s} = 19{,}6\ \text{m/s}. \end{aligned} \tag{6.6}$$

Auch die digitalen Magnetbandmaschinen für HDTV-Aufzeichnung nach dem D-6-Standard benutzen die "Helical-Scan"-Aufzeichnungstechnik nach *Bild 6.2a*. Allerdings erfordert das digitale HDTV-Recording eine wesentlich größere Bandbreite. Wenn in Gleichung (6.5) die kleinste aufzeichenbare Wellenlänge λ_{min} nicht wesentlich reduziert werden kann, dann muß für die Erzielung einer größeren Bandbreite f_{max} die Relativgeschwindigkeit Kopf-Band V_{KB} erhöht werden. Das gelingt bei gleicher Drehzahl 150 U/s durch einen größeren Durchmesser des Kopfrades. Nach [118] verwendet die nach dem D-6-Standard arbeitende HDTV-Maschine DCR 6000 der Firma *BTS* in Darmstadt einen Kopfraddurchmesser von 9,6 cm. Das ergibt nach Gleichung (6.6):

$$V_{KB} = \pi \cdot 9{,}6\ \text{cm} \cdot 125\ \text{U/s} = 37{,}7\ \text{m/s}.$$

Da das Band nach *Bild 6.2a* der Kopfbewegung entgegenläuft, erhöht sich V_{KB} um die Bandgeschwindigkeit 50 cm/s, also auf 38,2 m/s. Allenfalls kann man die Kopf-Band-Geschwindigkeit noch steigern auf etwa 45 m/s. Folgende Gesichtspunkte verhindern eine weitere Erhöhung der Relativgeschwindigkeit zwischen Kopf und Band [119, Abschn. 11.3.3]:

- Verschlechterung des Kopf-Band-Kontaktes durch sich bildende Luftpolster (größere Abstandsverluste nach ***Bild 6.3a***)
- Unzulässige Erwärmung von Kopf und Band (hierdurch hervorgerufene Verluste siehe [120])
- Untragbar hoher Verschleiß und Bandverbrauch.

Liegt somit die obere Grenze der Kopf-Band-Geschwindigkeit mit V_{KB} = 45 m/s etwa fest, dann kann die maximal aufzeichenbare Grenzfrequenz f_{max} nach der Grundgleichung (6.5)

$$f_{max} = \frac{V_{KB}}{\lambda_{min}} \tag{6.7}$$

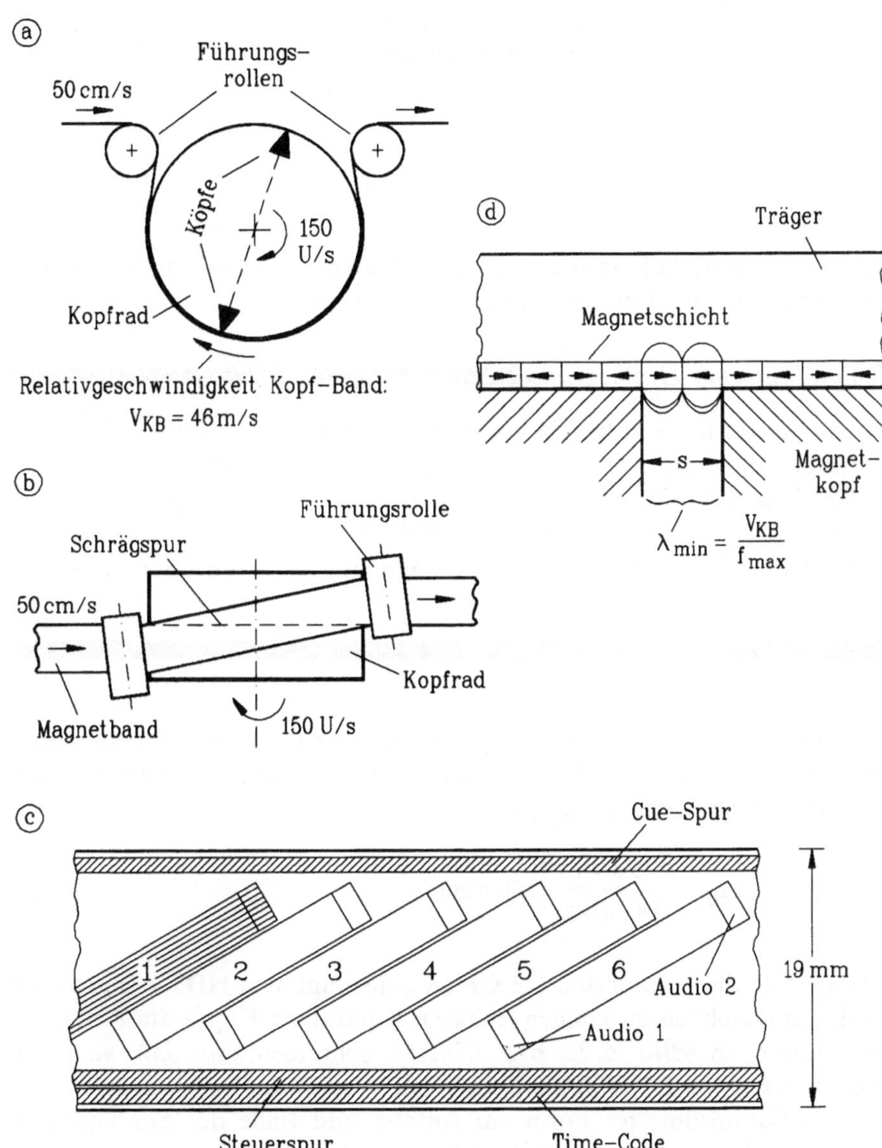

Bild 6.2: HDTV-Magnetbandaufzeichnung
a) "Helical-Scan"-Technik
b) Schrägspuraufzeichnung
c) Spurbild mit 6 Cluster à 8 Spuren pro Teilbild (D-6-Standard)
d) Ableitung der Grenzwellenlänge λ_{min} aus dem Luftspalt s

nur noch durch eine niedrigere Grenzwellenlänge erhöht werden. Für Digitalaufzeichnung ist es zweckmäßiger, in die Gleichung (6.7) den Datenfluß einzuführen:

$$H_0' = \frac{v_{KB}}{\lambda_{min} / 2}. \qquad (6.8)$$

So erkennt man, daß ein umso größerer Datenfluß aufgezeichnet werden kann, je kleiner die Grenzwellenlänge gewählt wird.

Technologischer Hintergrund

Die gerade noch aufzeichenbare Wellenlänge λ_{min} ist in höchstem Maße abhängig von den technologischen Fortschritten bei der Band- und Kopfherstellung [121]. Bereits 1987 gelang es, durch den Übergang auf ein Metallpartikel-Band (MP-Band) und laminierte Filmköpfe die Grenzwellenlänge auf $\lambda_{min} = 0{,}65\ \mu m$ zu senken.

Anfang der 90er Jahre konnte man mit einer Grenzwellenlänge $\lambda_{min} = 0{,}60\ \mu m$ rechnen, so daß der maximal aufzeichenbare Datenfluß pro Magnetkopf nach Gleichung (6.8)

$$H_0' = \frac{45\ m/s}{0{,}6\ \mu m / 2} = 150\ Mbit/s$$

beträgt. Um die geforderten 1,2 Gbit/s eines digitalen HDTV-Signals im Studio aufzeichnen zu können, müssen 8 parallele Köpfe die 8 parallelen Spuren in *Bild 6.2c* pro Cluster schreiben, so daß sich mit 150 Mbit/s × 8 = 1,2 Gbit/s ergeben. Die Audioinformationen werden in stark zeitkomprimierter Form am Anfang und Ende der Schrägspuren untergebracht, und zwar am Anfang das Stereosignal 1 und am Ende das Stereosignal 2.

Durch das Schreiben von 8 parallelen Spuren würde sich natürlich der Bandverbrauch um das 8-fache erhöhen. Um diesen Faktor etwas reduzieren zu können, werden

- eine rasenfreie Aufzeichnung gewählt (kein Abstand zwischen den Spuren),

- das Übersprechen zwischen den Spuren durch Azimuth-aufzeichnung ± 15° (entgegengesetzt schrägstehende Kopfspalte nach [119, Abschn. 5.2.4.3]) vermieden,
- der Spurabstand (Kopfspaltlänge) mit 21 μm so gering gewählt, wie das mit Rücksicht auf die Bitfehlerrate bzw. den Störabstand gerade noch möglich ist.

Die Bandkassette hat selbstverständlich einen festgelegten maximalen Bandwickel-Durchmesser. Deshalb hängt die Spieldauer nicht nur vom Bandverbrauch, sondern auch von der Banddicke ab, die beim MP-Band den bisher kleinstmöglichen Wert von 11 μm erreicht hat. Damit ergibt sich nach [118] für die L-Kassette (größte Kassette) eine Spieldauer von 64 Minuten.

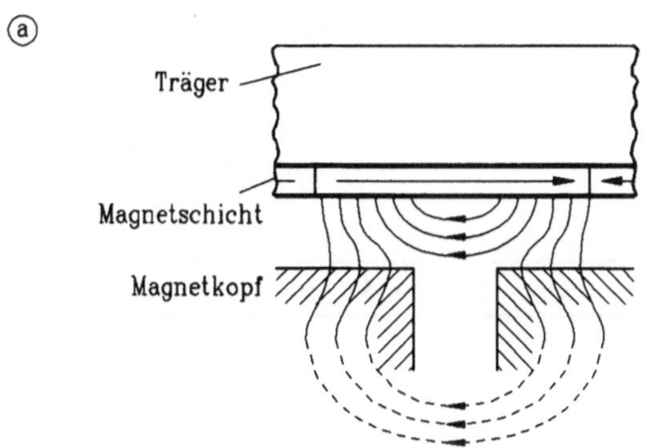

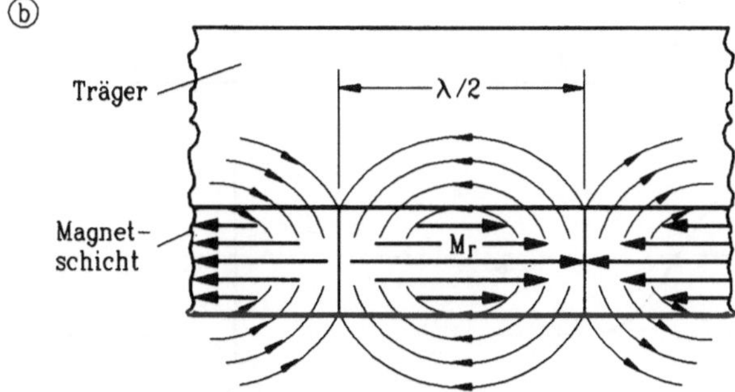

Bild 6.3: Begrenzung des speicherbaren Datenflusses
a) Abstandsdämpfung durch abgehobenes Band
b) Entmagnetisierung in der Flußwechselzone bei Horizontal-Magnetisierung

Für die Aufzeichnung eines Spielfilms müßte jedoch die Spieldauer eigentlich 90-120 Minuten betragen. Man ist daher an einer weiteren Erhöhung der Spieldauer bzw. einer weiteren Senkung des Bandverbrauchs interessiert. Das wäre auch durch die Anwendung einer Datenreduktionsmethode zu erreichen, wie sie in [122] beschrieben wird. Allerdings werden immer wieder Bedenken geäußert, daß bei der Kaskadierung von Datenreduktionsmethoden (z.B. digitale Aufzeichnung und digitale Übertragung) Qualitätsverluste auftreten könnten. In [123] werden die Probleme ausführlich untersucht und eine Beschränkung auf den Reduktionsfaktor 2 gefordert. Die in [118] beschriebene digitale HDTV-Magnetaufzeichnung nach dem D-6-Standard verzichtet allerdings völlig auf eine Datenreduktion, um stets ein unverarbeitetes Primärsignal zur Verfügung zu haben.

Auf der Suche nach weiteren Möglichkeiten der Spieldauerverlängerung bei einer digitalen HDTV-Aufzeichnung stößt man nun in der Tat an technologische und physikalische Grenzen. Aus Gründen der Präzision

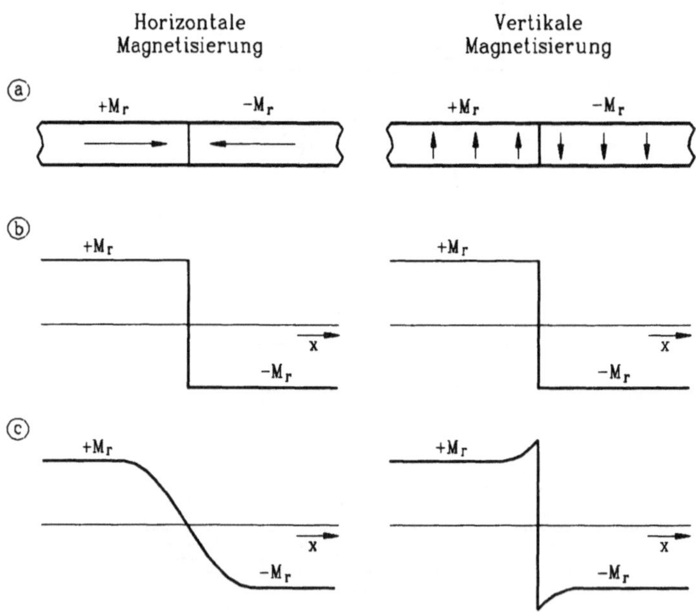

Bild 6.4: Vergleich horizontale und vertikale Magnetisierung
a) Magnetisierungswechsel in der Magnetschicht
b) Idealer Magnetisierungsverlauf
c) Magnetisierungsverlauf unter Berücksichtigung der Entmagnetisierung in der Flußwechselzone

bei der Bandführung - insbesondere der Gefahr von Deformationen [124] - sollte eine Banddicke von 11 µm nicht wesentlich unterschritten werden. Störabstandsgründe (Bitfehlerrate) begrenzen den Spurabstand (Kopfspaltlänge) auf die hier zugrunde gelegten 21 µm. Auch die beim D-6-Format vorliegende Kopf-Band-Geschwindigkeit von 45 m/s läßt sich nicht weiter erhöhen (z.B. durch größeren Kopfraddurchmesser), da die Abstandsverluste infolge Luftpolster zu groß werden (*Bild 6.3a*).

So bleibt nur, nach der Möglichkeit einer weiteren Reduktion der Grenzwellenlänge λ_{min} zu suchen. Der hier bis jetzt erreichte Wert liegt bei $\lambda_{min} = 0{,}6$ µm. Zwei Dinge stehen aber einer noch kleineren Wellenlänge entgegen:

- Der Störabstand kann sich unzulässig verschlechtern, da die Kopfspaltbreite s nach *Bild 6.2d* an die Grenzwellenlänge λ_{min} angepaßt werden muß.
- Die Entmagnetisierungseffekte in den Grenzzonen zwischen entgegengesetzt polarisierten Elementarmagneten können bei zu kleiner Wellenlänge überwiegen und erhebliche Verluste hervorrufen.

Der zuletzt beschriebene Effekt ist in ***Bild 6.3b*** dargestellt. Nach [120, Abschn. 1.2.4] sind diese Verluste insbesondere bei digitaler Speicherung zu erwarten, da magnetische Bereiche entgegengesetzter hoher Magnetisierung aneinanderstoßen. Durch die hierdurch hervorgerufenen Entmagnetisierungen werden die Flußwechselzonen verbreitert. Die Magnetisierung zieht sich in das Schichtinnere zurück, so daß sich ein zusätzlicher Abstandsverlust ergibt. Man spricht auch von "Selbst-Entmagnetisierung".

Als Ausweg bietet sich evtl. die Methode der vertikalen Magnetisierung an, die in ***Bild 6.4*** mit der horizontalen Magnetisierung verglichen wird [120, Abschn. 1.2.4]. Man erkennt an den Magnetisierungsverläufen nach ***Bild 6.4c***, daß sich bei der vertikalen Magnetisierung ein steiler Sprung für den Magnetisierungswechsel ergibt, der Entmagnetisierungseffekt also offenbar einen wesentlich geringeren Einfluß hat. Nach [120, Abschn. 1.2.4] nähern sich aber die beiden Aufzeichnungsarten bei niedrigen Wellenlängen bezüglich des Entmagnetisierungseffektes wieder an. Das kann sicher als Grund angesehen werden, warum man die vertikale Magnetisierung bis jetzt nicht näher in Erwägung gezogen hat.

Technologischer Hintergrund

Alle Betrachtungen dieses Kapitels zeigen, daß man sich bei der digitalen HDTV-Magnetbandaufzeichnung an den technologischen und physikalischen Grenzen bewegt. Unter Beachtung aller Grenzwerte für die kleinste aufzeichenbare Wellenlänge, den geringsten Spurabstand, die geringste Banddicke sowie die größtmögliche Kopfradgeschwindigkeit kommt man pro Kopf auf einen maximal aufzeichenbaren Datenfluß von 150 Mbit/s. Um den hohen Datenstrom 1,2 Gbit/s eines HDTV-Signals aufzeichnen zu können, benötigt man also 8 parallele Köpfe und Spuren, was zu einer geringeren Spieldauer (von 1 Stunde) führt. In Analogie zu den mikroelektronischen Schaltkreisen, bei denen sich nach Abschnitt 6.1 das Erreichen der technologisch-physikalischen Grenzen bei HDTV-Signalen in der Notwendigkeit einer Parallelverarbeitung bemerkbar macht, benötigt die Digitalaufzeichnung von HDTV-Signalen die ebenfalls wesentlich aufwendigere Parallelspeicherung. Für den Produktionsbetrieb bedeutet das die unakzeptable Einschränkung der Spieldauer auf eine Stunde.

6.3 HDTV-Bildsensoren

Da sich bei einer HDTV-Übertragung nach Abschnitt 4.4 die Bildpunktzahlen in der Vertikalen und Horizontalen des Bildes verdoppeln müssen, stellt sich für die Bildsensoren der HDTV-Farbkamera die wichtige Frage, ob die Sensorschicht und der Abtastvorgang in der Lage sind, diesen erhöhten Auflösungsbedingungen zu entsprechen. Mit Bildaufnahmeröhren gelang es etwa ab Mitte der 80er Jahre, die HDTV-Anforderungen zu erfüllen. Bei Röhrenkameras ergeben sich jedoch Probleme wegen des schlechten Störabstandes, wegen Nachziehens bei geringem und sehr hohem Lichteinfall sowie wegen Einbrennens und Nachleuchtens. Deshalb bevorzugt man Halbleiter-Bildsensoren. Sie gestatten vor allem einen wesentlich kompakteren Kameraaufbau. Deshalb war man bestrebt, auch bei HDTV-Kameras auf Festkörper-Bildsensoren überzugehen. Hier hatte sich für das Standard-TV-System der in Abschnitt 1.8 (*Bild 1.13*) beschriebene CCD-Flächensensor etabliert. Ende der 80er Jahre versuchte man durch Verfeinerung der Herstellungstechnologie, den CCD-Flächensensor an die HDTV-Auflösungsverhältnisse anzupassen. Es soll daher zunächst die für HDTV erforderliche Bildpunktzahl ermittelt werden.

Die grundsätzlich unterschiedliche Betriebsweise der Bildsensoren bei einer Röhren- und einer CCD-Kamera ist in ***Bild 6.5*** dargestellt. Während bei einer Bildaufnahmeröhre (***Bild 6.5a***) die zeilenweise Abtastung nur in der Vertikalen des Bildes eine Quantisierung hervorruft, wirkt beim CCD-Flächensensor die Zerlegung der Sensoroberfläche in einzelne Speicherzellen (vgl. *Bild 1.13*) - "Bildpunkte" genannt - wie ein Abtastvorgang auch in der Horizontalen des Bildes. Wegen dieser Interpretation als Abtastvorgang können die "Bildpunkte" auch "Pixel" (= "picture elements") genannt werden, wie in der anglo-amerikanischen Literatur üblich. In ***Bild 6.5b*** wird dargestellt, wie sich dieser Abtastvorgang im horizontalen Ortsfrequenz-Spektrum auswirkt. So tritt mit p_x [Pixel/Bildbreite] und der Horizontalfrequenz (Zeilenfrequenz) f_H im horizontalen Frequenzspektrum eine "Abtastfrequenz" $f_T = p_x \cdot f_H$ auf. Symmetrisch zu dieser Frequenzlinie f_T treten nach *Bild 6.5b* (Frequenzspektrum unten links) die gestrichelt dargestellten Seitenlinien-Spektren auf. Sie werden vom Bildinhalt hervorgerufen und überschneiden sich mit dem Basisspektrum, da im optischen Bereich keine Vorfilterung angewendet wird. Das führt zu Interferenzstörungen und Schwebungen ("Aliasfehler") in der Nähe der "Nyquistgrenze" (= Halbe Abtastfrequenz $f_T/2$ = theoretisch exakte Bandgrenze). In ähnlicher Weise ist das in *Bild 1.7c,d* für die Zeilenabtastung in der Vertikalen des Bildes (Abschnitt 1.5) dargestellt.

Wie dort beschrieben, hilft auch hier bei der horizontalen Abtastung ein Nachfilter. Es dämpft nach *Bild 6.5b* (Frequenzspektrum unten rechts) die obere Seitenlinie und reduziert damit die Schwebung. *U. Reimers* führt in seiner Dissertation [125] einen "Horizontalen Kell-Faktor" k' ein, der angibt, wie stark die praktisch nutzbare Bandbreite gegenüber dem theoretischen Wert der Nyquistgrenze infolge der Schwebungsstörung reduziert werden muß. Je stärker nun die obere Seitenlinie durch das Nachfilter in *Bild 6.5b* gedämpft wird, um so größer ist der Kell-Faktor k'. Im Grenzfall der kompletten Unterdrückung aller oberen Seitenlinien durch ein theoretisch unendlich steiles Nachfilter wird k' =1, d.h. die verfügbare Video-Bandbreite stimmt mit der Nyquistgrenze überein. Die hierbei erzielbare Horizontalauflösung kann durch die Zahl der aktiven Bildpunkte (Pixel) beschrieben werden. Diese errechnet sich wie folgt.

Nach *Bild 1,8b* beträgt die Horizontalfrequenz (Zeilenfrequenz) des europäischen 625-Zeilen-Systems

$$f_H = z \cdot f_B = 625 \cdot 25\,\text{Hz} = 15{,}625\,\text{KHz} \tag{6.9a}$$

und somit die Horizontalperiode (Zeilendauer):

$$T_H = \frac{1}{f_H} = 64\ \mu s. \tag{6.9b}$$

Die aktive Zeilendauer ergibt sich nach Abzug der horizontalen Austastlücke von 19 % (Gleichung 1.6 in Abschn. 1.4):

$$T_H' = 64\ \mu s\,(1 - 0{,}19) \approx 52\ \mu s. \tag{6.9c}$$

Da andererseits zu einer Video-Bandbreite von f_{gr} = 5 MHz (Gleichung 1.7 in Abschn. 1.5) eine Bildpunktdauer (Pixeldauer) von $T_P = 1/(2 \cdot f_{gr})$ = 0,1 µs gehört, ergibt sich eine aktive horizontale Bildpunktzahl von:

$$\frac{T_H'}{T_P} = \frac{52\ \mu s}{0{,}1\ \mu s} = 520\ \text{Pixel}. \tag{6.10}$$

Hierzu gehört eine Abtastfrequenz von f_T = 520/52 µs = 10 MHz und damit die Video-Bandbreite (= Nyquistfrequenz nach *Bild 6.5b*) $f_T/2$ = 5 MHz.

In der Arbeit [125] untersucht nun *U. Reimers*, welche horizontalen Kell-Faktoren k' < 1 auftreten, wenn praktisch realisierbare Nachfilter verwendet werden. Dazu mußte die Störwirkung der Aliaskomponenten (Schwebungsstörungen) abgeschätzt werden. Die Auswertung ergab [125, Bild 39], daß ein Halbleiter-Sensor 800 Pixel pro aktiver Zeile enthalten muß, wenn die zur Video-Bandbreite 5 MHz gehörenden 520 Pixel ausreichend aliasfrei (frei von Schwebungsmustern) wiedergegeben werden sollen. Das aber würde einem horizontalen Kell-Faktor k' = 520/800 = 0,65 entsprechen. Man kann auch sagen, daß für eine aliasfreie Wiedergabe bis zur Bandbreite 5 MHz die Pixelzahl um den reziproken Kell-Faktor 1/0,65 = 1,5 erhöht werden muß. In *Bild 6.5b* (Frequenzspektrum unten links) bedeutet dies, daß sich die Abtastfrequenz auf f_T = 10 MHz · 1,5 = 15 MHz erhöht, so daß die Frequenzbänder nun auseinandergeschoben werden und die geringeren Aliasfehler (Schwebung und Interferenz) auch hierdurch erklärbar werden.

Ähnliches gilt für die Pixel-Quantisierung in der Vertikalen. Unter Abzug der vertikalen Austastlücke von 8 % (Gleichung 1.6 in Abschn. 1.4) ergibt sich eine aktive vertikale Pixelzahl von

$$625\,(1 - 0{,}08) = 575\ \text{Pixel} \tag{6.11}$$

und damit eine Gesamt-Pixelzahl für die Sensorfläche von 520 · 575 = 300 000 Pixel. Für eine aliasfreie Wiedergabe bis zur horizontalen Bandgrenze des 625-Zeilen-Systems müßten 300 000 × 1,5 = 450 000 Pixel aufgewendet werden.

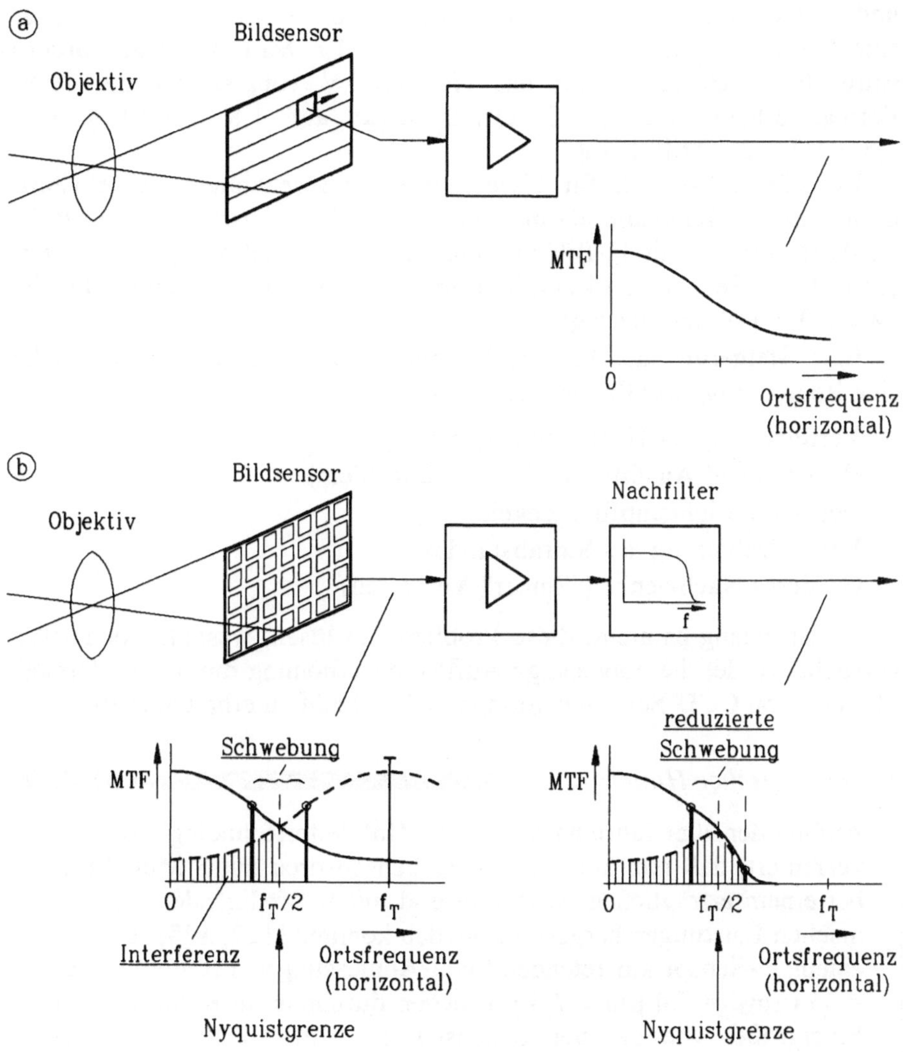

Bild 6.5: Vergleich der Ausgangs-Spektren einer Röhren-Kamera (a) und einer CCD-Kamera (b)

Schätzt man nun die Auflösungsverhältnisse für den CCD-Sensor einer HDTV-Kamera ab, dann muß sich ja die Pixelzahl in horizontaler und vertikaler Richtung jeweils um den Faktor 2 erhöhen, so daß jetzt eine Gesamt-Pixelzahl von 450 000 × 4 = 1,8 Mill. Pixel zu fordern wäre. Beim Übergang auf das (für HDTV vorgeschriebene) 16:9-Format erhöht sich die Pixelzahl sogar auf 1,8 × (16:9)/(4:3) = 1,8 × 4/3 = 2,4 Mill. Pixel.

Eingeführt hat sich für Halbleiter-Farbfernsehkameras eine Chip-Größe mit 1" Diagonale, da dies an die bewährte Ausrüstung von Röhren-Farbkameras mit 1"-Bildaufnahmeröhren optimal angepaßt ist. Dieser 1"-CCD-Sensor ist 14 mm breit und 7,9 mm hoch, so daß die Fläche 14 × 7,9 = 110 mm^2 beträgt.

Eine Steigerung der Pixelzahl bedeutet bei konstanter Chip-Fläche eine Reduzierung der Pixelgröße mit den Problemen:

- Verfeinerung der Herstellungstechnologie
- Höhere Pixel-Ausfallrate (Ausschußproblem)
- Geringere Lichtempfindlichkeit
- Verschlechterung des Störabstandes
- Größeres Nachziehen ("Smear"-Verhalten).

Zunächst gelang es nicht, diese Probleme zu lösen, weshalb noch 1985 versucht wurde, die notwendige Auflösungserhöhung durch eine Offset-Stellung von CCD-Sensoren geringerer Pixelzahl zu erhalten [126].

Technologischer Hintergrund

Anfang der 90er Jahre hatte man die Halbleitertechnologie so weit verfeinert, daß nun auch CCD-Flächensensoren mit 2 Mill. Pixel bei einem erträglichen Ausschuß und mit befriedigenden elektronischen Leistungen hergestellt werden konnten [127; 128]. Die bei einem 1"-Sensor auftretenden Pixel-Abmessungen 110 mm^2 /2·10^6 = 55 (μm)^2 = 7,4 μm × 7,4 μm liegen durchaus im Rahmen einer Pixelgröße, wie sie bei Zeilensensoren für HDTV-Abtastung schon seit Mitte der 80er Jahre üblich ist [129]. Gleichzeitig liegt bei etwa 6 μm Pixelabmessung – insbesondere im Hinblick auf das Ausschußproblem – der technologische Grenzwert, wodurch man bei Zeilensensoren bereits gezwungen ist, mit der Offsetanordnung zweier paralleler Sensorzeilen die nötige HDTV-Auflösung zu erreichen [129].

Letzteres hängt aber auch mit der für einen HDTV-CCD-Sensor bereits sehr hohen Abtastfrequenz $f_T = 2$ Mill. Pixel × 25 Hz = 50 MHz zusammen. Diese kann von dem kompakteren 1"-Flächensensor noch besser bewältigt werden als bei einer CCD-Zeile, die deshalb auf Parallelverarbeitung übergehen muß.

6.4 HDTV-Displaytechnik

Um die Besonderheiten einer HDTV-Bildwiedergabe deutlich machen zu können, soll noch einmal zurückgegangen werden zu den Grundlagen in Abschnitt 1.1. Speziell am *Bild 1.1* läßt sich zeigen, daß bei der im HDTV-System eingeführten Verdopplung der Zeilenzahl die Bildpunkthöhe h/z halbiert wird. Um die Auflösungsverbesserung überhaupt wahrnehmen zu können, muß der Betrachtungsabstand a halbiert werden. Bei einem HDTV-Display muß damit der Betrachtungsabstand zweimal Bildhöhe h betragen. Nach Gleichung (1.1) errechnet sich dafür ein Betrachtungswinkel von $\alpha \approx 30°$, was nach Gleichung (1.2) mit der Mindest-Zeilenzahl $z_{min} \approx 2 \cdot 600 = 1200$ korrespondiert. Insgesamt werden ja nach den Abschnitten 3.6 und 4.4 für das europäische HDTV-System 1250 Zeilen gewählt. Der damit auf dem Bildschirm einer Farbbildröhre zu erhaltende Gewinn an Detailauflösung bzw. Bildschärfe ist in dem ***Bild 6.6b*** – im Vergleich zu dem 625-Zeilen-Bild des Standard-Fernsehsystems von ***Bild 6.6a*** – deutlich zu erkennen.

Die HDTV-Wiedergabe mit 1250 Zeilen wird vergleichbar mit der Qualität einer 35-mm-Filmprojektion. Allerdings sind bei der HDTV-Wiedergabe auf einer Bildröhre die Betrachtungsbedingungen völlig anders als in einem Filmtheater. Wie bereits dargestellt, muß der Betrachter sich bis auf 2mal Bildhöhe dem Bildschirm nähern. Bei einem HDTV-Empfänger mit 82 cm Bildschirm-Diagonale, was einer Höhe h = 40 cm entspricht, muß also der Betrachtungsabstand 80 cm gewählt werden, um die in dem HDTV-Bild enthaltene höhere Auflösung auch wirklich nutzen zu können. Bei nur 80 cm Betrachtungsabstand muß nun aber das Auge relativ stark fokussieren. Das jedoch ergibt eine unnatürliche Betrachtungsweise, die mit der Betrachtung der Originalszene nicht mehr übereinstimmt. Was aber angestrebt wird, ist die sogenannte "Telepräsenz", d.h. der Betrachter soll das Gefühl haben, er befinde sich in der Originalszene. Ein größeres Bildformat ist also dringend geboten, um zu einem größeren Betrachtungsabstand zu kommen, wie dies z.B. die Projektionstechnik im Filmtheater zu bieten hat.

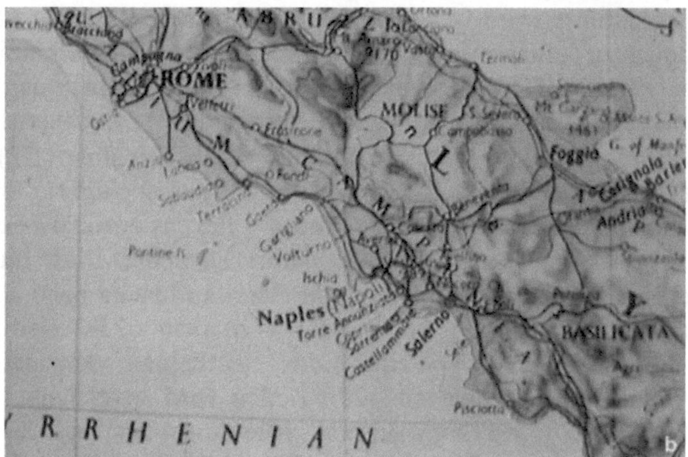

Bild 6.6: Schirmbildaufnahmen zum Auflösungsvergleich 625/1250 Zeilen
a) Standard-TV (625 Zeilen)
b) HDTV (1250 Zeilen)

Dies führt nun bei der vergleichenden Betrachtung eines Standard-TV-Bildschirms (4:3) und eines HDTV-Displays (16:9) zu einer anderen Philosophie, die in ***Bild 6.7*** dargestellt ist. Für den Standard-TV-Empfänger mit seinen 625 Zeilen ist eine Bildschirmdiagonale von 82 cm vorgesehen, wozu bei einem 4:3-Empfänger die Bildschirmhöhe 50 cm gehört. Der richtige Betrachtungsabstand wäre damit nach Abschnitt 1.1 a = 4 × 0,5 m = 2 m. Die Verdopplung der Zeilenzahl beim HDTV-Empfang wird nun nicht dazu verwendet, um das gleiche Bild mit einer höheren Auflösung zu übertragen, vielmehr behält man die

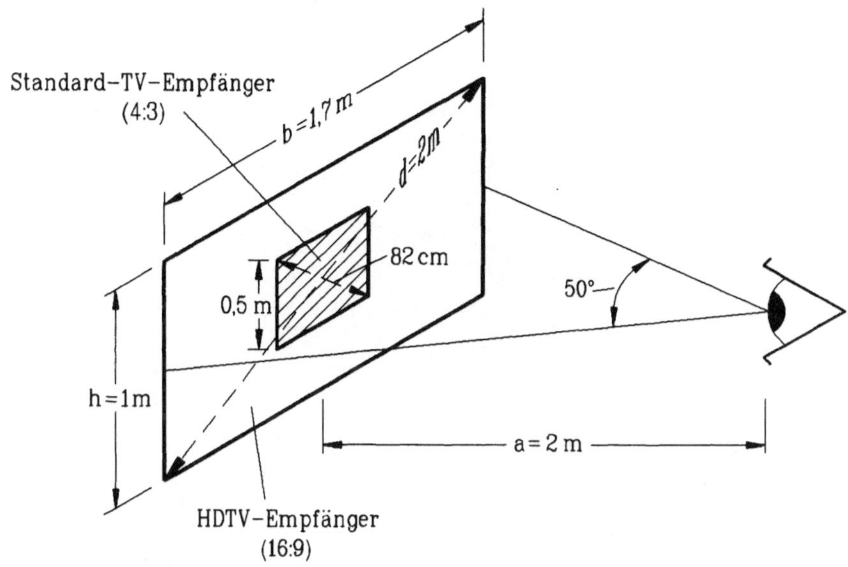

Bild 6.7: Übergang vom Standard-Bildschirm (4:3) zum HDTV-Bildschirm (16:9) bei gleicher Detailauflösung

Auflösung bei - also auch den Betrachtungsabstand von 2 m - und überträgt (bei gleichbleibender Detailauflösung) ein 5,3mal so großes Bildfeld. Für ein Farbbild-Beispiel ist in ***Bild 6.8b*** dargestellt, wie man das größere Bildfeld in einer HDTV-Wiedergabe sehen würde, während ***Bild 6.8a*** den bei gleicher Auflösung wesentlich kleineren Bildausschnitt auf einem Standard-TV-Empfänger wiedergibt. Dies verdeutlicht, welchen Gewinn an Information man durch den Übergang auf HDTV erreichen kann.

Der Vergleich von Bildschirmgrößen bei gleichem Betrachtungsabstand und damit gleicher Detailauflösung bedeutet nach *Bild 6.7*, daß der HDTV-Bildschirm wegen seiner zweifachen Zeilenzahl doppelt so hoch wie der Standard-TV-Schirm - also h = 2 × 0,5 = 1 m - gewählt werden muß. Damit ließe sich die gewünschte "Telepräsenz" wesentlich besser annähern, d.h. der Betrachter hat dann das Gefühl, in die Originalszene versetzt zu sein.

Die Telepräsenzwirkung wird bei HDTV noch unterstützt durch den Übergang auf das Breitbildformat 16:9 = 1,78 (gegenüber 4:3 = 1,33), denn das vom menschlichen Auge empfundene Gesichtsfeld ist in der Horizontalen wesentlich breiter als in der Höhe. An diese Eigenschaft

Bild 6.8: Vergleich Standard-TV (a) mit HDTV (b) bei gleicher Auflösung

paßt man sich mit dem 16:9-Schirm besser an, da mit dem Betrachtungsabstand von a = 2 m nach *Bild 6.7* ein größerer horizontaler Betrachtungswinkel von 50° verbunden ist. In der Filmtechnik hat man die besser an den Gesichtssinn angepaßte Breitbildtechnik ja schon in den 50er Jahren eingeführt [7]. Die beiden wichtigsten Breitwandfilm-Formate – der europäische Breitwandfilm mit 1,66:1 und der amerikanische Cinemascope-Film mit 2,35:1 [131] – lassen sich bei einer Filmübertragung im Fernsehen natürlich auf einem 16:9-Bildschirm wesentlich formatfüllender wiedergeben als auf einem 4:3-Bildschirm. Das zeigt der Vergleich in ***Bild 6.9*** sehr anschaulich. Diese Darstellung gilt selbstverständlich in gleicher Weise auch für die in Abschnitt 3.6 behandelte PALplus-Technik, die ja eine Breitbildübertragung (16:9) im Standard-TV-System vorsieht.

Der bei HDTV für die Erzielung einer "Telepräsenz" nach *Bild 6.7* erforderliche extrem große Bildschirm mit einer Höhe von h = 1 m und einer Diagonalen von d = 2 m (entsprechend 80") läßt sich nun aber mit einer Bildwiedergaberöhre nicht mehr realisieren. Der äußere Luftdruck auf einem so großen Vakuumgefäß würde extrem hohe Werte annehmen, so daß man äußerst dickes Glas verwenden müßte. Dies aber würde das Empfängergewicht unzumutbar erhöhen. Die bisherige Grenze liegt bei einem japanischen HDTV-Empfänger mit einer 40"-Röhre. Das entspricht einer Diagonalen von nur d = 1 m. Der Betrachtungsabstand a ist nach *Bild 6.7* gleich der Diagonalen d. Deshalb muß der Betrachtungsabstand jetzt auf a = 1 m reduziert werden, um die im 40"-HDTV-Bild enthaltene Auflösung auswerten zu können. Das Auge müßte hierbei aber zu stark fokussieren, so daß die Telepräsenz-Bedingung nicht

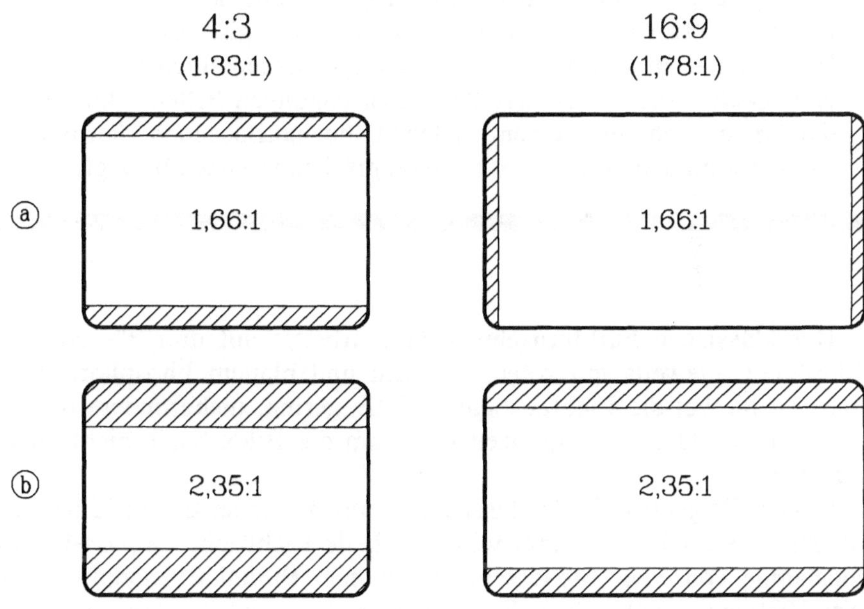

Bild 6.9: Vergleich der Bildschirmformate 4:3 (= 1,33:1) und 16:9 (= 1,78:1) bei Breitwandfilm-Wiedergabe
a) Europäischer Breitwandfilm (1,66:1)
b) Amerikanischer Cinemascope-Film (2,35:1)

mehr erfüllt wäre. Andererseits wiegt aber solch ein 40"-Empfänger bereits 85 kg, und man kann sich vorstellen, daß der nach *Bild 6.7* erwünschte 80"-Empfänger (2 m Diagonale) wegen seiner voluminösen und schweren Farbbildröhre kaum noch zu transportieren wäre.

Dies weist alles darauf hin, daß das Problem der für HDTV-Wiedergabe gewünschten Großbilddarstellung mit einer Diagonalen von wenigstens 2 m nur durch Projektionstechnik gelöst werden kann. ***Bild 6.10*** zeigt den Blick in einen Wohnraum mit HDTV-Projektion von einem an der Decke angebrachten Fernseh-Projektionsgerät. Auf einer Internationalen Funkausstellung Mitte der 80er Jahre wurden diese HDTV-Betrachtungsverhältnisse vom *Heinrich-Hertz-Institut (HHI)*, Berlin, den Besuchern demonstriert.

Technologischer Hintergrund

An HDTV-Projektoren wird seit Beginn der 80er Jahre in vielen Laboratorien gearbeitet. Aber bis Mitte der 90er Jahre ist es noch nicht gelungen, einen Farbfernsehprojektor mit der für Hochzeilen-Bilder erforderlichen hohen Auflösung bei gleichzeitig großer Helligkeit - vor allem aber auch zu einem akzeptablen Preis - zu entwickeln. Alle diesbezüglichen Anstrengungen ließen erkennen, daß man sich mit einem solchen hochauflösenden Fernseh-Projektor an den derzeitigen technologischen Grenzen bewegt.

Der klassische Farbfernsehprojektor arbeitet mit drei 7"- oder 9"-Bildröhren - jeweils mit rotem, grünem und blauem Phosphor. Allerdings ist hierbei die Lichtausbeute relativ gering, insbesondere da man auch den Strahlstrom begrenzen muß, um die Bildschärfe nicht zu reduzieren.

Hellere Projektionsbilder lassen sich mit der sogenannten "Lichtventiltechnik" erreichen. Hierbei wird das helle Licht einer Xenon-Projektionslampe von einer Steuerschicht mit dem Bildinhalt moduliert. Bereits 1939 entwickelte *Prof. Fritz Fischer* an der *ETH Zürich* den sogenannten "Eidophor"-Projektor. Das Licht der Xenon-Lampe wird hier von einem Schlierenraster - in Verbindung mit einer Barren-Optik (Schlitzblende) - gesteuert, das vom videomodulierten Kathodenstrahl auf einer Ölschicht geschrieben wird. Für eine Farbwiedergabe benötigt man drei Projektionseinheiten. Das ergibt eine voluminöse und sehr teuere Projektionseinrichtung, die von der Schweizer Firma *Gretag* her-

Bild 6.10: HDTV-Heimprojektion (*HHI, Berlin*)

gestellt wird, aber nur für große Veranstaltungssäle Bedeutung erlangen konnte, hierfür allerdings sehr helle und groß projizierte Bilder liefert.

Um dieses Prinzip für den Heimgebrauch geeignet zu machen - d.h. Umfang und Preis der Anlage wesentlich zu reduzieren - wurde von der amerikanischen Firma *General Electric* der "Talaria"-Projektor entwikkelt. Der kompakte Aufbau wird durch die Verwendung einer einzigen Röhre erreicht, was gleichzeitig den Vorteil hat, daß Konvergenzfehler der drei Farbanteile entfallen. Das *Heinrich-Hertz-Institut für Nachrichtentechnik (HHI)* in Berlin übernahm Anfang der 80er Jahre die Aufgabe, einen solchen Talaria-Projektor auf seine Eignung für HDTV-Anwendungen zu untersuchen [132]. Dies entwickelte sich zu einer schwierigen Aufgabe, da einerseits die Verformung der Ölschicht (viskose Flüssigkeit) durch den Kathodenstrahl erheblich verfeinert werden mußte, andererseits auch für die Barren-Optik eine wesentlich feinere Struktur benötigt wird.

Erschwert wird das Ganze noch dadurch, daß die Farbtrennung in der Einröhren-Anordnung nach einer Idee von *W. E. Glenn* durch eine Geschwindigkeitsmodulation des Kathodenstrahls mit unterschiedlichen Frequenzen (entsprechend den Farbanteilen) erfolgt, so daß auf der viskosen Steuerschicht (später ein visko-elastisches Silikon-Gel) Oberflächendeformationen in Form von gitterförmigen Strukturen verschiedener Ortsfrequenz für die Farbanteile entstehen (Frequenzmultiplex-Verfahren!). Da in der Barren-Optik (Schlitzblenden) verschiedene Streifenstrukturen enthalten sind, die mit ihren Gitterkonstanten an die Ortsfrequenzen der Farben Rot, Grün und Blau angepaßt sind, können durch optische Beugungseffekte diese drei Farben auf dem Projektionsschirm separat erzeugt werden [132].

Alle diese Strukturen müssen für eine HDTV-Anwendung des Talaria-Projektors verfeinert und damit an das Fernsehen hoher Auflösung angepaßt werden. Dieses größere Projekt wurde vom *HHI* unter der Leitung von *Prof. Gerhard Mahler* und mit Unterstützung des *Bundesministeriums für Forschung und Technologie (BMFT)* in den 80er Jahren intensiv bearbeitet [133].

Technologischer Hintergrund

Ziel der Weiterentwicklungen am Einröhren-Lichtventil-Projektor "Talaria" war die HDTV-Anpassung durch Verfeinerung der Abtastung, der Steuerschicht und der Schlitzblenden [134]. Daß dieses Ziel trotz größter Anstrengungen nicht erreicht werden konnte, macht deutlich, wie sehr man sich bei der Realisierung einer HDTV-Displaytechnik den physikalischen Grenzen nähert.

Andere Lösungswege für eine HDTV-Projektionstechnik lassen die gleiche Tendenz erkennen. So kam immer wieder die Idee auf, das HDTV-Projektionsproblem mit einer Lasertechnik zu lösen. Bereits 1968 wurde von der *NHK* in Japan ein Laser-Farbfernsehprojektor vorgeschlagen [135]. Zu Beginn der 90er Jahre wurde diese Idee von der deutschen Computerfirma *Schneider AG* in Türkheim wieder aufgegriffen, die ein Versuchsgerät ihres Laserprojektors kurz vor und dann auf der Internationalen Funkausstellung 1993 erstmals demonstrierte.

In [135] wird über diese Vorführung berichtet und die Gründe genannt, warum sich ein Laser-Farbfernsehprojektor bisher nicht einführen konnte. Da ist zunächst die mechanisch-optische Ablenktechnik, die mit allen ihren Unzulänglichkeiten bis zu den Anfängen der Fernsehtechnik zurückführt (Abschn. 1.3). Im Laserprojektor wird sie nun mit höchster mechanischer Präzision benötigt, was die Anordnung verteuert. Dann muß noch eine Lösung zur Vermeidung des für Laserwiedergabe typischen "Speckle"-Effektes – eine unruhige Granulation im Bild – gefunden werden. Schließlich wird es eine Kompaktausführung des Projektors erst dann geben, wenn an Stelle der aufwendigen Gaslaser leistungsstarke Halbleiter-Laser-Dioden zur Verfügung stehen, woran allerdings intensiv gearbeitet wird.

Große Chancen bei der Einführung einer Farbfernseh-Projektionstechnik eröffnen sich für den Lichtventilprojektor mit einer transparenten Flüssigkristallschicht (LCD = Liquid Crystal Display). Die Technologie ist ähnlich wie bei den LC-Displays für die Aufsicht-Bildwiedergabe [136]. Alle Pixel werden hierbei über eine Aktivmatrix mit Dünnschicht-Feldeffekt-Transistoren angesteuert. Bei Farbdisplays wird noch eine Farbfilterstruktur (meist in Mosaikform) auf das LC-Panel aufgebracht.

LCD-Farbprojektoren für den Heimgebrauch gibt es seit der Internationalen Funkausstellung 1995 in sehr kompakter Form (z.B. von den japanischen Firmen *Sharp* und *Sony*) für das Standard-TV-System in ausreichender Qualität. Die LCD-Panels haben dabei rund 300 000 Pixel, d.h. 100 000 RGB-Einheiten bei einer Panel-Diagonalen von 9 cm. Bei 16 cm Diagonale erreicht man sogar rund 900 000 Pixel, also 300 000 RGB-Einheiten. Nach den Pixel-Abschätzungen für die Bildsensoren nach Abschnitt 6.3 entsprechen 300 000 Pixel zwar der Gesamt-Pixelzahl beim 625-Zeilen-System, doch kann man Aliasfehler (Interferenzen mit der Pixelstruktur) nur vermeiden, wenn 300 000 × 1,5 = 450 000 RGB-Einheiten zur Verfügung gestellt werden. Hier bedarf es also noch einer Verfeinerung der Herstellungstechnologie, denn noch größer als 16 cm wird man das LCD-Panel nicht machen können, da dann zu große optische Probleme im Strahlengang auftreten.

Bei einem HDTV-Lichtventilprojektor würde man nach den Abschätzungen in Abschnitt 6.3 für das LCD-Panel insgesamt 2,4 Mill. Pixel (RGB-Einheiten) benötigen, um ein so gut wie aliasfreies HDTV-Bild zu erzeugen und damit die gehobenen Ansprüche eines Hochzeilen-Farbfernsehsystems zu erfüllen. Dies liegt mit Sicherheit noch außerhalb des technologisch Realisierbaren. Auf jeden Fall wird man aber zu drei getrennten Projektionseinheiten übergehen, wie das in ***Bild 6.11*** dargestellt ist. Die Strahlenteilung erfolgt hier (wie auch in Farbkameras nach *Bild 1.14* üblich) mit dichroitischen Spiegeln. In den dadurch entstehenden drei Strahlengängen für das Grün-, Blau-, Rot-Bild erfolgt die Lichtmodulation mit drei separaten LC-Lichtventilen. Anschließend werden die drei Strahlengänge mit halbdurchlässigen Spiegeln wieder zusammengeführt.

Dieser bereits 1991 von der *Sharp Corporation* vorgestellte HDTV-Projektor arbeitet nach [137] mit 1,2 Mill. Pixel je LCD-Panel, was nach Abschnitt 6.3 der absoluten Pixelzahl für ein 1250-Zeilen-Bild im Format 4:3 entspricht, also das Vierfache der Gesamt-Pixelzahl des 625-Zeilen-Bildes beträgt (300 000 × 4 = 1,2 Mill. Pixel). Für ein aliasfreies HDTV-Bild wären nach Abschnitt 6.3 allerdings 1,2 Mill. × 1,5 = 1,8 Mill. Pixel und für ein 16:9-Bild in HDTV-

Norm 1,8 Mill. × 4/3 = 2,4 Mill. Pixel erforderlich. Für die Erzielung eines projizierten HDTV-Bildes mit der geforderten hohen Qualität müßte also noch eine beträchtliche Erhöhung der Pixelzahl auf den drei LCD-Panel erfolgen.

Die technologischen Grenzen einer weiteren Pixel-Erhöhung zeigen sich jedoch sehr schnell, wenn man bedenkt, daß die Lichtdurchlässigkeit eines LCD-Panels mit zunehmender Pixeldichte geringer wird.

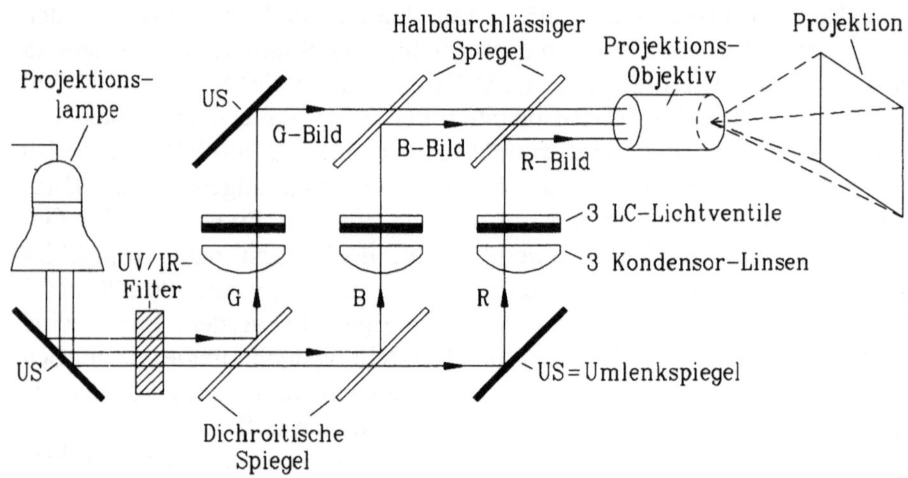

Bild 6.11: Projektions-Farbfernsehempfänger mit 3 LC-Lichtventilen

Etwa 60 % des Lichtes wird absorbiert und in Wärme umgesetzt. Will man das durch eine lichtstärkere Projektorlampe ausgleichen, besteht die Gefahr, daß die LCD-Panel zerstört werden. Hier sind also dem LCD-Lichtventilprojektor für die HDTV-Anwendung technologische Grenzen gesetzt.

Ein neues Lichtventil-Projektionsprinzip, das die Kooperation der amerikanischen Firma *Hughes Aircraft* und der japanischen Firma *JVC* gemeinsam in ein Projektionsgerät umsetzen will, fand deshalb 1993 großes Interesse [138]. Das Licht der Projektorlampe muß hierbei nicht mehr das LCD-Panel passieren, es wird vielmehr an der LCD-Schicht reflektiert. Auf die Rückseite der LCD-Schicht wird das Bild einer Fernseh-Bildröhre projiziert. Diese Helligkeitsverteilung verändert den Widerstand des Photosensors, so daß das auf der Vorderseite auftreffende Licht der Projektorlampe mehr oder weniger stark reflektiert wird.

Das reflektierte Licht ist sozusagen mit dem Fernsehbild moduliert und kann ein sehr helles Projektionsbild erzeugen. Entscheidend ist, daß bei diesem neuen Prinzip sich die LCD-Schicht als Festkörperfilm darstellt und somit keine störende Pixelstruktur aufweist. Die Auflösung wird also nicht mehr durch die Pixelstruktur begrenzt. Auch die Erwärmung des LCD-Panels entfällt jetzt weitgehend, so daß mit wesentlich mehr Licht projiziert werden kann. Allerdings sind hier nach [138] drei getrennte Projektionseinheiten (wie beim Röhrenprojektor) für Rot, Grün und Blau erforderlich, was den HDTV-Projektor wieder teurer werden läßt.

Ein weiteres neues Prinzip macht seit etwa 1993 von sich reden. Es arbeitet ebenfalls mit einer Spiegelanordnung. Doch die Bezeichnung "Digital Micromirror Device" (DMD) weist darauf hin, daß hier für jedes Pixel ein 16×16 µm großes Spiegelchen verwendet wird, das infolge einer Schwenkbewegung das Licht des betreffenden Bildpunktes ein- und ausschalten kann. Durch wechselnde Tastverhältnisse kann die Pixel-Helligkeit verändert werden (Pulslängen-Modulation) [139]. Die drei Farbanteile werden bildsequentiell mit einem Farbfilterrad im Lichtweg der Projektorlampe erzeugt, was den Nachteil des Farbausbrechens bei schnellen Bewegungen des Bildinhaltes mit sich bringt. Man versucht, dies durch eine Verdopplung der Filtersektoren zu reduzieren [139].

Die Firma *Texas Instruments* in Northampton, England, hat einen ersten Chip mit 848×600 Pixel für das Standard-Fernsehen kommerziell gefertigt. Eine Prototyp-Version mit 2048×1152 Pixel für HDTV soll existieren. Da aber die Mikro-Spiegel aus technologischen Gründen nicht noch weiter verkleinert werden können, muß der DMD-Chip für HDTV größer gewählt werden, was die Produktion offenbar wesentlich verteuert und den Strahlengang im Projektor komplizierter werden läßt. Über die Ausfallrate von einzelnen Pixeln werden keine Angaben gemacht. Sie schlagen aber beim Herstellungspreis des DMD-Chips sehr zu Buch. Bestechend an diesem Prinzip ist jedoch, daß der Reflexionsfaktor besser als 80 % ist und somit auch bei höherer Lichtleistung keine Erwärmungsgefahr besteht. Man setzt daher große Hoffnungen auf dieses DMD-Display.

Diese weitgehend ungeklärte Displayfrage hat sehr dazu beigetragen, daß die in den 80er Jahren mit viel Schwung begonnene europäische HDTV-Entwicklung von der digitalen Fernsehsystem-Planung zunächst einmal zurückgedrängt wurde. Wenn aber erst einmal die digitale Mehrfachausnutzung der Fernsehkanäle etabliert ist, wird man sich an die doch faszinierende Qualitätssteigerung eines Hochzeilen-Fernsehens

(Telepräsenz!) erinnern und dann sicher auch die bei der HDTV-Displaytechnik noch bestehenden Technologiegrenzen überwinden. Daß man bei den Planungen von digitalen Fernsehsystemen die HDTV-Technik nicht ganz vergessen hat, das zeigen die beiden nun folgenden letzten Kapitel dieses Buches.

Technologischer Hintergrund

Die ständige Suche nach neuen Prinzipien für die Entwicklung eines – hinsichtlich Auflösung, Freiheit von Störstruktur, Lichtstärke und akzeptablem Preis – optimalen HDTV-Projektors zeigt noch einmal deutlich, daß man hinsichtlich der Displayseite des Hochzeilen-Fernsehens in die Nähe der physikalisch-technologischen Grenzen gekommen ist.

7 Von der analogen zur digitalen TV-Satellitenübertragungstechnik – ein Beispiel für den Technologiewandel

Während für die terrestrische Verteilung von Fernsehsendungen ein umfangreiches Sendernetz benötigt wird (*siehe Bild 8.10a* im letzten Kapitel 8), kann mit der Fernsehverteilung über Satelliten ein großes Gebiet mit einem einzigen Sender versorgt werden, worin auch - als besonderer Vorteil - besiedelte Täler mit einzubeziehen sind. Für dieses "Direct Broadcasting Satellite" (DBS) wurden bereits 1977 auf einer "World Administrative Radio Conference" (WARC) die Spezifikationen zusammengestellt [140].

Bild 7.1 zeigt, daß außer dieser Direktverteilung der Fernsehsignale vom Satelliten zum hauseigenen Empfang auch eine Einspeisung in das Kabelnetz über die sogenannte "Kabel-Kopfstation" (auch "Rundfunk-Empfangsstelle" genannt) oder in eine "Groß-Gemeinschafts-Anlage" (GGA) vorgesehen ist. Details über diese Satelliten-Verteiltechnik finden sich in [140] und in [3, Abschn. 3.6]. Grundlage ist bisher die Analogtechnik. Von Bedeutung war hierbei die Entscheidung für eine frequenzmodulierte Übertragung, da sie wesentlich störsicherer ist als die bei terrestrischer Analogübertragung von Fernsehsignalen verwendete Amplitudenmodulation. Dadurch kann bei gleichem Störabstand die notwendige Sendeleistung auf etwa 1/10 reduziert werden, was für den Bau und Betrieb eines Satelliten von außerordentlicher Bedeutung ist [140].

7.1 Transponder-Bandbreiten

Die frequenzmodulierte Übertragung hat allerdings einen größeren Bandbreitebedarf als die Amplitudenmodulation. Dieser läßt sich nach der *Carson*-Formel [65, Abschn. 8.3.2] abschätzen:

$$B = 2\,(\Delta F + f_{gr}) \tag{7.1}$$

mit f_{gr} = Videobandbreite
$\Delta F = \Delta F_{ss}/2$ = Frequenzhub
ΔF_{ss} = ΔF bezogen auf den Spitze-Spitze-Wert des Videosignals.

Die Videobandbreite f_{gr} wurde für die Satellitenübertragung bewußt von 5 MHz auf 8 MHz erweitert, was bei Komponentenübertragungen – wie z.B. beim MAC-Verfahren nach Abschnitt 4.3 – genutzt werden kann, wie *Bild 4.7b* erkennen läßt. Je größer der Frequenzhub ΔF gewählt wird, um so besser wird der Störabstand. Der Preis hierfür ist die nach Gleichung (7.1) erhöhte Trägerfrequenz-Bandbreite B, was wiederum den Störabstand verschlechtert. Ein guter Kompromiß liegt bei $\Delta F \approx f_{gr}$ = 8 MHz. Damit wäre der zu wählende Spitze-Spitze-Hub $\Delta F_{ss} = 2 \cdot \Delta F = 2 \cdot f_{gr}$ = 16 MHz und die Hochfrequenzbandbreite:

$$B \approx 4\,f_{gr} = 32\ \text{MHz}. \tag{7.2}$$

Tatsächlich liegen nach [141,Abschn. 4.2.2] der gewählte Frequenzhub für die verschiedenen Fernsehsatelliten im Bereich ΔF_{ss} = 13...25 MHz und die Transponder-Bandbreiten B zwischen 27 MHz und 36 MHz.

7.2 Digitale Modulationsverfahren

Welcher digitale Datenfluß in der zur Verfügung stehenden Transponder-Bandbreite von mindestens 27 MHz untergebracht werden kann, hängt ganz wesentlich von dem gewählten digitalen Modulationsverfahren ab. Es folgt hier zunächst eine allgemeine Betrachtung dieser Modulationstechnik, wie sie in verschiedenen Varianten bei der digitalen Satelliten- und Kabelübertragung verwendet wird. Wegen der Störsicherheit kommen nur Verfahren mit "Quadratur-Phasenumtastung" ("Quadrature Phase Shift Keying", QPSK) sowie "Quadratur-Amplitudenmodulation" (QAM) in Frage. Sie werden z.B. in [143; 142, Kap. 7] ausführlich beschrieben und auch der in den USA für die digitale Fernsehübertragung (über Kabel- und terrestrische Netze) genutzten

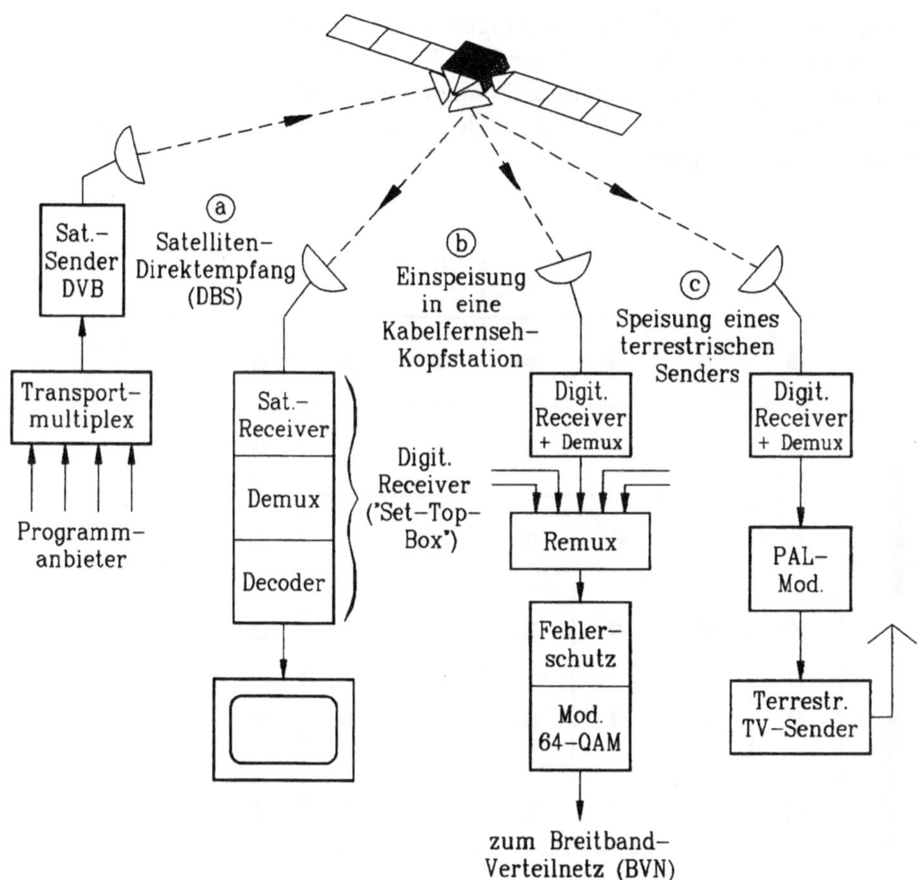

Bild 7.1: Verteilung von DVB-Fernsehsignalen über TV-Satelliten zum Zwecke des Direktempfangs (a), Kabeleinspeisung (b) und terrestrische Ausstrahlung in PAL (c)

"Digitalen Restseitenband-Amplitudenmodulation" (RSB-AM) gegenübergestellt, die dabei allerdings bezüglich der Störbeeinflussung schlechter abschneidet.

In dem Diagramm von ***Bild 7.2*** sind die verschiedenen QPSK- und QAM-Verfahren mit den unterschiedlichen Phasen- und Pegelwerten in einem sogenannten "Signalraum" (= komplexe Ebene des Trägersignals $\underline{C}$) zusammengestellt. Von 4- bis 64-QAM kommen danach immer mehr Phasen- und Amplitudenentscheidungen hinzu. Der Datenfluß verteilt sich deshalb auf die Gesamtzahl der Entscheidungen, so daß der

Bandbreitebedarf entsprechend reduziert wird. So können z.B. bei einer 16-QAM die $16 = 2^4$ Entscheidungen durch 4 bit beschrieben werden, d.h. man benötigt jetzt nur ¼ der Bandbreite; oder – zweckmäßiger ausgedrückt – pro Hz Bandbreite können jetzt 4 bit übertragen werden. Man nennt diese 4 bit/s/Hz die "Übertragungseffizienz" des digitalen Modulationsverfahrens.

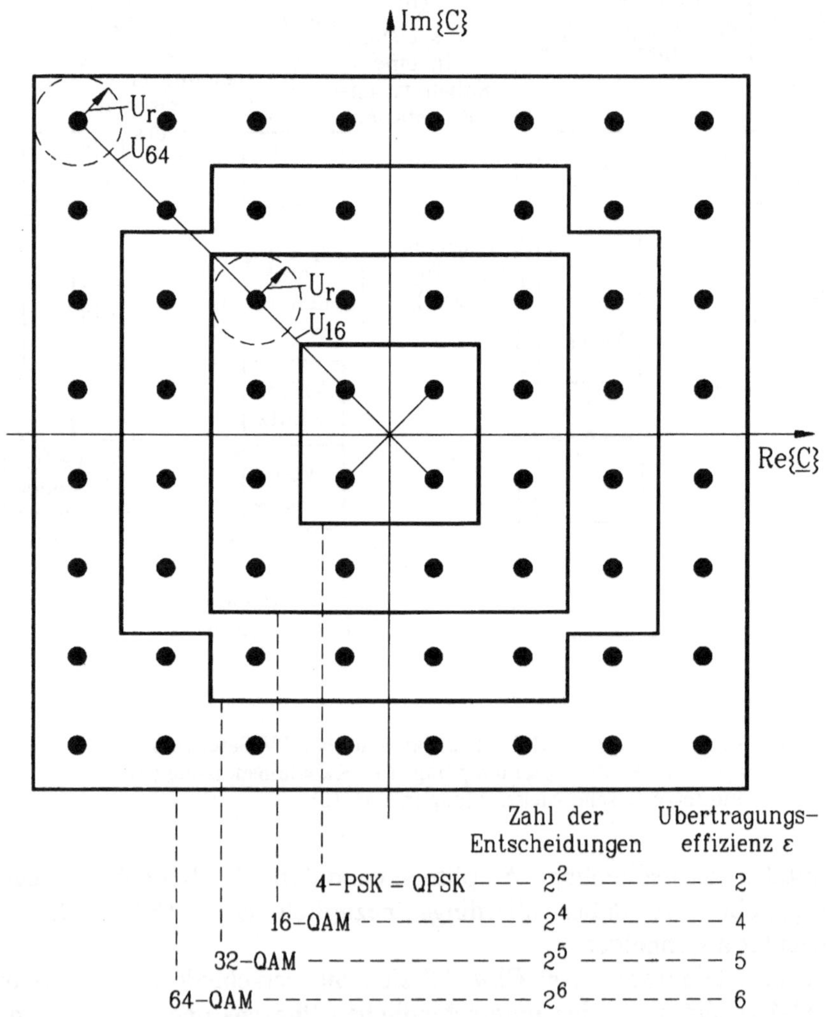

Bild 7.2: Komplexe Ebene des Trägersignals mit Darstellung der Phasen- und Amplituden-Entscheidungen für vier digitale Modulationsarten

Aus *Bild 7.2* ist weiterhin abzulesen, daß die überlagerte Rauschspannung U_r gerade die Größe einer Entscheidungsschwelle annehmen darf. Bezogen auf gleiche Trägerspannung ist dann bei der 64-QAM eine kleinere Rauschspannung zulässig, also ein größerer Störabstand erforderlich, als z.B. bei einer 16-QAM. Das zeigt dann auch zahlenmäßig der aus [142, Abschn. 10.5] entnommene Zusammenhang zwischen der Übertragungseffizienz ε [bit/s/Hz] und dem gerade noch zulässigen Träger-Störabstand C/N [dB], der in ***Bild 7.3*** dargestellt ist. Man erkennt, daß digitale Modulationsverfahren mit einer hohen Übertragungseffizienz (große Zahl von Entscheidungsstufen!) nur bei Übertragungskanälen mit guten Störabständen verwendet werden dürfen.

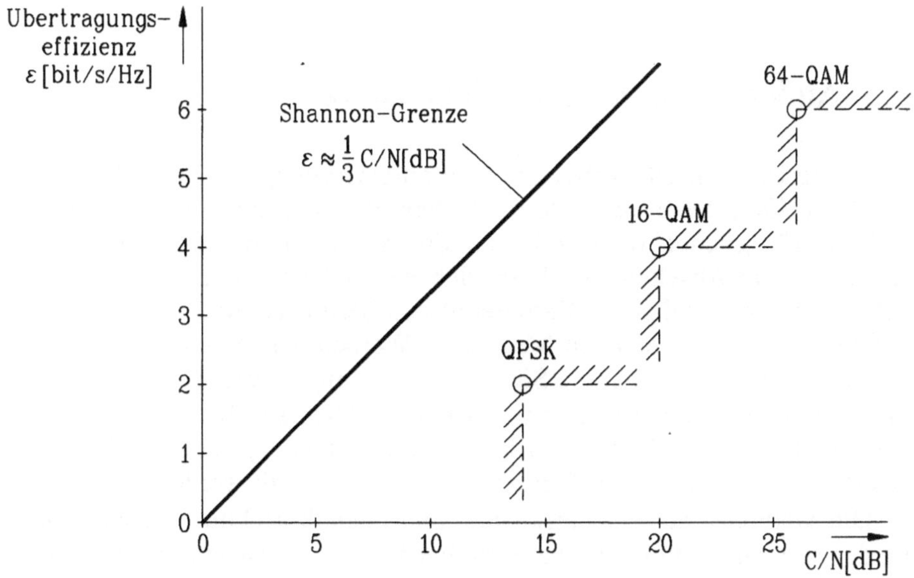

Bild 7.3: Maximale Übertragungseffizienz und erforderlicher Mindest-Störabstand im Trägersignal für drei digitale Modulationsarten

Nun hat aber der Satellitenkanal wegen geringer Senderleistung (sparsame Energiebilanz) und großer Streckendämpfung [140] in ungünstigen Fällen einen relativ schlechten Störabstand. Ein Träger-Störabstand von nur 14 dB ist dabei durchaus realistisch. Nach *Bild 7.3* muß deshalb die nur wenig störempfindliche Modulationsart QPSK (=

4-PSK) gewählt werden. Sie weist eine Übertragungseffizienz von ε = 2 bit/s/Hz auf. Bei einer Transponder-Bandbreite von 27,5 MHz könnte damit bei digitaler Übertragung über den Satelliten in einem bisherigen analogen Fernsehkanal ein Brutto-Datenfluß (= Brutto-"Bitrate")

$$\dot{H}_b' = B \cdot \varepsilon = 27{,}5 \text{ MHz} \cdot 2 \text{ bit/s/Hz} = 55 \text{ Mbit/s} \qquad (7.3)$$

übermittelt werden.

Ein weiterer Grund, warum bei der Satellitenübertragung die QPSK verwendet wird, ist die Tatsache, daß es sich hier um ein reines Phasenmodulationsverfahren handelt. Die fehlende Amplitudenmodulation macht dieses Verfahren besonders geeignet für die Aussteuerung der nichtlinearen Kennlinie einer Wanderfeldröhre, wie sie im Transponder üblicherweise verwendet wird.

7.3 Äußerer und innerer Fehlerschutz

Voraussetzung für eine effiziente Digitalübertragung des Fernsehsignals ist die in Kapitel 5 dargestellte Datenreduktion, die auch "Quellencodierung" genannt wird. Für die digitale Fernsehübertragung wird speziell die in Abschnitt 5.5 beschriebene "Hybrid-Codierung" verwendet. Die hierbei realisierte Datenreduktion beruht zu einem großen Teil auf redundanzreduzierenden Methoden. Werden dem Signal aber durch eine Redundanzreduktion die Signalwiederholungen entzogen, dann wird es störempfindlicher. In der anschließenden "Kanalcodierung" muß daher durch gezielten Zusatz von Redundanz – dem sogenannten "Fehlerschutz" – die störungsfreie Übertragung sichergestellt werden.

Die Methoden der Fehlererkenung und Fehlerkorrektur – insbesondere der bei einer digitalen Fernsehübertragung verwendeten "Forward Error Correction" (FEC) sind in [142, Kap. 6] ausführlich dargestellt. Aber bereits in einer der ersten Veröffentlichungen von *U. Reimers* über die digitale Satellitenübertragung von Fernsehsignalen [144] finden sich grundlegende Zusammenhänge über die international vereinbarten Fehlerschutzmethoden. Das hieraus entnommene ***Bild 7.4*** zeigt im digitalen Coder der Senderseite die Anordnung eines "äußeren" (in Richtung Quelle liegenden) und eines "inneren" (in Richtung Antenne liegenden) Fehlerschutzes.

Technologischer Hintergrund

Die Quellencodierung mit hohem Datenreduktionsfaktor, wie sie für das digitale Fernsehen eine unabdingbare Voraussetzung ist, entzieht dem Fernsehsignal so viel Redundanz, daß ein äußerst wirkungsvoller Fehlerschutz benötigt wird. Auf diesem Gebiet wurden in den letzten Jahren entscheidende Fortschritte erzielt, die jedoch zu sehr komplexen und aufwendigen Schaltungsstrukturen führen (*Reed-Solomon*-Code, Faltungs-Codes mit *Viterbi*-Algorithmen). Erst durch moderne hochintegrierte Schaltkreise konnten preisgünstige und kompakte Lösungen für den hohen Fehlerschutz des Digitalen Fernsehens zur Verfügung gestellt werden.

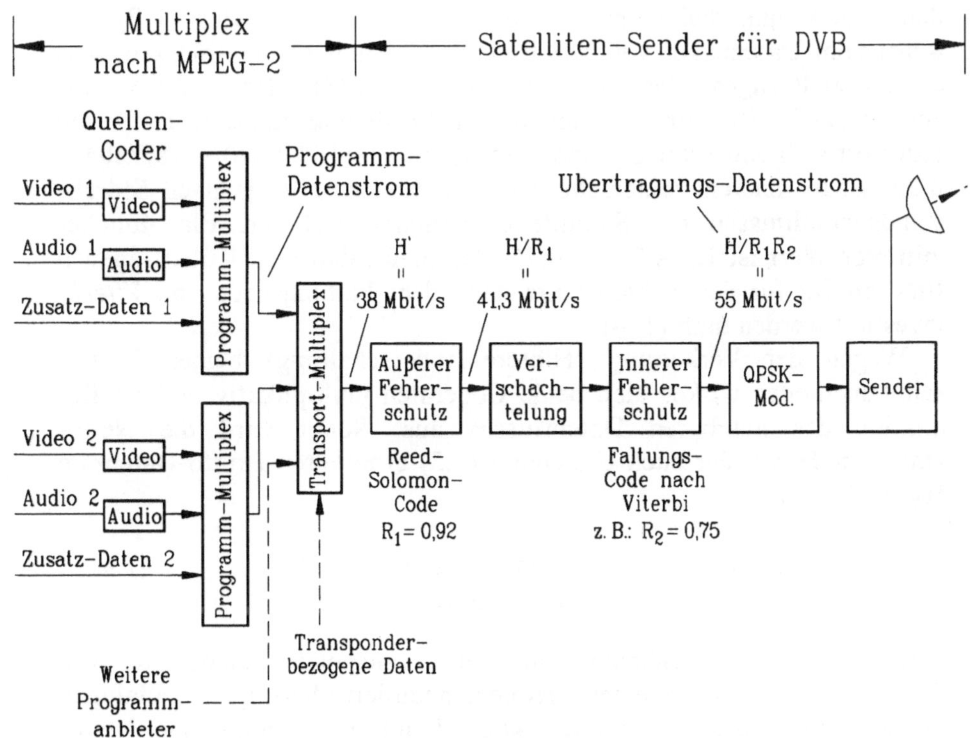

Bild 7.4: Programm- und Transport-Multiplex verschiedener Programmquellen nach MPEG-2 und Aufbereitung des DVB-Signals für eine Satelliten-Übertragung (am Beispiel der Transponder-Bandbreite 36 MHz)

Bei der "Vorwärts-Fehlerkorrektur" (FEC) sind also zwei unterschiedliche Verfahren hintereinandergeschaltet ("verkettet"). Der äußere Fehlerschutz übernimmt dabei die primäre Aufgabe, die Fehlerkorrektur im Decoder bis zu einer restlichen Bitfehlerrate ("Bit Error Rate" = BER) von $1 \cdot 10^{-11}$ durchzuführen. Da dies etwa einem fehlerhaften Bit pro Stunde entspricht, kann die Digitalübertragung dann als praktisch fehlerfrei angesehen werden. Dies wird nach [144] mit einer *Reed-Solomon*-Decodierung im Empfänger erreicht. Die Voraussetzung hierfür ist allerdings, daß am Eingang des *Reed-Solomon*-Decoders nur Fehlerraten bis zu $2 \cdot 10^{-4}$ auftreten. Der innere Fehlerschutz hat die Aufgabe, je nach vorliegenden Übertragungsverhältnissen (mit verschiedenen Störabständen) eine Zusatz-Fehlerkorrektur derart durchzuführen, daß am Eingang des *Reed-Solomon*-Decoders die erforderliche Fehlerrate von mindestens $2 \cdot 10^{-4}$ auftritt. Dazu wird beim inneren Fehlerschutz ein Faltungscode nach *Viterbi* verwendet.

Für den in *Bild 7.4* dargestellten digitalen Coder der Senderseite bedeutet dies nun, daß beim äußeren Fehlerschutz 16 Bytes (1 Byte = 8 bit) zum Datenpaket von 188 Byte hinzugefügt werden müssen, was einer gezielt zugesetzten Redundanz von $(16/188) \cdot 100 = 8{,}5\ \%$ entspricht [144]. Die für Nutzsignale zur Verfügung stehende Datenrate reduziert sich dabei um die Coderate $R_1 = 188/(188 + 16) = 188/204 = 0{,}92$. Beim inneren Fehlerschutz ist die Coderate R_2 je nach Störabstandsverhältnissen der Satellitenübertragung wählbar. Ein üblicher mittlerer Wert ist $R_2 = 3/4 = 0{,}75$, das heißt, daß von 4 übertragenen Bits ein Bit für den Fehlerschutz nach dem Faltungscode von *Viterbi* investiert werden muß [144].

Wegen der Verkettung (Hintereinanderschaltung) beider Fehlerschutzmethoden wirken sich beide Coderaten multiplikativ auf die Reduktion des nutzbaren Datenflusses aus. Somit wird die Netto-Datenrate H' mit der nach Gleichung (7.3) ermittelten Brutto-Datenrate $H'_b = 55$ Mbit/s:

$$H' = H'_b \cdot R_1 \cdot R_2 = 55\ \text{Mbit/s} \cdot 0{,}92 \cdot 0{,}75 \approx 38\ \text{Mbit/s}. \tag{7.4}$$

Über einen Satellitenkanal mit der Transponder-Bandbreite von 27 MHz, die bisher von einem frequenzmoduliert übertragenen analogen Fernsehsignal ausgefüllt wurde, kann damit also digital eine Netto-Datenrate (Nutz-Datenrate unter Abzug der für den Fehlerschutz notwendigen Bytes) von 38 Mbit/s übermittelt werden.

7.4 Vorteile einer digitalen Satelliten-TV-Übertragung

Am Ende von Abschnitt 5.5 wurde gezeigt, daß mit einer Hybrid-Codierung die Möglichkeit besteht, ein hochqualitatives Komponentensignal ("Enhanced Definition Television" = EDTV) auf eine Datenrate von 9 Mbit/s zu reduzieren. Zahlreiche Versuche verschiedener internationaler Forschungsgruppen – insbesondere durch Simulationen der Datenreduktionsmethoden mit Bildsequenzanlagen – ließen für den Zusammenhang Datenrate und Bildqualität die Erkenntnis aufkommen, daß

- für EDTV (Enhanced Definition) : 8-9 Mbit/s (Komponenten-Qualität)
- für SDTV (Standard Definition) : 4-6 Mbit/s (PAL-Qualität)
- für LDTV (Limited Definition) : 1-2 Mbit/s (VHS-Qualität)

als reduzierter Datenfluß ausreichend sind [145]. Damit ließen sich über den digitalen Satellitenkanal, der bisher nur ein einziges analoges Fernsehsignal übermittelte, bei digitaler Fernsehtechnik mit dem Datenfluß 38 Mbit/s nach Gleichung (7.4):

- $\frac{38\ \text{Mbit/s}}{9\ \text{Mbit/s}} \rightarrow$ 4 TV-Kanäle in EDTV-Qualität
- $\frac{38\ \text{Mbit/s}}{4{,}5\ \text{Mbit/s}} \rightarrow$ 8 TV-Kanäle in SDTV-Qualität
- $\frac{38\ \text{Mbit/s}}{2\ \text{Mbit/s}} \rightarrow$ 19 TV-Kanäle in LDTV-Qualität

in Zeitmultiplex-Technik gleichzeitig übertragen.

Hier zeigt sich eindrucksvoll die enorme Leistungssteigerung der digitalen Übertragungstechnik, die auf eine wesentlich bessere Ausnutzung der Kanalkapazitäten hinausläuft. Damit würden sich die Kosten pro Satellitenkanal reduzieren. Das erklärt, warum vor allem die Satellitenbetreiber-Gesellschaften an dieser ersten Anwendung des digitalen Fernsehens so besonders interessiert sind.

Ein weiterer großer Vorteil der digitalen Übertragungstechnik ist, daß sich Fernsehprogramme mit unterschiedlichen Datenraten, die mit jeweiliger Qualität an die verschiedenen Programmarten (z.B. News,

Sport, Show) angepaßt sein können, in Zeitmultiplextechnik beliebig miteinander kombinieren lassen. Ein Teil des Gesamt-Datenflusses von 38 Mbit/s kann auch mit reinen Audioprogrammen belegt werden und/oder mit Datenkanälen für Zusatzdienste und Service-Informationen (z.B. Senderkennung, Programm-Kennung usw.). *Bild 7.4* zeigt die hierzu erforderliche Multiplexbildung der einzelnen Programmteile Video, Audio, Daten im "Programm-Multiplexer" zum Programm-Datenstrom ("program stream"). Die von den verschiedenen Programmanbietern kommenden Programm-Datenströme werden dann in einem nachfolgenden "Transport-Multiplexer" zum Übertragungs-Datenstrom ("transport stream") mit 38 Mbit/s vereinigt [144].

Quellencodierung und Multiplexbildung in *Bild 7.4* waren bereits im November 1993 vom "Technical Modul" des "Digital Video Broadcast" (DVB)-Projektes (siehe Abschn. 8.6) unter der Leitung von *U. Reimers* [146] als Spezifikation für eine europäische Normung des Digitalen Fernsehens festgelegt worden. Dabei erfolgte eine weitestgehende Anlehnung an das System MPEG-2. Die "Motion Pictures Experts Group" (MPEG) ist ein von der *ISO (International Organization for Standardization)* und *IEC (International Electrotechnical Commission)* 1988 eingesetztes internationales Gremium zur Erarbeitung von weltweit gültigen Normen für die computergerechte Aufbereitung und Verarbeitung von digitalen Videosignalen und zugehörigen Audiosignalen. In Anlehnung an das System JPEG der "Joint Photographic Expert Group", die eine Digitalnorm für ruhende Bilder erarbeitete, und nach dem System MPEG-1, das sich auf die computergerechte Verarbeitung von progressiv abgetasteten Bewegtbildern bezog, konnte mit MPEG-2 eine an die Fernsehübertragung optimal angepaßte digitale Bewegtbildnorm vorgelegt werden, die inzwischen weltweit für das digitale Fernsehen verwendet wird [147-150].

Für den Satellitenkanal mit seinem typischen Datenstrom von 38 Mbit/s (nach Gleichung 7.4) wurde von *U. Reimers* und der von ihm geleiteten Technical-Modul-Gruppe des DVB-Projektes der Begriff des "Datencontainers" geprägt [146]. Damit wird die universelle Belegbarkeit der in einem Satellitenkanal unterzubringenden 38 Mbit/s mit digitalen Video- und Audio- sowie Zusatz-Daten verschiedener Datenraten (und somit Qualitätsstufen) dokumentiert. Da in einem Fernsehsatelliten üblicherweise 18 Kanäle zur Verfügung stehen, ergibt sich ein Gesamt-Datenstrom von $38\ \text{Mbit/s} \cdot 18 = 684\ \text{Mbit/s}$, der für die vielfältigsten digitalen Video- und Audio-Übertragungen vom Satelliten zum Teilnehmer genutzt werden kann. Beispielsweise ließen sich dann über einen Fernsehsatelliten übertragen:

- $\frac{684 \text{ Mbit/s}}{9 \text{ Mbit/s}} = 76 \rightarrow 72$ (= 18×4) TV-Kanäle in EDTV-Qualität (entspricht Komponenten-Übertragung)

- $\frac{684 \text{ Mbit/s}}{4{,}5 \text{ Mbit/s}} = 152 \rightarrow 144$ (=18×8) TV-Kanäle in SDTV-Qualität (entspricht PAL-Übertragung)

- $\frac{684 \text{ Mbit/s}}{2 \text{ Mbit/s}} = 342 \rightarrow 342$ (=18×19) TV-Kanäle in LDTV-Qualität (entspricht Video-Heimrecorder).

Die Tatsache, daß über einen einzigen Fernsehsatelliten bei digitaler Übertragung 144 TV-Kanäle in PAL-Qualität empfangen werden können, löste bei den Mediengestaltern eine Innovationswelle aus. Der Ideenreichtum wurde insbesondere dadurch befruchtet, daß Möglichkeiten der Programmbeeinflussung über einen Rückkanal gefunden wurden, so daß man sogenannte "Interaktive Techniken" anwenden konnte. Die Kombinationsmöglichkeiten einer digitalen Fernsehtechnik mit anderen digitalen Diensten - meist noch unter Einbeziehung von "Personal Computern" - führte zu der anspruchsvollen Bezeichnung "Multimedia". Näheres hierzu wird im späteren Abschnitt 7.9 behandelt. Die Vorteile der digitalen Satelliten-TV-Übertragung seien hier aber noch einmal kurz zusammengestellt [142, Abschn. 1.3]:

- Digitales Satelliten-Fernsehen nach der DVB (Digital Video Broadcasting)-Spezifikation vervielfacht die Kanalzahl.
- Video-, Audio- und Zusatz-Daten für die verschiedensten Dienste lassen sich in den Satelliten-Kanälen beliebig kombinieren.
- Verschlüsselungstechniken für interaktive Videodienste lassen sich sehr zweckmäßig realisieren.
- Die digitalen Fernsehsignale lassen sich mit anderen digitalen Diensten kombinieren ("Multimedia") und insbesondere in die Welt der "Personal Computer" (PC) integrieren.

Technologischer Hintergrund

Der Übergang von einer analogen zur digitalen Fernseh-Satelliten-Übertragungstechnik nach den Spezifikationen des "Digital Video Broadcasting" (DVB) verbessert in hohem Maße die Kanaleffizienz. Die Vervielfachung der Kanalzahl hat mit dem Beginn der 90er Jahre eine Flut von Innovationen ausgelöst, die zu völlig neuen Dimensionen des Mediums Fernsehen sowie zu einer Integration mit anderen digitalen Diensten ("Multimedia") und der Computerwelt führen werden. – Ausgelöst wurde dies aber durch die Revolution in der Datenreduktion bei der "Quellencodierung" (Abschn. 5.5) und im Fehlerschutz bei der "Kanalcodierung" (Abschn. 7.3), die sich wiederum zu Beginn der 90er Jahre nur realisieren ließen durch den gewaltigen Technologiesprung der hochintegrierten Halbleitertechnik, insbesondere durch die wesentliche Erhöhung der Verarbeitungsgeschwindigkeit (Abschn. 6.1). Dies ist ein hochaktueller Beweis im Sinne des Buchtitels, wie durch einen Technologiewandel eindrucksvolle Innovationssprünge in der Fernsehtechnik – und sogar in der gesamten Kommunikationsbranche – hervorgerufen werden können.

7.5 Digitale Weiterverteilung über ein Kabelfernsehnetz

Eine besonders ökonomische Fernsehverteilung ergibt sich, wenn nach *Bild 7.1b* das Signal über einen Fernsehsatelliten in der Kabelfernseh-Kopfstation ("Rundfunk-Empfangsstelle") empfangen und über das Kabelfernsehnetz ("Breitband-Verteilnetz", BVN) zu den Teilnehmern übertragen wird. Welche Programme allerdings tatsächlich über das Kabelnetz übertragen werden, hängt zum einen vom Kabelbetreiber und zum anderen von der Zulassung durch die Landesmedienanstalt ab [144]. Deshalb folgt nach *Bild 7.1b* unmittelbar auf den "Digitalen Receiver" eine Remultiplexer-Einrichtung "Remux", wo die Fernsehprogramme neu zusammengestellt und anschließend über einen an das Kabel angepaßten Fehlerschutz und Modulator in das Kabelfernsehnetz eingespeist werden.

Die etwas volkstümlichere Bezeichnung "Kabelfernsehnetz" wurde von den Fachleuten in "Breitband-Kabelnetz" (BK-Netz) umgewandelt und wird heute von der Telekom "Breitband-Verteilnetz" (BVN) genannt [151], da über dieses Netz außer Fernsehen natürlich auch andere

Dienste (z.B. Hörrundfunk) übertragen werden. Im folgenden soll aber die Bezeichnung "Kabelfernsehnetz" beibehalten werden.

In *Bild 7.5* ist das Kabelfernsehnetz im Detail dargestellt [151]. Von der Kabel-Kopfstation, wo alle Rundfunksignale zusammenlaufen, geht es zu einer "Benutzerseitigen Breitbandkabel-Verstärkerstelle", von wo aus zunächst eine sternförmige Signalverteilung über sogenannte "A-Kabellinien" erfolgt. Dabei werden Entfernungen bis etwa 6 km überbrückt. Verstärker in den A-Kabellinien sorgen für den Ausgleich der

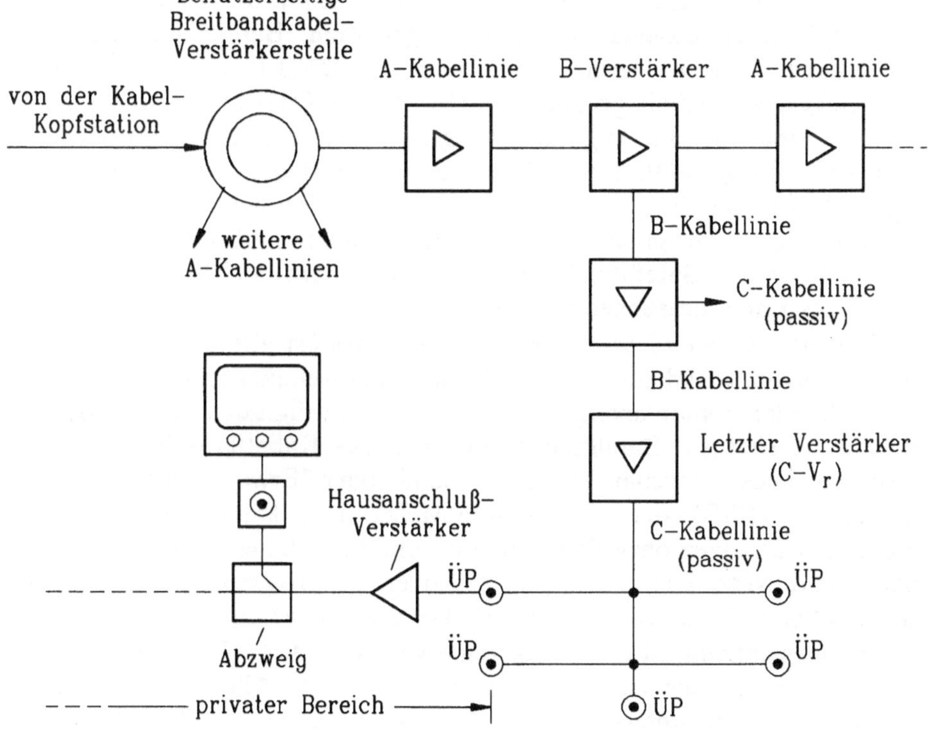

Bild 7.5: Schema eines "Breitband-Verteilnetzes" (BVN), auch "BK-Netz" oder "Kabelfernsehnetz" genannt

durch das Koaxialkabel verursachten Dämpfung. Über sogenannte "B-Verstärker" erfolgen nach *Bild 7.5* die Abzweigungen in die B-Kabellinien. In diesem sogenannten "Anschlußbereich" verwendet man dann eine Baumstruktur, um eine flächenmäßige Versorgung durchführen zu können. Auch hier wieder gibt es Verstärker für den Dämpfungsausgleich sowie Abzweigverstärker, die in die C-Kabellinien führen.

Von hier aus geht es unmittelbar in die baumförmige passive Verteilung zu den "Übergabepunkten ÜP" im Kellergeschoß der einzelnen Häuser, von wo aus über den "Hausanschluß-Verstärker" im "privaten Bereich" die Fernsehempfänger in den einzelnen Stockwerken angeschlossen sind (vgl. hierzu auch *Bild 7.7*).

Es ist nun zu prüfen, inwieweit das nach *Bild 7.1b* über den Satelliten übertragene und in der Kabel-Kopfstation empfangene digitale Fernseh- und Audiosignal (in den "Datencontainern" mit jeweils 38 Mbit/s pro Transponderkanal) über ein Kabelfernsehnetz nach *Bild 7.5* bis zum Teilnehmer übertragen werden kann. Nach [152] wurden hierzu schon recht früh internationale Festlegungen getroffen. Bereits im Frühjahr 1994 hatte die vom "Technical Module" des DVB-Projektes (Abschn. 8.6) eingesetzte Arbeitsgruppe DTVC ("Digital Television Cable") eine Spezifikation für die Digitalübertragung über das Kabelfernsehnetz (DVB-C) fertiggestellt [152]. Eine der wichtigsten Forderungen hatte man schon in der Satellitennorm berücksichtigt: Bei der Übernahme des digitalen Satellitensignals in das Kabelfernsehnetz muß jeweils ein Datencontainer des Satelliten-Transponderkanals mit 38 Mbit/s in einen Kanal des Kabelfernsehnetzes passen.

In ***Bild 7.6b*** ist zu erkennen, daß man zunächst alle bisherigen analogen Hörrundfunkdienste (Band II) und Fernsehdienste (Bänder I/III sowie Sonderkanäle) unangetastet läßt und die digitalen Kanäle oberhalb der bisherigen Bandgrenze 300 MHz des Kabelfernsehnetzes unterbringt. Dieses sogenannte "Hyper-Band" oder "Erweiterter Sonderkanalbereich" (ESB), der von 302-446 MHz reicht, kann in moderneren Kabelfernsehnetzen ohne Probleme bis zum Teilnehmer übertragen werden. Ältere Netze lassen sich – insbesondere im privaten Bereich – relativ leicht von 300 MHz auf 450 MHz Grenzfrequenz umrüsten.

Die Gesamtzahl 18 der Transponderkanäle in ***Bild 7.6a*** paßt gut zu den 18 Kanälen des Hyper-Bandes in *Bild 7.6b*. Allerdings sind die Bandbreiten sehr unterschiedlich. Im Satelliten ist die Transponder-Bandbreite im Mittel etwa 32 MHz, im Hyper-Band des Kabelfernsehnetzes sind es nur 8 MHz. Die Arbeitsgruppe DTVC hat jedoch bereits im Frühjahr 1994 gezeigt, wie die 38 Mbit/s eines Transponder-Kanals (Bandbreite 32 MHz) in dem 8 MHz breiten Kanal des Hyper-Bandes übertragen werden können [152]. Da diese Bandbreitenreduktion um den Faktor 4 ohne eine noch weitergehende Datenreduktion realisiert werden soll, bleibt nur der Übergang auf ein digitales Modulationsverfahren mit einer höheren Anzahl paralleler Entscheidungen (höhere Übertragungseffizienz) nach *Bild 7.2*, was aber eine größere Störempfindlichkeit mit sich bringt (Abschn. 7.2). Nach *Bild 7.3* ist daher mit einem digitalen

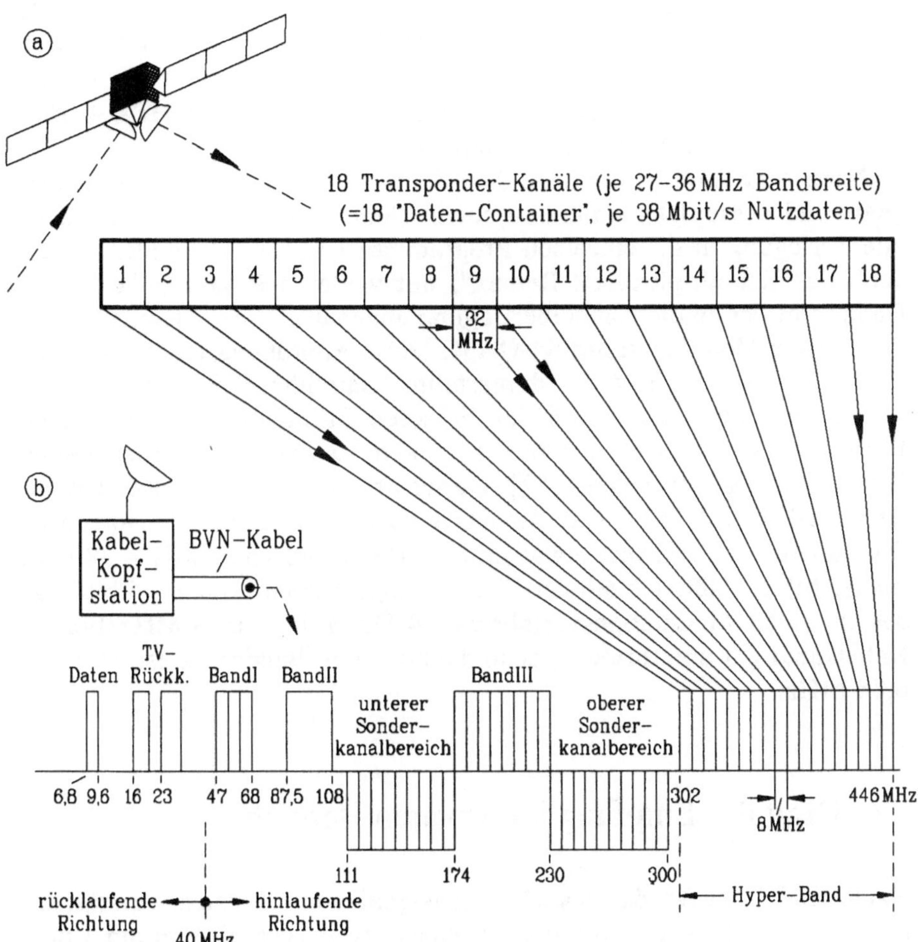

Bild 7.6: Zusammenspiel zwischen digitaler TV-Satellitenübertragung über 18 Transponderkanäle (a) und einer Weiterverteilung über das Hyper-Band eines Kabelfernsehnetzes (b)

Modulationsverfahren höherer Übertragungseffizienz ε die Forderung nach einem größeren Mindest-Störabstand verbunden.

Während für die Satellitenübertragung mit sehr geringen Träger-Störabständen (z.B. C/N ≈ 14 dB) zu rechnen ist und daher nach *Bild 7.3* die QPSK (= 4-PSK mit 4 Phasenentscheidungen nach *Bild 7.2*) als digitale Modulation angewendet wird, gilt für das Kabel der bessere Störabstand C/N > 26 dB, so daß eine 64-QAM angewendet werden kann (64 Amplituden- und Phasenentscheidungen nach *Bild 7.2*). Da hierzu nach *Bild 7.3* eine Übertragungseffizienz ε = 6 bit/s/Hz gehört, kann die für eine Anpassung der Satellitenübertragung an die Kabelübertragung gewünschte Bandbreitereduktion 32 MHz /8 MHz = 4 (*Bild 7.6*) ohne Schwierigkeit erreicht werden.

Nach *Bild 7.1b* erfolgt nach dem digitalen Empfang des Satellitensignals und dessen Demodulation sowie Demultiplexing "Demux" (digitale Zerlegung in die einzelnen Programmbeiträge im "Digitalen Receiver") das Remultiplexing ("Remux") mit weiteren Programmbeiträgen. Dann folgt der an die Kabelübertragung angepaßte "Fehlerschutz" sowie die digitale Modulation mit 64-QAM. Diese Anordnung ist ähnlich aufgebaut wie der in *Bild 7.4* dargestellte "Satelliten-Sender für DVB". Allerdings kann man wegen des besseren Störabstandes den inneren Fehlerschutz weglassen und nur den *Reed-Solomon*-Code des äußeren Fehlerschutzes verwenden [152]. Dieser arbeitet ja bis zu einer Bitfehlerrate BER = $2 \cdot 10^{-4}$, was für das Kabel ausreichend ist. Der durch den äußeren Fehlerschutz etwas erhöhte Datenfluß von $38/R_1$ = 38/0,92 = 41,3 Mbit/s läßt sich mit der Übertragungseffizienz von ε = 6 bit/s/Hz des digitalen Modulationsverfahrens 64-QAM in dem 8 MHz breiten Kabelkanal gut unterbringen, denn die benötigte Bandbreite ist 41,3/6 = 6,88 MHz.

7.6 Digitaler Empfang im privaten Bereich

Nach *Bild 7.5* wird das Kabelfernsehsignal vom "Letzten Verstärker" im C-Kabellinien-Bereich nur noch passiv weiterverteilt und am Übergabepunkt ÜP in den privaten Bereich eingespeist. Nach ***Bild 7.7*** folgt dann auf den Hausanschlußverstärker die passive Verteilung an die Anschlußdosen der einzelnen Räume [153].

Für den digitalen Empfang wird dem Fernsehempfänger im Wohnzimmer eine sogenannte "Set-Top-Box" ("Digitaler Receiver") vorgeschaltet, die in *Bild 7.7* schraffiert dargestellt ist. Nach dem Blockschema dieses Vorschaltgerätes in ***Bild 7.8*** [154] wertet unmittelbar hinter dem Kabelfernseh-Anschluß der "Hyperband-Receiver" den erweiterten Sonderkanalbereich (ESB) von 302 - 446 MHz aus und selektiert einen Transponderkanal. Das hierin enthaltene Digitalsignal wird anschließend demoduliert und der Fehlerkorrektur unterworfen. Im anschließenden "MPEG-Demux" wird aus dem Datenstrom 38 Mbit/s ein Digitalsignal mit 8-9, 4-6 oder 1-2 Mbit/s (Abschnitt 7.4) selektiert,

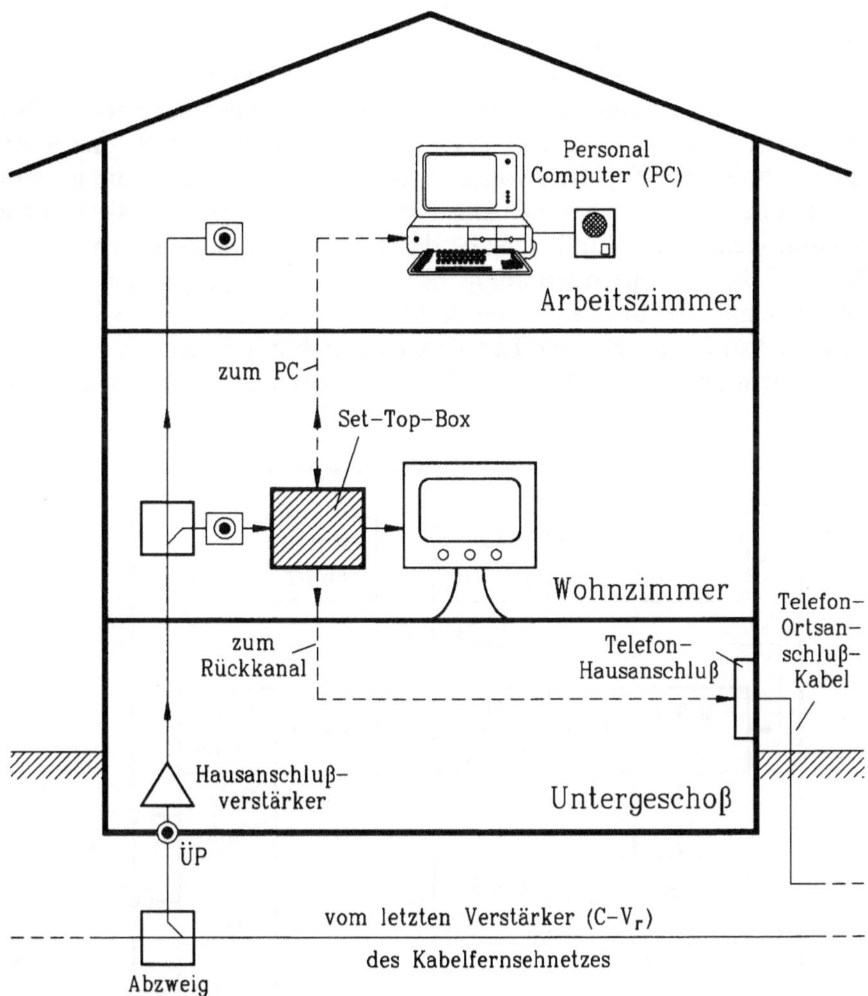

***Bild** 7.7:* Digitaler Fernsehempfang mit der "Set-Top-Box" bei angeschlossenem Rückkanal über Telefonleitung und angeschlossenem PC

wobei dies über die "Bedienung" und den Mikroprozessor ("µP") gesteuert wird. Nach dem "Video/Audio-Decoder" und "D/A-Wandler" folgt die Signalaufbereitung für den Fernsehempfänger-Anschluß. Dabei kann man wählen zwischen einer Komponenteneinspeisung oder PAL-Einspeisung (über den Scart-Stecker) bzw. einer UHF-Einspeisung über die Antennenbuchse. Man benötigt also im Prinzip für den Digitalempfang keinen neuen Fernsehempfänger, wenn eine Set-Top-Box vorgeschaltet wird. Die HF-Schaltungen des Empfängers haben natürlich bei

Digitalempfang über die Scart-Buchse keine Funktion mehr. Anzunehmen ist allerdings, daß es bald auch Fernsehempfänger mit organisch eingebauter Set-Top-Box (Digitaler Receiver) geben wird.

Nach *Bild 7.7* kann auch eine Verbindung zwischen der Set-Top-Box und einem Personal Computer (PC) hergestellt werden, falls dieser Anschluß an der Set-Top-Box vorgesehen ist. Man kann dann die gesamte Programmsteuerung vom PC aus vornehmen. In diesem Fall wäre es günstig, wenn der PC in der Nähe des Fernsehempfängers steht. Die in *Bild 7.7* dargestellte Aufstellung des PC in einem separaten Arbeitszimmer kann aber als der Normalfall bezeichnet werden. Dies macht im Zusammenspiel mit der Set-Top-Box natürlich nur Sinn, wenn auf dem Bildschirm des PC das Fernsehbild wiedergegeben werden kann. Eine

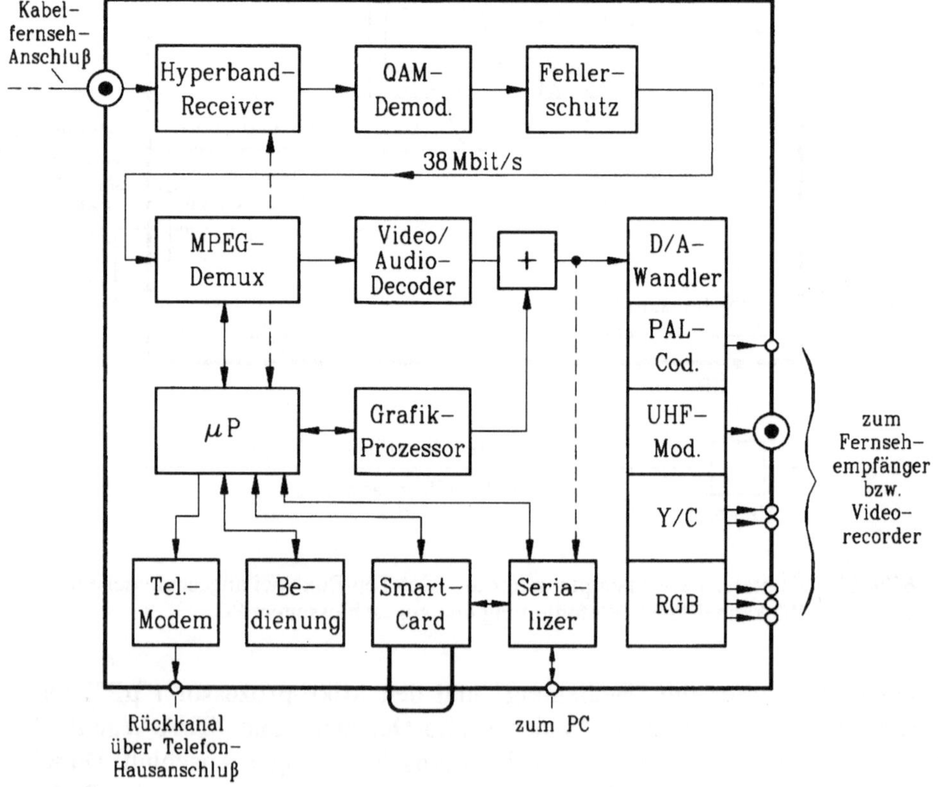

Bild 7.8: Blockschema einer "Set-Top-Box", auch "Digitaler Receiver" oder "Integrated Receiver Decoder" genannt

solche Konfiguration dient wegen des kleineren Bildschirmformats sicher nicht zur Unterhaltung, sondern läßt sich für eine Bild- und Tonbearbeitung verwenden.

Für die Übertragung des digitalen Video/Audio-Signals zum PC muß in den "Serializer" des PC-Anschlusses nach *Bild 7.8* das Ausgangssignal des Video/Audio-Decoders direkt eingespeist werden (gestrichelte Leitung). Die Programmauswahl erfolgt dann vom PC aus in der üblichen Weise und in entgegengesetzter Richtung über den "Serializer" sowie den Mikroprozessor "µP" in *Bild 7.8*.

7.7 Rückkanäle für interaktives Fernsehen

Wie bereits in Abschnitt 7.4 ermittelt, können über alle 18 Transponderkanäle - und nach *Bild 7.6* dann auch über alle 18 Kanäle des Hyper-Bandes im Kabelfernsehnetz - insgesamt 144 TV-Kanäle in Standard-Qualität (SDTV, entspricht PAL-Übertragung) oder 342 TV-Kanäle in Videorecorder-Qualität (LDTV, entspricht VHS-Aufzeichnung) übertragen werden. Bei dieser Vielzahl von Programmkanälen ergeben sich eine ganze Reihe von neuartigen medientechnischen Möglichkeiten der Fernsehversorgung, die in Abschnitt 7.9 noch ausführlich besprochen werden. Einige Verfahren gestatten die Beeinflussung des Programmangebots durch den Fernsehteilnehmer. So soll es z.B. möglich sein, aus einer großen Speicheranordnung ("Videoserver") in der Zentrale (z.B. Kabel-Kopfstation) eines Kabelfernsehnetzes ganze Spielfilme anzuwählen und zu dem auftraggebenden Fernsehteilnehmer zu übertragen ("Video-on-Demand"). Ähnlich wie beim Betrieb eines Videorecorders muß auch die Möglichkeit vorgesehen sein, den Film zu unterbrechen sowie Standbild oder Vor- und Rücklauf anzufordern ("Interaktionen").

Als wichtigste Zusatzeinrichtung für eine derartige interaktive Fernsehtechnik ist natürlich ein Rückkanal vom Teilnehmer zur Video-Server-Zentrale erforderlich. In [151] wird hierzu vorgeschlagen, für die rücklaufende Richtung den Frequenzbereich 16-23 MHz des Kabelfernseh-Signals nach *Bild 7.6b* zu verwenden. Natürlich sind zu diesem Zweck in allen Verstärkerstellen Bandaufspaltungen mit der Trennfrequenz 40 MHz vorzusehen, um eine Separation für die Verstärkung der hin- und rücklaufenden Richtung vornehmen zu können. Bei einer großen Zahl von Nutzern des "Video-on-Demand"-Dienstes tritt hierbei sicher das Problem auf, daß die Übertragungskapazität des Rückkanals von 16-23 MHz – trotz geschickter Frequenz- und Zeitmultiplextechniken – nicht ausreicht, um jedem Kunden einen ständig zur Verfügung stehenden Rückkanal zuzuteilen. Nach [151] soll das Problem durch eine Zuteilungstechnik gelöst werden. Also nur dann, wenn der Kunde eine Interaktion plant (Auswahl des Programms, Unterbrechung, Standbild, Vor- und Rücklauf), wird ihm ein gerade freier Rückkanal zugeordnet. Das ist eine zur Telefon-Vermittlungstechnik äquivalente Methode, wo dem Anrufer ein jeweils freier Verbindungspfad zugeordnet wird.

Eine andere Methode für die Installation eines Rückkanals zur Videoserver-Zentrale ist nach *Bild 7.7* der Anschluß der Set-Top-Box an das Telefonnetz. Natürlich müssen hierfür zunächst Netzanpassungen durchgeführt werden, um die Steuerdaten an die zugehörige Videoserver-Zentrale übertragen zu können. In der Set-Top-Box nach *Bild 7.8* ist (links unten) ein "Telefon-Modem" vorgesehen, das die Zuleitung des Rückkanals an den Telefon-Hausanschluß bewirkt.

Die Rückkanäle werden auch benötigt, wenn Sender mit "Pay-per-View" (siehe Abschn. 7.9) arbeiten, d.h. der Mikroprozessor "µP" in *Bild 7.8* registriert, welcher Kanal ausgewählt wurde und meldet das über einen Rückkanal (über das Kabelfernsehnetz oder das Telefonnetz) an einen zentralen Gebührenrechner, der einmal im Monat die gesamte Abrechnung für den Teilnehmer erstellt. Falls die Fernsehverteilung nur über den Satelliten erfolgt mit Direktempfang (DBS = "Direct Broadcasting Satellite"), entfällt natürlich der Rückkanal über das Kabelfernsehnetz. Hier bleibt nur die Verbindung mit dem zentralen Gebührenrechner durch Datenübertragung über das Telefonnetz bzw. eine dezentrale Registrierung der Programmbelegungen in einem Speicher der Set-Top-Box. Solche Systeme werden bei dem ersten digitalen Satelliten-Übertragungssystem "Direc TV" in den USA eingesetzt [155]. Für eine Abrechnung bietet sich auch die "Smart-Card" in *Bild 7.8* an, wobei an Verfahren wie bei den Telefonkärtchen zu denken ist.

7.8 Video-on-Demand über das Telefonnetz

Im Abschnitt 7.4 wurde bereits abgeschätzt, daß dann, wenn alle 18 Kanäle des Hyper-Bandes in *Bild 7.6b* für Video-on-Demand – also die individuelle Filmübertragung aus einem Server zu jedem Teilnehmer – zur Verfügung stehen, etwa 340 Teilnehmer mit 2 Mbit/s und damit einer Video-Heimrecorder-Qualität (LDTV = "Limited Definition TV") versorgt werden können. Nimmt man aber den realistischeren Fall an, daß wegen gleichzeitiger Abwicklung des Normal-Programms nur die Hälfte der 18 Kanäle für Video-on-Demand zur Verfügung steht, dann können individuelle Programme von der Server-Zentrale an 340/2 = 170 Teilnehmer übertragen werden. Nach [156] kann man jedoch mit einer durchschnittlichen "Netzauslastung" von 30 % rechnen, d.h. von der Gesamtzahl der am Video-on-Demand interessierten Teilnehmer fordern höchstens 30 % gleichzeitig einen Film aus dem Server an. Damit ließe sich also über ein Kabelfernsehnetz die Versorgung von 170/0,3 = 570 Teilnehmern sicherstellen. Für den Systemstart wird das ausreichend sein. Sollte dieses Video-on-Demand in der Zukunft jedoch großen Anklang finden und sich die Teilnehmerzahl wesentlich erhöhen, gibt es die Möglichkeit, über ein sogenanntes "Glasfaser-Overlay-Netz" die Kanalzahl zu erhöhen. Nach [152] bestehen Pläne, die Glasfaserleitungen an die B- oder C-Ebene des Kabelfernsehnetzes (siehe *Bild 7.5*) heranzuführen ("Fibre Back-up") und möglichst in einen Abzweigverstärker einzukoppeln ("Fibre-to-the-Curb"). Man umgeht so den viel größeren Aufwand, die Glasfaserleitungen in die Häuser zu führen ("Fibre-to-the-Building").

Um die Versorgung mit interaktiver Videotechnik in größerem Stil betreiben zu können, muß eine Fernsehverteiltechnik mit Rückkanal angewendet werden, die - unabhängig von einem nicht flächendeckend vorhandenen Kabelfernsehnetz - möglichst viele Haushalte erreicht. Flächendeckend ließe sich die Fernsehverteilung in der Tat über das Telefonnetz durchführen. Die datenreduzierte Digitalübertragung des Fernsehsignals bietet hierzu eine Möglichkeit.

Zwar wurden die als Ortsanschlußleitungen von den Ortsvermittlungen in die Häuser verlegten symmetrischen Zweidrahtleitungen zunächst nur für die Sprachübertragung des Telefons konzipiert, bereits in den 70er Jahren wurde jedoch nachgewiesen, daß man auch eine Bitrate von 2,048 Mbit/s erfolgreich über diese Schmalband-Kupferkabel in die Hausanschlüsse übertragen kann [157]. 2,048 Mbit/s ist die standardisierte Bitrate für das PCM-Grundsystem mit 30 digitalen Telefonkanälen (+ 2 Dienstkanäle = PCM 30/32). Hierüber ließ sich aber auch ein digitales Schmalband-Bildtelefonsignal mit 313 Zeilen (nach der COST-211-Norm von 16 Mbit/s auf 2 Mbit/s datenreduziert [3, Abschn. 4.4.5]) zum Teilnehmer übermitteln. Für die Gegenrichtung wurde allerdings ein zweites Adernpaar benötigt. Wegen relativ großer Dämpfung der Adernpaare im Ortsnetzbereich mit nur 0,4 mm Aderdurchmesser waren alle 1,0 bis 1,7 km Zwischenregeneratoren erforderlich [158]. Seit 1985/86 sind bidirektionale Übertragungen (über nur ein Adernpaar) des 2,048-MHz-Signals ohne Zwischenregeneratoren im Ortsnetz möglich, so daß prinzipiell jeder Telefonteilnehmer mit Schmalband-Bildfernsprechen (313 Zeilen) versorgt werden könnte.

Durch moderne Weiterentwicklungen der Codierverfahren mit dem Ziel sehr großer Datenreduktionsfaktoren, wie dies in Abschnitt 5.5 beschrieben wurde, gelingt es seit etwa 1993 sogar, ein Fernsehsignal der Standard-Norm mit 625 Zeilen auf 2 Mbit/s zu reduzieren, allerdings mit LDTV-Qualität ("Limited Definition TV"), was etwa einer Heim-Videorecorder-Aufzeichnung entspricht. Für die Zwecke des "Video-on-Demand" (VoD), das ja durch individuelle Übertragung eines Spielfilms auf Abruf den Einsatz des Videorecorders ersetzen soll, wäre aber diese Qualität völlig ausreichend.

Für VoD ist es außerdem nicht mehr nötig, in beiden Richtungen digitale Videosignale zu übertragen (wie beim bidirektionalen Bildtelefon), sondern nur noch in der Richtung vom Videoserver (Speicher in der Zentrale) zum Teilnehmer ("Abwärtskanal"). Für den Rückkanal ("Aufwärtskanal") benötigt man lediglich eine Datenübertragung für die Auswahl des Programmbeitrags und dessen Ablaufsteuerung, wie bereits im vorigen Abschnitt 7.7 für das Kabelfernsehnetz geschildert. Ein solches System für hochratige Digitalübertragung über das Telefon-Ortsnetz zum Teilnehmer sowie mit niedrigratigem Rückkanal zu einer Server-Zentrale nennt man in den USA, wo die Spezifikation dieses Verfahrens schon 1993 begonnen hat, "ADSL" (= Asymmetrical Digital Subscriber Line) [158].

In ***Bild 7.9a*** erkennt man, daß die Aufgabe einer gleichzeitigen Übertragung des Telefonsignals und des digitalen Videosignals mit 2,048 Mbit/s (bzw. sogar bis 6 Mbit/s) sowie des Datensignals im Rückkanal mit klassischer Frequenzmultiplextechnik gelöst wurde [157; 158]. Durch das Tiefpaßfilter "TP" in ***Bild 7.9b*** (rechts oben) werden die geträgerten Video- und Datensignale unterdrückt, so daß mit dem hier angeschlossenen Telefonapparat über die Ortsanschlußleitung und die Ortsvermittlung ein ganz normaler Telefondienst abgewickelt werden kann. Über den Hochpaßkanal "HP" kann andererseits dem nachfolgenden (rechts oben schraffiert dargestellten) "ADSL-Demodulator" das Video- und Datensignal zugeführt werden. Über das gleiche Telefon-Ortsnetz läßt sich auf diese Weise nach *Bild 7.9b* (links unten) in der Ortsvermittlung die Durchschaltung zur Server-Zentrale realisieren.

Der Videoserver ist im Prinzip ein großer Halbleiterspeicher mit z.B. 70 GByte, das sind $70 \cdot 8 = 560$ Gbit Speicherkapazität. Wenn man davon ausgeht, daß ein Spielfilm etwa 90 Minuten $\times$ 60 = 5400 Sekunden läuft, dann ergibt sich bei einer Übertragung mit 2,048 Mbit/s pro Film eine Datenmenge von: 2,048 Mbit/s $\cdot$ 5400s = 11 Gbit.

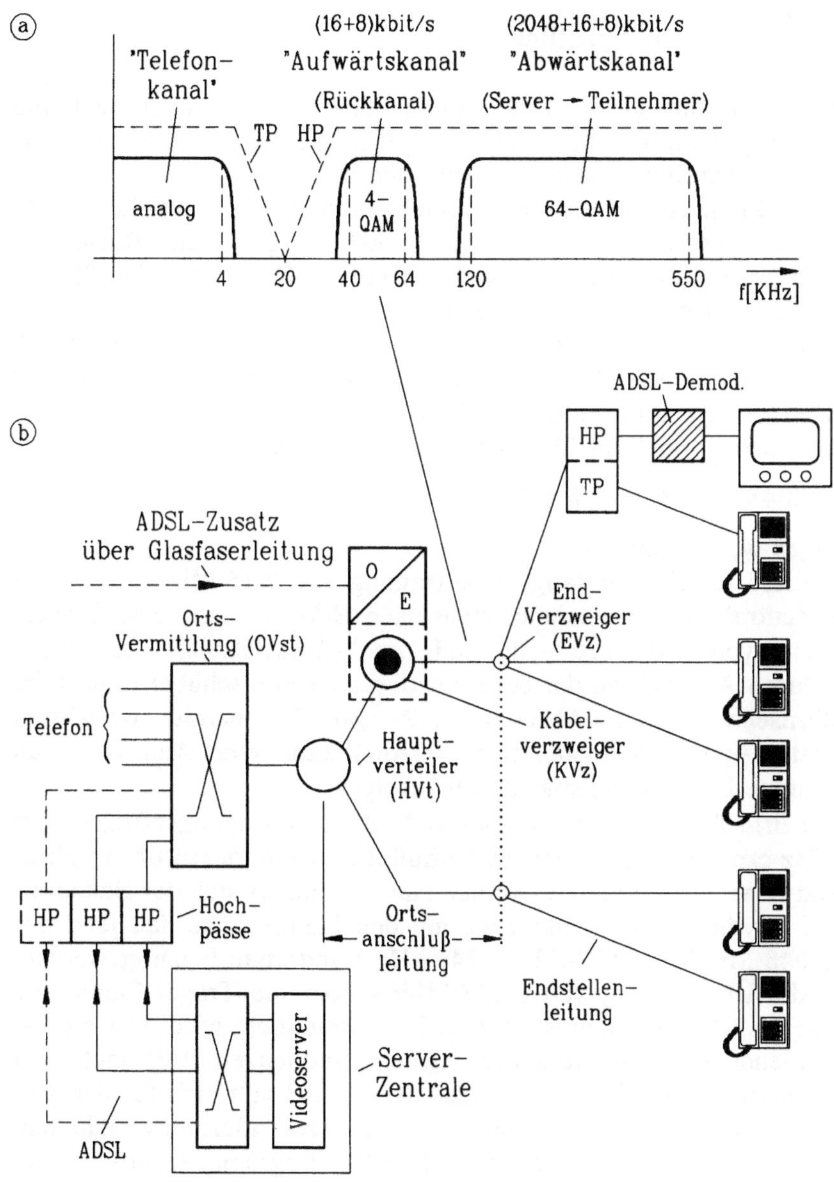

Bild 7.9: Video-on-Demand über Ortsanschlußleitungen
a) ADSL-Verfahren: Simultanübertragung von Telefon und Video-on Demand,
b) Ortsanschlußleitungsnetz mit Video-on-Demand (ADSL-System)

Mit 560 Gbit Speicherkapazität können also

$$\frac{560\,\text{Gbit}}{11\,\text{Gbit}} = 50 \text{ Spielfilme}$$

gespeichert werden [156]. Die digitale Auslesung gestattet auch die Aufschaltung mehrerer Teilnehmer in zeitlich beliebig versetzter Reihenfolge auf den Speicherplatz des gleichen Spielfilms.

Für die Filmauswahl und die diversen Interaktionen ist nicht nur der nach *Bild 7.9a* zwischen 40 und 64 kHz angeordnete Rückkanal ("Aufwärtskanal") erforderlich, wofür 16 plus 8 kbit/s für den "Overhead" bereitstehen, sondern auch eine Rückmeldung an den Teilnehmer, wofür im "Abwärtskanal" ebenfalls 16 plus 8 kbit/s für den "Overhead" zur Verfügung stehen [157]. Zu den 2048 kbit/s für die Überspielung des Videobeitrags zum Teilnehmer kommen noch 88 kbit/s für den Fehlerschutz dazu, so daß im "Abwärtskanal" insgesamt

$$2048 + 88 + 16 + 8 = 2160 \text{ kbit/s}$$

übertragen werden müssen.

Für diese relativ hochratige Übertragung von 2,16 Mbit/s zwischen Server-Zentrale und Teilnehmer steht nach *Bild 7.9a* nur eine Träger-Bandbreite von 550 – 120 = 430 kHz im "Abwärtskanal" zur Verfügung. Durch Anwendung der bei einer digitalen Fernsehübertragung im Kabelfernsehnetz nach Abschnitt 7.2 und 7.5 bereits bewährten "Quadratur-Amplitudenmodulation" (QAM) kann eine Anpassung an die geringere Übertragungsbandbreite erfolgen.

Nach *Bild 7.2* wird mit einer 64-QAM die Übertragungseffizienz ε = 6 bit/s/Hz erreicht. Da nun der Datenfluß 2,048 Mbit/s auf 64 Amplituden- und Phasenwerte verteilt werden kann, reduziert sich der Bandbreitebedarf für die Digitalübertragung um den Faktor 6, so daß jetzt nur noch 2,048 Mbit/s : 6 bit/s/Hz = 340 kHz Bandbreite benötigt werden, so daß die Übertragung von 2,048 Mbit/s über die Träger-Bandbreite 430 kHz des "Abwärtskanals" in *Bild 7.9a* ermöglicht wird. Der hierfür zu bezahlende Preis ist die höhere Störempfindlichkeit. Der nach *Bild 7.3* zu fordernde Mindest-Störabstand von 26 dB läßt sich für den trägerfrequenten "Abwärtskanal" des Telefonnetzes allerdings einhalten. Wegen des geringeren Datenflusses für die Programmsteuerung über den "Aufwärtskanal" (Rückkanal) kommt man mit 4-QAM aus und benötigt nach *Bild 7.9a* nur eine Bandbreite von 64 – 40 = 24 kHz [157].

In *Bild 7.9b* ist am Kabelverzweiger (KVz am Straßenrand, englisch: "curb") noch die Möglichkeit vorgesehen, mit einer optisch-elektrischen Wandlung "O/E" zusätzliche ADSL-Signale über eine Glasfaserleitung einzukoppeln ("Fibre-to-the-Curb"). Auch hier wird – ähnlich der weiter oben beschriebenen Einkopplung in die B- oder C-Ebene eines Kabelfernsehnetzes - die moderne Glasfasertechnologie für ein "Overlay-Netz" zur Erweiterung des Programmangebots bei Video-on-Demand verwendet.

Dies legt nun den Gedanken nahe, auch höhere Datenflüsse als 2,048 Mbit/s zum Teilnehmer zu übertragen, um die Qualität der mit Video-on-Demand überspielten Programmbeiträge von LDTV (Limited Definition) auf SDTV (Standard Definition) zu steigern. Hierfür wurden bereits Datenraten von 4,096 Mbit/s sowie 6,144 Mbit/s für Europa festgelegt [157]. Für die Glasfaserübertragung ist das kein Problem, aber diese höhere Datenrate muß auch über das auf den Kabelverzweiger folgende Verzweigungskabel und die Endstellenleitung bis zum Teilnehmer übertragbar sein. Durch die Anwendung moderner Entzerrungstechniken (adaptive Filterung, Echokompensation) gelingt dies inzwischen ohne größere Probleme [157].

Technologischer Hintergrund

Das interaktive Fernsehen – speziell "Video-on-Demand" (VoD) – erfordert neben der Einrichtung eines Rückkanals zur Server-Zentrale eine individuelle Kanalzuordnung. Bei guter Akzeptanz dieses neuen Dienstes wird es trotz einer Vervielfachung der Kanalzahl im Hyper-Band des Kabelfernsehnetzes zu Engpässen kommen. Die enormen Verbesserungen in der Glasfasertechnologie der letzten Jahre würden heute eine Glasfaserverkabelung in die Häuser gestatten ("Fibre-to-the-Home"). Das Kanalzahlproblem wäre damit gelöst. Trotz Neuinstallationen von etwa 700 000 Glasfaseranschlüssen in den Neuen Bundesländern (1993-95) sind wir noch weit entfernt von einer flächendeckenden Glasfaserversorgung. – Naheliegend ist daher ein Ausweichen auf das flächendeckende Telefonnetz. Durch moderne Codierverfahren, die Weiterentwicklung der digitalen Modulationsverfahren sowie die Anwendung der in den letzten Jahren zu höchster Leistungsfähigkeit entwickelten adaptiven Entzerrungstechniken gelingt es, über die symmetrischen Doppeladern der Telefon-Ortsanschlußleitungen ein digitales Videosignal in Videorecorder-Qualität zum Teilnehmer zu übertragen. Gleichzeitig wird das Steuersignal in einem Rückkanal zur Server-Zentrale übermittelt, wobei simultan auch Telefonbetrieb möglich ist (ADLS-Verfahren).

7.9 Neue medientechnische Möglichkeiten durch Kanalvervielfachung

Die durch den Übergang auf eine Digitale Fernsehtechnik erreichte Vervielfachung der Fernsehkanäle hat die Experten angeregt, über neue medientechnische Möglichkeiten nachzudenken, die sich mit der viel höheren Kanalzahl realisieren ließen. Damit sollte auch ein Anreiz für den Fernsehteilnehmer geschaffen werden, sich der neuen Digitalen Fernsehtechnik zuzuwenden. Voraussetzung für die meisten neuen Dienste ist die Interaktivität, d.h. die Möglichkeit, über einen Rückkanal Einfluß auf die Programmabwicklung zu nehmen.

Nun muß aber deutlich gesagt werden, daß gerade dieser Gedanke des interaktiven Fernsehens nicht unbedingt neu ist. Es läßt sich nämlich zeigen, daß schon Ende der 60er Jahre in den USA Kabelfernsehanlagen mit einem schmalbandigen Rückkanal versehen wurden, wobei - völlig analog zu den heutigen Bemühungen nach *Bild 7.6b* - für die hinlaufende Richtung der Frequenzbereich oberhalb 40 MHz und für die rücklaufende Richtung der Frequenzbereich unterhalb 40 MHz des Kabelfernsehsignals verwendet wurde. Alle Leitungsverstärker waren mit Frequenzweichen in beiden Richtungen wirksam. Angeschlossen war dieses Kabelfernsehsystem an eine örtliche Zentrale ("Kopfstelle") mit Rundfunkempfang, lokalem Studio, Rechner und Datenbank, heute "Server" genannt. Man sprach damals vom Breitband-Kommunikationssystem "TOCOM" als Abkürzung für "Total Communication" [159].

Diese etwas anspruchsvolle Bezeichnung war insofern berechtigt, als man schon damals mit einem solchen Kabelfernsehsystem - neben dem normalen Fernsehempfang sowie dem Empfang des lokalen Fernsehprogramms - aus der zentralen Datenbank die Fahrpläne, Sportergebnisse, Wetterkarte, Börsenkurse, Bankkonten und Lexika-Auskünfte auf den häuslichen Fernsehschirm holen konnte, und auch umgekehrt das Rechenzentrum Informationen vom Teilnehmer - wie z.B. Sehbeteiligung oder Fernsehgebühren - einzuholen in der Lage war [3, Abschn. 3.5].

Die Zeit war aber damals in den 70er Jahren offenbar noch nicht reif für solche multivisuellen Neuerungen. Das TOCOM-System fand keine größere Beachtung und vor allem nicht genügend "Subscriber", so daß die interaktiven Möglichkeiten wieder verschwanden und es beim reinen Fernseh-Verteilsystem blieb.

20 Jahre später ist die Situation wegen des Übergangs auf die Digitale Fernsehtechnik sowie die mögliche Computerunterstützung und die hinzugekommene Glasfasertechnologie eine völlig andere. Die Verviel-

fachung der Kanäle führt zu einer ganzen Reihe von attraktiven neuen Diensten, die zum Teil in den vorangegangenen Kapiteln schon besprochen wurden, die aber im folgenden noch einmal nach neueren Vorschlägen klassifiziert [160] und kurz beschrieben werden sollen. Dazu wurden die möglichen Dienste in der ***Tabelle 7.1*** zusammengestellt. Unter der dort angegebenen Numerierung werden im folgenden die notwendigen Erläuterungen gegeben:

Zu 1a: Pay-TV (Pay-per-Channel)

Unter "Pay-TV" versteht man das bereits heute bei den Sendungen des Privatkanals "Premiere" verwendete verschlüsselte Sendeverfahren, das im Studio eine analoge Codierung ("Scrambling") und im Empfänger einen analogen Decoder ("De-Scrambling") verwendet, den man mieten oder käuflich erwerben kann. Bei einer zukünftigen digitalen Fernsehübertragung ließe sich auch eine Registrierung der digital decodierten Sendungen im "Digitalen Receiver" *(Bild 7.8)* vornehmen und eine spätere Abrechnung per Speicherkarte durchführen.

Dieses als "Conditional Access" bezeichnete Verfahren läßt sich mit Hilfe der digitalen Fernsehtechnik noch verfeinern. Hierbei wird das Fernsehsignal des betreffenden Kanals in einem senderseitigen Scrambler so verschlüsselt, daß ein nicht empfangsberechtigter Teilnehmer diese Sendung praktisch nicht empfangen kann. Für die Entschlüsselung werden zwei "Control Words" benötigt. Sie werden auf der Senderseite getrennt verschlüsselt und signalisieren dem Empfänger, wie die Verschlüsselung rückgängig gemacht werden kann. Für den nötigen Entschlüsselungsschutz sorgt die stündliche oder tägliche Übermittlung von sich ständig ändernden Kontrollwörtern: Wie beim Pay-TV des Privatsenders "Premiere" in ähnlicher Weise praktiziert, läßt sich eine für den Kunden speziell gültige "Entitlement Management Message" (EMM) übertragen, die im Empfangsgerät gespeichert wird. Erst wenn der Kunde sich durch eine "Memory-Card" (z.B. die "Smart-Card" im Digitalen Receiver nach *Bild 7.8*) oder einen "Schlüssel" als empfangsberechtigt ausweist, können die Kontrollwörter generiert und in den Descrambler geladen werden, so daß die Entschlüsselung beginnen kann [142, Kap. 8].

Zu 1b: Near Video-on-Demand (NVoD)

Die Vielzahl der zur Verfügung stehenden Kanäle verführt auch zu Überlegungen über neue Fernsehdienste, die sogar verschwenderisch mit der Kanalzahl umgehen. So wird vorgeschlagen, bei der Übertragung eines Spielfilms diesen mit einem zeitlichen Versatz von jeweils einer Viertelstunde über 4 oder auch mehr Kanäle zu übertragen, damit der

Fernsehteilnehmer je nach zeitlicher Verfügung den Film von Anfang an sehen kann. Da bei dieser Lösung (im Gegensatz zum "Video-on-Demand" über Rückkanal) keine Echtzeitanforderung für den Filmstart erforderlich ist, man aber (auch ohne Rückkanal) den Filmstart in gewissen Grenzen wählen kann, nennt man dieses Verfahren "Near Video-on-Demand".

1.) Digitale Verteildienste ohne Rückkanal Registrierung im Digitalen Receiver mit Kartenabrechnung oder käuflich zu erwerbender "Schlüssel" a) Pay-TV (Pay-per-Channel) b) Near Video-on-Demand (NVoD)
2.) Digitale Verteildienste mit "Offline"-Rückkanal Registrierung im Digitalen Receiver mit zeitversetzter Übermittlung über Rückkanal und Abrechnung in der Zentrale a) Pay-per-View b) Near Video-on-Demand (NVoD) c) Spartenprogramme ("Elektronischer Kiosk")
3.) Digitale Dienste mit "Online"-Rückkanal Programmsteuerung ("Service-on-Demand", SoD), Interaktionen, Registrierung und Abrechnung in der Server-Zentrale a) Video-on-Demand (VoD) b) Interaktive Informationsdienste c) Transaktionsdienste d) Home-Shopping und -Banking e) Video-Spiele
4.) Digitale Dienste mit Breitband-Rückkanal a) Videokonferenz-Systeme b) Video-Mailbox

Tabelle 7.1: Mögliche neue Dienste bei digitaler Fernsehübertragung

Zu 2a: Pay-per-View mit "Offline"-Rückkanal

Die Einführung eines Rückkanals, wie in Abschnitt 7.7 dargestellt, gestattet die Registrierung der gesehenen Sendungen in einem Zusatzgerät beim Teilnehmer und – in der "Offline"-Version – die spätere Datenübermittlung über den Rückkanal zu einer Zentrale, in der die Abrechnung erfolgt. Da hierbei auch einzelne Fernsehbeiträge registriert werden können, spricht man von "Pay-per-View", d.h. der Fernsehkunde braucht nur für das zu bezahlen, was er wirklich gesehen hat.

Zu 2b: Near Video-on-Demand mit "Offline"-Rückkanal

Hier handelt es sich um den gleichen Dienst für die Übertragung eines Spielfilms mit zeitversetztem Start über mehrere Parallelkanäle wie in 1b. Allerdings erfolgt jetzt die Registrierung in einem Zusatzgerät beim Teilnehmer und die spätere Datenübermittlung über den Rückkanal zur Zentrale, wo die Abrechnung vorgenommen wird.

Zu 2c: Spartenprogramme ("Elektronischer Kiosk")

Auch die Abrechnung von Spartenprogrammen erfolgt auf diese Weise. Hier geht es jedoch um die Bündelung von interessierenden Sendungen. Man abonniert sozusagen Programmpakete, wozu auch Weiterbildungs-Programme gehören können. Da dabei die Auswahl nach dem persönlichen Geschmack bzw. Bedarf des Fernsehkunden vorgenommen wird, kann man diese Möglichkeit der individuellen Programmzusammenstellungen auch als "Elektronischen Kiosk" bezeichnen.

Zu 3a: Video-on-Demand mit "Online"-Rückkanal

Wenn auf Anforderung des Fernsehteilnehmers der Rückkanal zu einer Zentrale "online" geschaltet werden kann, dann besteht die Möglichkeit, Bewegtbild-Sequenzen oder auch ganze Filmprogramme aus einer großen Speicheranordnung ("Server") in der sogenannten "Server-Zentrale" abzufragen, wie dies in Abschnitt 7.8 *(Bild 7.9)* ausführlich dargestellt wurde. Danach ist es neben der Auswahl des Filmprogramms auch möglich, in sogenannten "Interaktionen" den Beitrag zu stoppen und wieder zu starten sowie auf Standbild bzw. auf Vor- und Rücklauf zu schalten – kurz, alles das zu tun, was man heute bei der Kassettenabspielung mit einem Videorecorder steuern kann. Es ist klar zu erkennen, daß dieser "Video-on-Demand" genannte Dienst auf die Zurückdrängung der Konkurrenz des Vidokassetten-Verleihgeschäftes zielt, was natürlich auch für "Near Video-on-Demand" (1b und 2b) gilt.

Unter die Bezeichnung "Video-on-Demand" (VoD) fallen aber auch solch attraktive Methoden wie die Übertragung der unterschiedlichen Szenen-Blickwinkel von mehreren Kameras über separate Kanäle zum Teilnehmer, der dann diese verschiedenen Kameraeinstellungen (z.B. bei einem Fußballspiel) über den ihm zugeteilten Rückkanal nach individuellem Interesse anfordern kann.

Zu 3b: Interaktive Informationsdienste

Über den Rückkanal lassen sich natürlich auch diverse Standbilder aus dem Server in der Zentrale abfragen, so daß die verschiedensten Auskünfte visuell eingeholt werden können, so z.B. Informationen über:

- Wetter, Sport, politische Ereignisse usw.
- Fahrpläne, Verkehrsverbindungen, Theaterspielpläne, Restaurantübersicht usw.
- Weiterbildungsfragen: Bücherlisten, Fachschul- und Universitätskurse
- Elektronische Programmzeitung.

Zu 3c: Transaktionsdienste

Der Rückkanal zur Server-Zentrale kann in gewissen Grenzen, die durch die Datenübertragung gegeben sind, auch für eine bidirektionale Kommunikation verwendet werden. So ist es möglich:

- bei Fahrplanauskünften gleich die Fahrkarten, bei Theaterspielplänen oder bei Sportereignissen gleich die Eintrittskarten, bei Restaurantübersichten gleich die Tischreservierung über den Rückkanal zu bestellen, nachdem möglicherweise eine Beratung vorausgegangen ist.
- eine elektronische Programmbegleitung durchzuführen. Hierunter versteht man eine individuelle Programmberatung des Fernsehteilnehmers. In diesem Zusammenhang ist daran gedacht, die Nutzergewohnheiten über einen längeren Zeitraum im Rechner auszuwerten und danach ein individuelles Programm anzubieten [160].

Zu 3d: Home-Shopping und -Banking

Hier handelt es sich um typische Transaktionsdienste, denn man wird sich zunächst die gewünschten Seiten eines Warenhauskatalogs übermitteln lassen, um dann über den Rückkanal die Bestellung aufzugeben. Sind später Interaktionsmöglichkeiten höherer Komplexität vorgesehen, dann können auch interaktive Änderungen (z.B. der Kleiderfarbe) auf einer Katalogseite vorgenommen werden [160].

Beim Home-Banking wird man nach der Übermittlung des Bankauszugs über den Rückkanal die diversen Bankgeschäfte erledigen. Hierbei wird die Verwendung eines sicheren Scrambling-Verfahrens die allerhöchste Bedeutung haben, denn es gilt das Bankgeheimnis zu wahren!

Zu 3e: Video-Spiele

Für den an Video-Spielen interessierten Teilnehmer eröffnen sich umfassende Spielmöglichkeiten, da er mit einem leistungsfähigen Rechner in der Zentrale verbunden wird. Bei dem in Abschnitt 7.8 *(Bild 7.9)* beschriebenen Video-on-Demand über das Telefonnetz ließe sich über die Vermittlung sogar das Zusammenschalten mit einem oder mehreren Spielpartnern (Gruppenspiel) realisieren.

Zu 4a: Videokonferenz-System über Breitband-Rückkanal

Bei solchen Kabelsystemen, die auch im Rückkanal mindestens 2 Mbit/s übertragen können, wozu allerdings zwei parallele Zweidrahtleitungen zum Hausanschluß und in die Wohnung verlegt werden müßten, ließe sich über diesen Breitband-Rückkanal ebenfalls ein Bildfernsprechsignal übertragen. In diesem Fall könnte über die Ortsvermittlung eine Bildfernsprechverbindung geschaltet werden.

Zu 4b: Video-Mailbox über Breitband-Rückkanal

Um Rechenanlagen zusammenschalten zu können, wird eine Datenrate von etwa 2 Mbit/s benötigt. Der Breitband-Rückkanal gestattet deshalb den gegenseitigen Video-Mailbox-Betrieb zwischen zwei Teilnehmern mit der entsprechenden Rechnerausrüstung.

Technologischer Hintergrund

Das heutige Unterhaltungs-Fernsehsystem mit seinen zahlreichen privaten Fernsehgesellschaften, die sich ausschließlich aus Werbeeinnahmen finanzieren, impliziert eine ständig sich ausweitende Werbezeit, um die wachsenden Kosten ausgleichen zu können. Damit aber wird notwendigerweise das Normalprogramm zunehmend gestört. Gebremst wird diese Tendenz derzeit nur dadurch, daß die Werbeetats der Firmen auch nur begrenzt sind und die Sender einen Rückgang der Einschaltquoten riskieren, wenn die Werbeblöcke das Normalprogramm dominieren. Die Zeit ist also reif für eine neue Fernsehrundfunk-Struktur! – Der in Kapitel 5 aufgezeigte lange Weg zu einer hochwirksamen Datenreduktion, die dann Anfang der 90er Jahre mit der Hybrid-Codierung (Abschn. 5.5) gefunden wurde, zeigt, daß die technologische Entwicklung heute einen Stand erreicht hat, der ein völlig neues Rundfunksystem zu realisieren gestattet. Das in diesem Abschnitt unter Punkt 2a (Tabelle 7.1) aufgezeigte "Pay-per-View" könnte den Weg weisen zu dieser neuen Fernsehrundfunk-Struktur: Der Fernsehkunde zahlt dann nur für die tatsächlich gesehenen Programmbeiträge!

8 Digitales terrestrisches Fernsehen (DVB-T) – wird es die Fernsehwelt verändern?

Betrachtet man die im vorhergehenden Kapitel 7 dargestellten Funktionssteigerungen eines digitalen gegenüber einem analogen Fernsehsystem, die sich in einer ökonomisch effektiveren Übertragungstechnik und in medienwirksameren Leistungen dokumentieren, dann läßt sich die im Titel dieses letzten Kapitels gestellte Frage zumindest für eine Fernsehverteilung über Satellit und Kabel mit "Ja" beantworten. Viele der in Kapitel 7 beschriebenen neuen Dienste ließen sich auch in einem digitalen terrestrischen Fernsehnetz realisieren. Für eine neue – rein digitale – Fernsehwelt müßte deshalb auch die Digitalisierung der terrestrischen Fernsehverteilung ins Auge gefaßt werden. Diese entspricht eigentlich der klassischen Fernseh-Verteiltechnik. Mit der Übertragung des Fernsehsignals über UKW-Sender und deren Heimempfang mit Dipol-Antennen hatte das Fernsehen in den 30er Jahren ja einmal begonnen. Gleich im nachfolgenden ersten Unterkapitel wird sich zeigen, wieviel schwieriger die Verhältnisse beim erdgebundenen drahtlosen Empfang von Fernsehsignalen sind. Das erklärt auch, warum die Normungsfragen für das terrestrische Digitalfernsehen wesentlich später in Angriff genommen wurden als die Normung der digitalen Satelliten- und Kabelverteilung. Nachdem ein erster Normungsentwurf für das digitale terrestrische Fernsehen im Frühjahr 1995 verabschiedet worden war, mußte bereits im Laufe des gleichen Jahres über Modifikationen nachgedacht werden. Dies macht noch einmal die mit der Komplexität einer terrestrischen Verteilung zusammenhängenden Schwierigkeiten deutlich [142, Kap. 11].

8.1 Variable Empfangsverhältnisse beim terrestrischen Fernsehen

Erdgebundene drahtlose Verteildienste können schon vom Prinzip her nicht die stabilen Übertragungsverhältnisse aufweisen, wie z.B. eine Kabelverbindung. Zwar treten witterungsbedingte Einflüsse - wie übrigens auch bei Satellitenverbindungen (z.B. Regenschauer) - nur beim UKW-Weitempfang auf, dafür ist aber nach ***Bild 8.1*** bei dem üblichen UKW-Empfang (auf Sichtverbindung bis etwa 100 km) mit Echostörungen zu rechnen. Durch Dipolantennen mit Richtwirkung lassen sich Echostörungen nur zum Teil unterdrücken.

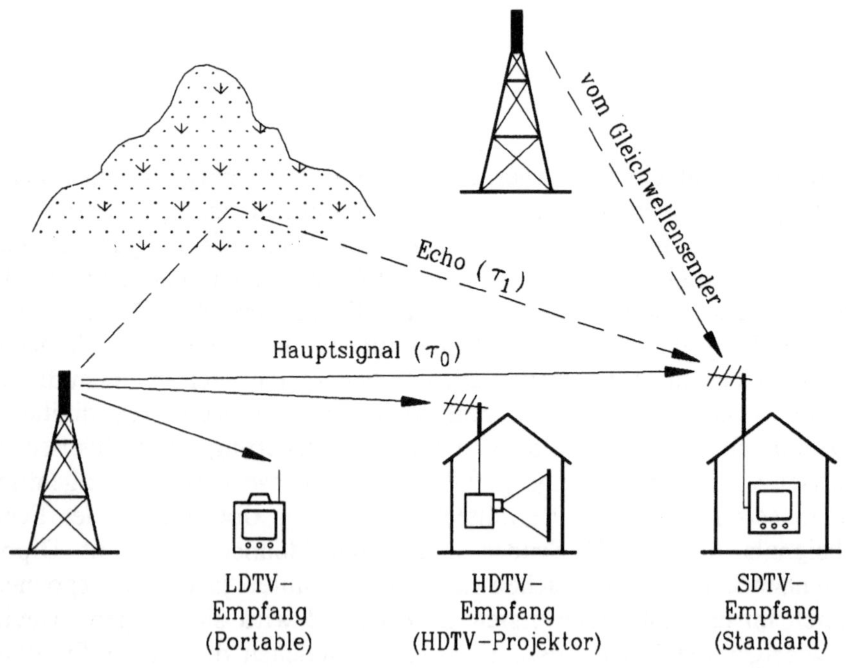

Bild 8.1: Anpassung der Empfangsqualität an die unterschiedlichen Empfangsverhältnisse bei terrestrischer Fernsehversorgung nach der Methode "Spatial Scalability"

Wie im späteren Abschnitt 8.5 dargestellt wird, kann man bei Anwendung geeigneter digitaler Modulationstechniken an eine "Gleichwellen"-Sendetechnik denken. Dies bedeutet, daß der mehrere Programme (im Zeitmultiplex) enthaltende Datenfluß von allen Sendern mit der gleichen Sendefrequenz ("Gleichwellen"-Betrieb) abgestrahlt wird. Das von einem solchen Gleichwellen-Sender kommende Signal wirkt sich dann nach *Bild 8.1* in der gleichen Weise aus wie ein Echosignal. In beiden Fällen trifft das Zweitsignal mit einer Verzögerung (z.B. $\tau_1 - \tau_0$) auf die Antenne, was bei analoger Sendetechnik zu den bekannten "Geisterbildern" führt (die Bildkonturen wiederholen sich in abgeschwächter Form horizontal mit einem dem Laufzeitunterschied entsprechenden geometrischen Versatz!). Bei digitaler Übertragungstechnik wird durch solche Echostörungen die Bitfehlerrate erhöht. Deshalb ist es wichtig, die in Abschnitt 8.4 beschriebene Multiträger-Modulation anzuwenden, um Echoeffekte zu vermeiden.

Eine weitere ganz typische Eigenschaft der terrestrischen Fernsehübertragung ist die von der Entfernung Sender–Empfänger abhängige Empfangsqualität. So erhält nach *Bild 8.1* die Dachantenne des rechts dargestellten Hauses wegen seiner größeren Entfernung vom Sender eine geringere Empfangsfeldstärke, was zu einem schlechteren Störabstand des empfangenen Signals führt. Beim digitalen Übertragungssystem bleibt die Qualität zwar erhalten, doch stellt sich ab einer Grenzfeldstärke ein Totalausfall ein.

Um diesem Effekt entgegenzuwirken, mußten Verfahren gefunden werden, die das Empfangsverhalten des digitalen Systems an dasjenige des analogen Systems anpassen, welches ja einen solchen Totalausfall nicht kennt. Es soll hier zunächst von einer Methode berichtet werden, die man unter der Bezeichnung "Spatial Scalability" bei der Planung des digitalen terrestrischen Fernsehsystems zwar ursprünglich ins Auge faßte [161; 164], dann jedoch wegen Ineffizienz wieder verwarf und durch die in Abschnitt 8.3 beschriebene Methode der "Hierarchischen Modulation" ersetzte [172].

Grundlage der "Spatial Scalability" nach *Bild 8.1* ist die "Hierarchische Codierung", die im nächsten Abschnitt 8.2 näher beschrieben wird. Sie gestattet, bei schlechten Empfangsverhältnissen aus dem gesamten Datenfluß eine Untermenge zu selektieren, was zu einem Bild geringerer Auflösung führt. Dafür aber wurde der Totalausfall vermieden bzw. zu einer Stelle noch geringerer Feldstärke (größeres Rauschen des Empfangssignals) verschoben. Die hiermit erreichbare Qualität würde dem Standard-Fernsehen mit 625 Zeilen und PAL-Übertragung entsprechen. Man spricht daher vom "SDTV (Standard Definition TV)-Empfang".

Die guten Empfangsbedingungen in dem mit "HDTV-Empfang" bezeichneten Haus von *Bild 8.1* würden es dagegen gestatten, den gesamten Datenfluß für die Erzeugung eines qualitativ hochwertigen HDTV-

(High Definition TV)-Bildes zu verwenden. Ein solches Bild mit hoher Detailauflösung ist dafür prädestiniert, mit einem HDTV-Projektor in Großformat-Darstellung wiedergegeben zu werden. Der hier schon bei geringer Rauschzunahme auftretende Totalausfall ist wegen der sehr guten Empfangsbedingungen ohne Bedeutung.

Besonders wichtig ist die "Hierarchische Codierung" für den in *Bild 8.1* links unten dargestellten portablen Empfang. Zum einen bekommt ein solcher Empfänger schon deshalb eine geringere Feldstärke, weil er natürlich nicht an eine hohe Dachantenne angeschlossen ist, sondern in Erdbodennähe betrieben wird und auch nicht vom Gewinn einer Richtantenne profitieren kann [142, Abschn. 11.1]. Zum anderen wird dieser Portable-Empfänger bei mobilem Gebrauch sehr variablen Feldstärkeverhältnissen ausgesetzt.

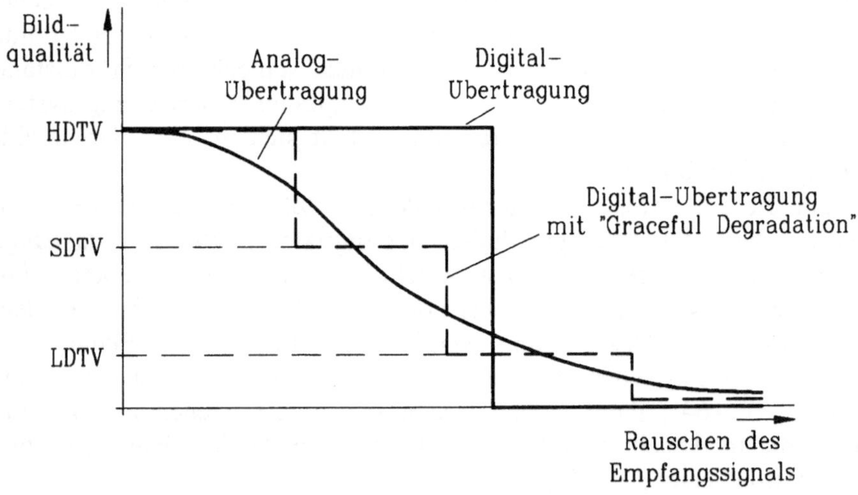

Bild 8.2: Qualitätsverlust mit zunehmender Entfernung zwischen Sender und Empfänger (Rauschzunahme des Empfangssignals) bei Analog- und Digitalübertragung

Bei analoger Übertragungstechnik würde mit zunehmender Entfernung vom Sender das Rauschen im Empfangssignal immer mehr zunehmen, was sich bei der Analog-Übertragung als Verlust an "Bildqualität" in ***Bild 8.2*** darstellt. Das digitale System hat dagegen den Vorteil, daß die Qualität konstant bleibt, um dann aber ab einer bestimmten unteren Grenz-Feldstärke ganz auszufallen ("Bildqualität" nach *Bild 8.2* auf

Null!), während das Analogsystem noch Bilder liefert, wenn auch mit sehr schlechtem Störabstand. Daraus entstand die Forderung nach einer "Graceful Degradation" [161]. Das bedeutet, daß die Codierung und/oder Modulation im Sender so aufbereitet sein muß (z.B. nach der "Hierarchischen Codierung" in Abschn. 8.2 oder der "Hierarchischen Modulation" in Abschn. 8.3), daß sich der Empfänger mit seiner Verarbeitung an die jeweiligen Empfangsverhältnisse anpassen kann. Das führt dann zu der in *Bild 8.2* gestrichelt dargestellten Treppenkurve, die den kontinuierlichen Abfall der Qualitätskurve einer Analogübertragung iterativ nachbildet.

Die drei Qualitätsstufen sind HDTV, SDTV und LDTV (= Limited Definition TV), wobei letztere dem Portable-Empfänger ständig zugeordnet werden kann. Er kommt damit nach *Bild 8.2* in erheblichem Maße über die natürliche Grenze der Digitalübertragung hinaus, HDTV und SDTV fallen dagegen beim Erreichen der einzelnen Grenzwerte des Rauschens auf die jeweils niedrigere Qualitätsstufe zurück, wodurch der Totalausfall vermieden wird.

Es ist noch darauf hinzuweisen, daß ein SDTV-Empfänger bei ungünstigeren Empfangsbedingungen selbstverständlich in der Lage sein muß, die geringere Auflösung des LDTV-Empfangs wiederzugeben. Entsprechend würde ein HDTV-Empfänger (z.B. auch ein HDTV-Projektor), der bei größerer Entfernung vom Sender (z.B. im rechten Haus von *Bild 8.1*) eingesetzt wird, auf SDTV-Qualität bzw. bei noch ungünstigeren Empfangsbedingungen sogar auf die geringe Auflösung der LDTV-Qualität zurückschalten. Eine solch unökonomische Betriebsweise ließe sich nur durch eine bessere Antennenanlage vermeiden.

8.2 Hierarchische Codierung

Wie im vorigen Abschnitt dargestellt wurde, muß die Codierung beim "Spatial Scalability"-Verfahren so aufbereitet werden, daß der Empfänger sich je nach Leistungsfähigkeit seines Displays und je nach Einsatzort (Entfernung vom Sender) die angemessene Datenmenge entnehmen kann. Weiterhin soll der Decoder in der Lage sein, sich bei wechselnden Empfangsbedingungen mit der Auflösung (Bildschärfe) anzupassen, so daß der Störabstand wieder verbessert und damit die Bitfehlerrate reduziert wird, vor allem aber der Totalausfall des digitalen Empfangs bei größeren Entfernungen vom Sender verhindert werden kann ("Graceful Degradation" wie beim Analog-Empfang!).

Dies gelingt durch die bereits erwähnte "Hierarchische Codierung", die im ***Bild 8.3*** prinzipiell dargestellt ist. Nach [162] müßte hierfür ein skalierbarer Coder vorgesehen werden, der sich aus dem Schema der MPEG-2-Codierung ableiten läßt. Im Prinzip wird dabei der Gesamt-Datenfluß unterteilt in die für unterschiedliche Qualitätsstufen benötigten Teil-Datenflüsse D1+D2+D3. Der portable Empfänger LDTV mit seiner "Limited Quality" nach *Bild 8.3* kann sich dann den hieran angepaßten Teil-Datenstrom D1 selektieren, während der Standard-Empfänger SDTV mit der "Standard Quality" die beiden Teil-Datenströme D1+D2 und der HDTV-Empfänger den gesamten Datenfluß benötigt.

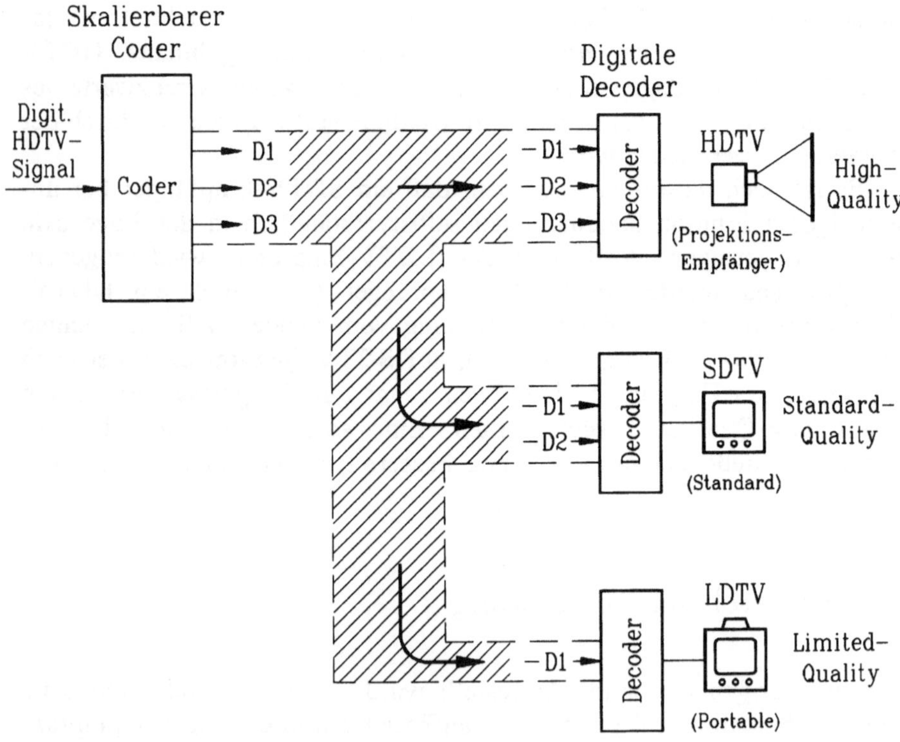

Bild 8.3: Prinzip einer hierarchischen Codierung

8.3 Hierarchische Modulation

Bei den ersten Normenempfehlungen für das terrestrische Digitalfernsehen DVB-T [172] wurde die skalierbare Codierung - und damit auch das "Spatial Scalability"-Verfahren (nach *Bild 8.1*) - nicht berücksichtigt. Ausführliche Studien hatten ergeben, daß dieses Verfahren ineffizient ist und durch die einfachere Methode der "Hierarchischen Modulation" (mit Parallelausstrahlung bestimmter Programmanteile) ersetzt werden kann.

Es handelt sich um die in ***Bild 8.4*** dargestellte "Non-Uniform"-64-QAM [161; 163]. Sehr treffend wird sie in [142; Abschn. 11.5] auch als "Multiresolution-QAM" bezeichnet. Im Gegensatz zur Standard-64-QAM (links in *Bild 8.4*), bei der die 64 Entscheidungswerte gleichmäßig über die komplexe Ebene verteilt sind, werden bei der "Non-Uniform"-64-QAM (rechts in *Bild 8.4*) in jedem der 4 Quadranten 16 Entscheidungswerte zu einer Gruppe zusammengefaßt. Wird nun das Rauschen infolge schlechter Empfangsbedingungen so groß, daß es die Schwelle zwischen den Entscheidungswerten überschreitet, dann käme es zu Bitfehlern und sogar zum Totalausfall der Digitalübertragung (*Bild 8.2*). Bei der hier gewählten Anordnung der Entscheidungswerte in 4 Gruppen, die in den 4 Quadranten der komplexen Ebene angeordnet sind

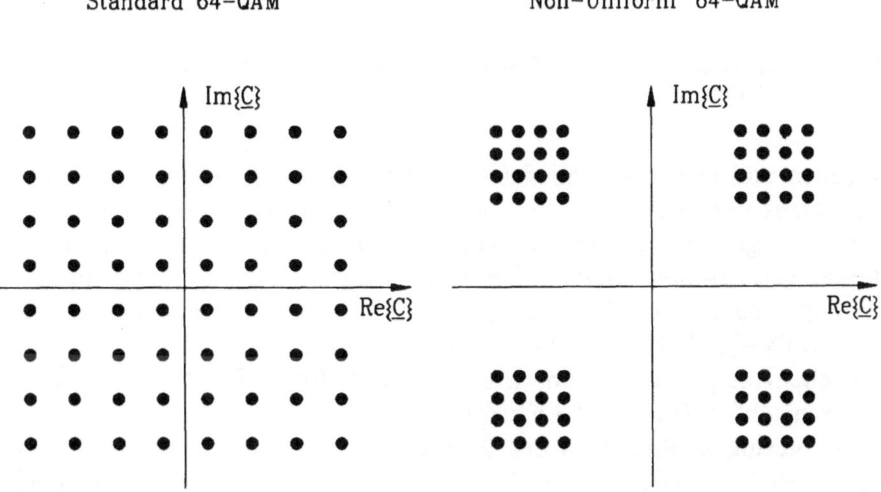

Bild 8.4: Prinzip einer hierarchischen Modulation

(rechts in *Bild 8.4*), wird der Demodulator auch bei sehr schlechtem Störabstand in jedem Falle den richtigen Quadranten selektieren, so daß das System auf eine 4-PSK = QPSK (siehe *Bild 7.2*) zurückfällt. Die nunmehr verbleibenden 2 bit garantieren ein Funktionieren des digitalen Fernsehempfangs auch bei schlechtem Störabstand. Dies ist möglich, da die verbleibenden 2 bit durch eine wirksamere Fehlerkorrektur entsprechend "robuster" übertragen werden können.

Bild 8.5 zeigt, welche Maßnahmen hierfür im Coder ergriffen werden müssen [172]. Diese Anordnung tritt bei einem DVB-T-Sender an die Stelle des für Satellitenübertragungen verwendeten Fehlerschutzes (hinter dem "Transport-Multiplex" in *Bild 7.4*). Nach dem "Datensplitting" in *Bild 8.5* werden die 2 bit mit einem stärkeren Fehlerschutz

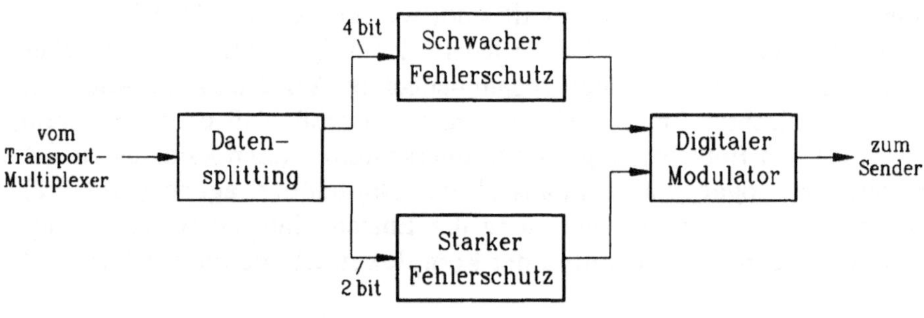

Bild 8.5: Fehlerschutz im DVB-T-Sender für die zweistufig-hierarchische Modulation

versehen und in der anschließenden "Digitalmodulation" für die Festlegung eines der vier Quadranten nach *Bild 8.4* (rechts) verwendet. Dies gelingt wegen der Bündelung von 16 Entscheidungswerten auch bei stärker verrauschtem Signal. Der hierbei angewendete wirksamere Fehlerschutz macht die Übertragung gegen Rauschen so robust, daß man mit SDTV-Qualität noch bis zu sehr geringen Feldstärken (starkem Rauschen) empfangen kann, wie die Darstellung "DVB-T zweistufig-hierarchisch" in Bild ***Bild 8.6*** zeigt.

Bei geringem Rauschen des Empfangssignals werden die nach *Bild 8.5* schwächer geschützten 4 bit dazu verwendet, einen der 16 Entscheidungswerte in dem jeweiligen Quadranten (*Bild 8.4* rechts) zu selektieren. Diese erste Stufe der Darstellung "DVB-T zweistufig-hierarchisch" in *Bild 8.6* entspricht dann einer so guten Bildqualität, daß eine EDTV-Übertragung durchgeführt werden kann.

Es läßt sich aber auch ein etwas einfacherer Empfänger einsetzen, der nur einstufig arbeitet und nach der Darstellung "DVB-T einstufig" in *Bild 8.6* mit einer mittleren Qualität sowie mit einem Ausfall bei geringerem Rauschen verbunden ist, dafür aber ohne Umschaltung aus-

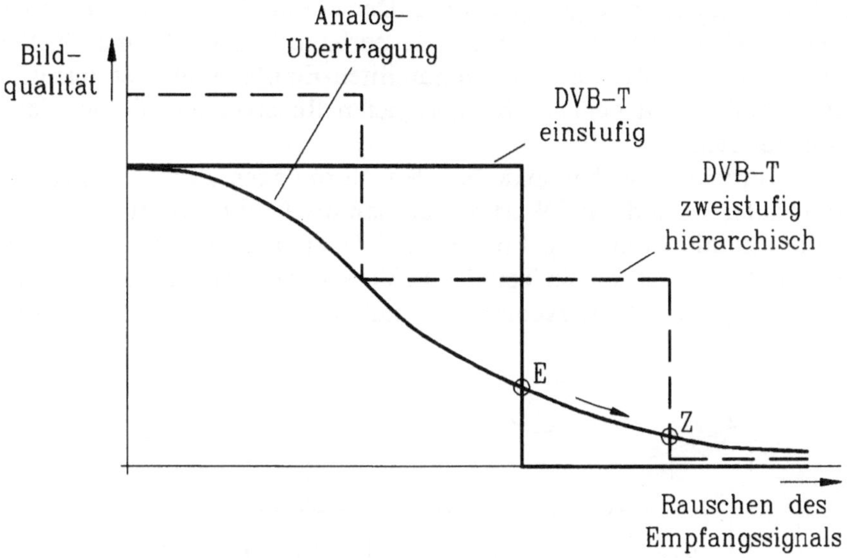

Bild 8.6: Einstufiger und zweistufig-hierarchischer DVB-T-Empfang

kommt [172]. Durch den Übergang vom einstufigen auf den zweistufigen Betrieb kann also nach *Bild 8.6* der Grenzwert des Rauschens, bei dem ein Totalausfall der Digitalübertragung auftritt, von "E" nach "Z" verschoben werden, so daß eine bessere Anpassung an die Eigenschaft der Analog-Übertragung vorliegt ("Graceful Degradation").

8.4 Multiträger-Modulation zur Vermeidung von Echoeffekten

In den Abschnitten 7.2 und 7.5 war anhand von *Bild 7.3* erläutert worden, warum man für die Satellitenübertragung des Digitalsignals eine QPSK-Modulation und für die Kabelübertragung eine 64-QAM-Modulation wählen muß. Eine terrestrische Übertragung des Digitalsignals erfordert wiederum eine andere Modulationsart, die gegenüber den in *Bild 8.1* dargestellten Echostörungen unempfindlicher ist. Verwendet werden soll die weiter unten ausführlich dargestellte OFDM-Modulation.

Es wäre nun sehr zweckmäßig, wenn eine Set-Top-Box - also das nach *Bild 7.7* vor den Fernsehempfänger zu schaltende Gerät - für alle drei Übertragungsarten geeignet wäre. Der in *Bild 7.8* (oben) nur für den Kabelfernseh-Anschluß geeignete "Hyperband-Receiver" und "QAM-Demodulator" müßte dann für den Satelliten-Empfang und den terrestrischen Empfang mit dem hierfür geeigneten Receiver und Demodulator ausrüstbar sein.

Vernünftigerweise hat man bei den Normungen der verschiedenen Übertragungswege darauf Wert gelegt, daß die MPEG-Multiplextechnik und die digitale Codierung für alle drei Übertragungswege im Prinzip gleich sind [164]. Auch ein Teil des Fehlerschutzes ist für die drei Empfangswege gleich ("Fehlerschutz 2" = äußerer Fehlerschutz), während

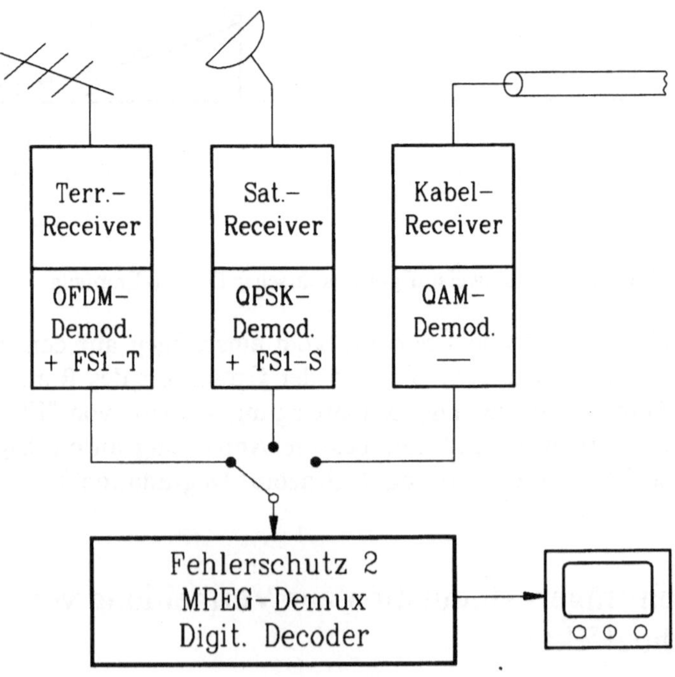

Bild 8.7: "Set-Top-Box" (Digitaler Receiver, vgl. *Bild 7.8*) mit Anpassung des "Frontend" an den jeweiligen HF-Eingang

der unterschiedlich gewählte innere Fehlerschutz als "FS1-T" im terrestrischen Empfänger und als "FS1-S" im Satelliten-Empfänger untergebracht werden muß (beim Kabelempfänger entfällt der innere Fehlerschutz). Deshalb ergibt sich für den Hersteller einer Set-Top-Box die sehr ökonomische Lösung nach ***Bild 8.7***. Die überwiegende Anzahl der Baugruppen (Fehlerschutz 2, MPEG-Demux, digitaler Decoder usw., siehe *Bild 7.8*) kann für die drei Anwendungen gleich bleiben. Durch Platinentausch oder Umschaltung (*Bild 8.7*) muß lediglich der an die entsprechende Übertragungsart (Terrestrisch/Satellit/Kabel) angepaßte Receiver und Demodulator gewechselt werden [164].

Für den terrestrischen Empfang ist nach *Bild 8.5* die bereits erwähnte OFDM-Demodulation vorgesehen. Das "Orthogonal Frequency Division Multiplex" (OFDM)-Verfahren hatte sich bereits beim "Digital Audio Broadcast" (DAB)-Verfahren bewährt. Der Gedanke lag daher nahe, es auch bei der digitalen terrestrischen Fernsehübertragung einzusetzen [166]. Auch hier geht es darum, die eigentlich störenden Echos als Beitrag zum Nutzsignal verwerten zu können.

Das OFDM-Verfahren ist ein Multiträgersystem. Der Datenfluß wird nach ***Bild 8.8a*** über einen Seriell/Parallel-Wandler auf N parallele Kanäle aufgeteilt und jeweils m Bits einer Trägerfrequenz aufmoduliert. Die Modulation jedes einzelnen Trägers mit den m = 6 bit erfolgt dabei nach der in Bild 8.4 (links) dargestellten 64-QAM-Technik, so daß sich ein komplexer Träger $\underline{C}_{i,k}$ ergibt. Die N Träger werden dann über eine "Inverse Diskrete Fourier Transformation" (IDFT) auf einen Zeitverlauf von der Nutzdauer T_N transformiert und blockweise ständig wiederholt. Man kann deshalb sagen, daß sich die Dauer des einzelnen Symbols durch diese Parallelübertragung über mehrere Träger erheblich (und zwar auf T_N) verlängert, so daß sich nach dem Zeitgesetz der elektrischen Nachrichtentechnik der Frequenzbedarf des einzelnen Symbols reduziert. Es wird durch die zeitliche Verlängerung robuster gegen Echostörungen [142, Abschn. 7.6].

Voraussetzung ist allerdings, daß nach der Darstellung des Sendesignals $s_{OFDM}(t)$ in ***Bild 8.9a*** ein sogenanntes "Guardintervall" T_G vorgesehen wird, damit der Beginn des Echosignals (gestrichelt in *Bild 8.9a*) nicht durch Einschwingvorgänge die Auswertung stört. Die Nutzauswertung darf dann erst nach Abschluß des Guardintervalls T_G beginnen [163].

Die Wahl des Guardintervalls richtet sich natürlich nach der zu erwartenden Laufzeitdifferenz $\tau_1 - \tau_0$ zwischen Echo und Hauptsignal (*Bild 8.1*). Nach ***Tabelle 8.1*** wurde für den Fall (1) angenommen, daß die Laufzeitdifferenz 20 µs beträgt, so daß das Guardintervall ebenfalls T_G = 20 µs gewählt werden muß. Dazu gehört eine Wegdifferenz zwischen Echo und Hauptsignal Δs = 20 µs · 300 000 km/s = 6 km. Kommt das Echosignal von einem Gleichwellensender (*Bild 8.1*), dann sind diese 6 km als Entfernungsunterschied Δs zwischen den beiden Sendern zu interpretieren. Dies aber ist für die Praxis ein viel zu geringer Wert. Δs = 60 km nach Fall (2) in *Tabelle 8.1* wäre eine realisierbare Annahme, wozu dann ein Guardintervall T_G = 200 µs gehört.

Nach [142, Abschn. 11.3.2] wird das Guardintervall an die jeweiligen praktischen Gegebenheiten angepaßt. Das ist wichtig, weil das Nutzintervall T_N nicht unnötig vergrößert werden darf.

	T_S	T_N	T_G	Δs	Δf	B	N	H'
			$T_S - T_N$	$T_G \times 300\,000$	$\frac{1}{T_N}$		$\frac{B}{\Delta f}$	$\frac{N \times 6\text{bit}}{T_s}$
(1)	180 µs	160 µs	20 µs	6 km	6,25 kHz	7,5 MHz	1200	40 Mbit/s
(2)	1 ms	800 µs	200 µs	60 km	1,25 kHz	7,5 MHz	6000	36 Mbit/s

Tabelle 8.1: Parameter des OFDM-Verfahrens
(1) Dimensionierung bei einer maximalen Echo-Laufzeit 20µs
(2) Dimensionierung bei Gleichwellenbetrieb mit maximaler Laufzeitdifferenz 200µs (entsprechend einem Senderabstand 60km)

Die Zusammenhänge sind in [165] ausführlich beschrieben und in ***Bild 8.9*** dargestellt. Danach setzt sich der Zeitverlauf des Ausgangssignals eines OFDM-Coders (*Bild 8.8a*) s_{OFDM} aus der Grundfrequenz $f_{i,1}$ und den Harmonischen $f_{i,2}$, $f_{i,3}$, ... zusammen (*Bild 8.9a*). Es sind dies die von den N Modulatoren in *Bild 8.8a* abgegebenen Mittenfrequenzen. Nach der Inversen Diskreten Fourier-Transformation "IDFT" werden diese auf den Zeitabschnitt T_N begrenzt, was gleichbedeutend ist mit der Multiplikation mit einer Fensterfunktion der Breite T_N. In der Spektraldarstellung (gewonnen aus der Diskreten Fourier-Transformation "DFT" im OFDM-Decoder nach *Bild 8.8b*) ergibt sich daraus eine si-Funktion als Hüllkurve für das Seitenlinienspektrum, das auf die Amplituden- und Phasenmodulation mit $\underline{C}_i$ zurückzuführen ist. In ***Bild 8.9b*** sind die Spektren für die Grundfrequenz $f_{i,1}$ und die ersten beiden Harmonischen $f_{i,2}$ und $f_{i,3}$ beispielhaft dargestellt. Mit $\Delta f = 1/T$ ergibt sich der kleinstmögliche Trägerabstand, denn der jeweils nächste Träger fällt exakt auf den Nullpunkt der Nachbarspektren, so daß in den OFDM-Demodulatoren (*Bild 8.8b*) eine sehr gute Trennung zwischen den Frequenzbändern möglich ist. Durch diese "Orthogonalität" lassen sich im Frequenzband viel mehr modulierte Träger unterbringen, als dies nach der konventionellen Methode durch Filtertrennung der Seitenlinienspektren möglich wäre.

Nach [165] errechnet sich der Frequenzabstand zwischen den Trägern Δf aus dem Reziprokwert des Nutzintervalls T_N. Je größer daher das Guardintervall T_G und damit auch T_N gewählt wird, um so dichter liegen die Träger. Das geht aus einem Vergleich der beiden Fälle (1)

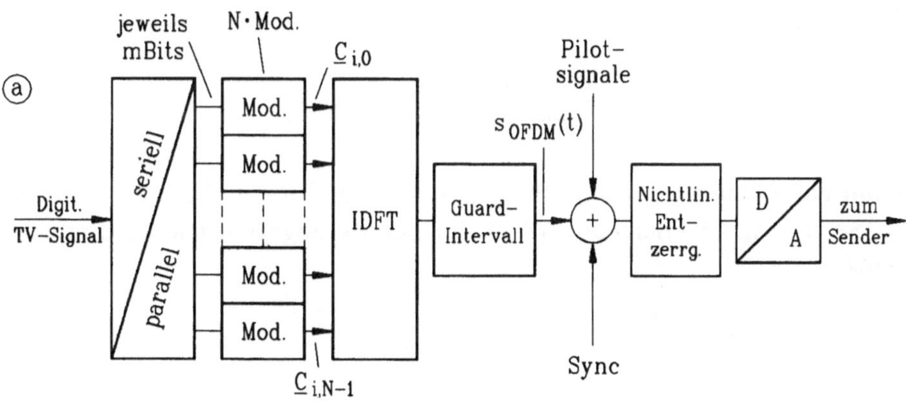

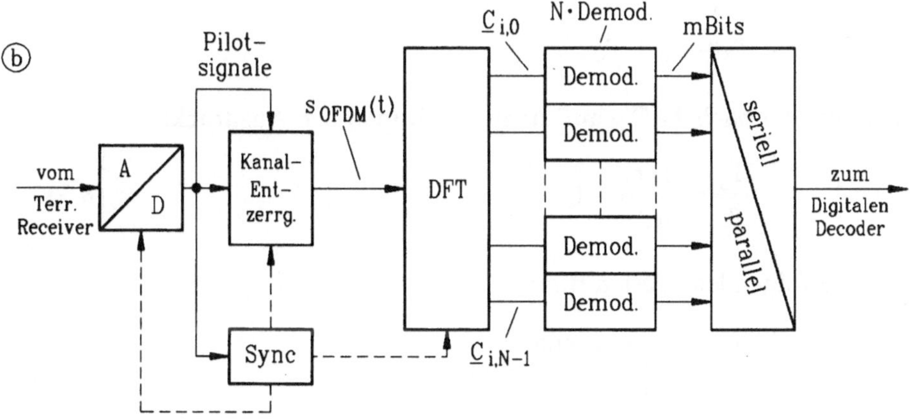

Bild 8.8: Multiträgersystem mit Orthogonal-Modulation (OFDM)
a) Blockschema des OFDM-Modulators
b) Blockschema des OFDM-Demodulators

und (2) in *Tabelle 8.1* hervor. Wird das Guardintervall T_G von 20 µs auf 200 µs erhöht, dann erhöht sich zwar der zulässige Entfernungsunterschied zwischen den Gleichwellensendern Δs von 6 km auf 60 km, dafür reduziert sich aber der Trägerabstand Δf von 6,25 kHz auf 1,25 kHz, was den Aufwand für die Trägertrennung im OFDM-Decoder erheblich erhöht.

Da die nutzbare Bandbreite bei einem 8-MHz-Fernsehkanal mit B = 7,5 MHz festliegt, erhöht sich beim Übergang von Fall (1) auf (2) (*Tabelle 8.1*) die Zahl der Träger N = B/Δf von 1200 auf 6000. Da über jeden Träger m = 6 bit übertragen werden, ergibt sich für den gesamten Datenfluß

$$H' = \frac{N \cdot m}{T_S} = \frac{1200 \cdot 6\text{bit}}{180\mu s} = 40\,\text{Mbit/s} \tag{8.1}$$

beim Fall (1) und 36 Mbit/s für den Fall (2) in *Tabelle 8.1*.

Setzt man in Gleichung (8.1) die bereits angegebenen Zusammenhänge

$$N = \frac{B}{\Delta f},$$

$$\Delta f = \frac{1}{T_N}, \tag{8.2}$$

$$T_S = T_N + T_G$$

ein und löst nach T_G/T_N auf, dann erhält man den Ausdruck:

$$\frac{T_G}{T_N} = \frac{B \cdot m}{H'} - 1, \tag{8.3}$$

was zu folgenden Werten führt:

$$\frac{T_G}{T_N} = \frac{7{,}5\text{MHz} \cdot 6\text{bit}}{40\text{Mbit/s}} - 1 = 0{,}125$$

für den Fall (1) und T_G/T_N = 0,25 für den Fall (2) in *Tabelle 8.1*. So ergibt sich mit T_G = 20 µs das Nutzintervall zu T_N = 20 µs/0,125 = 160 µs (Fall 1) und mit T_G = 200 µs das Nutzintervall zu T_N = 200 µs / 0,25 = 800 µs (Fall 2). Damit besagt Gleichung (8.3), daß

Nutzintervall T_N und Guardintervall T_G in einem festen Verhältnis zueinander stehen, wenn die nutzbare Kanalbandbreite B, die Zahl der Bits pro Teilkanal (Träger) m und der zu übertragende maximale Datenfluß H' praktisch festgelegt sind.

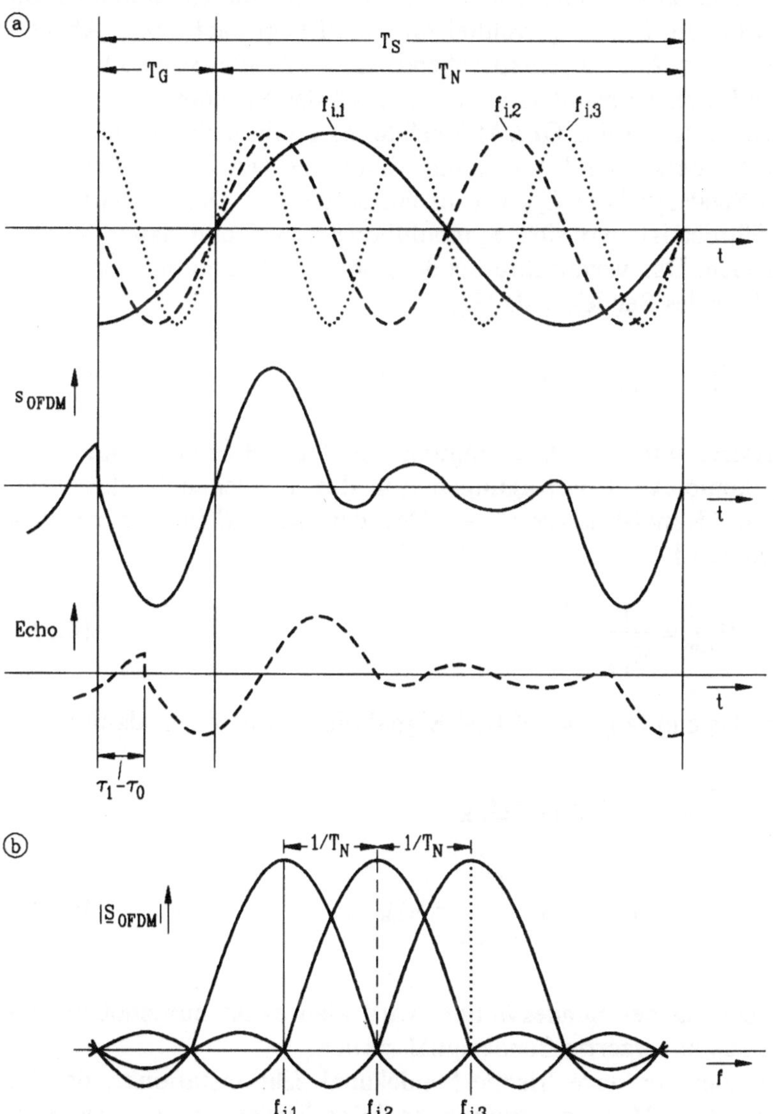

Bild 8.9: Verlauf des übertragenen OFDM-Signals am Beispiel dreier Frequenzen des Multiträgersystems
a) Zeitverlauf (mit Echostörung)
b) Amplituden-Frequenzspektrum

T_N wächst also mit dem Guardintervall T_G bei immer größeren Entfernungsunterschieden $\Delta s = T_G \cdot 300\,000$ km/s zwischen den Gleichwellensendern. Gleichzeitig reduziert sich – wie bereits erwähnt – der Frequenzabstand $\Delta f = 1/T_N$ zwischen den Trägern, was den Aufwand im OFDM-Decoder erhöht und somit indirekt auch die T_G-Erhöhung begrenzt. Ein für die Praxis gewählter Grenzfall liegt nach [142, Abschn. 11.3.2] bei $T_G = 224\ \mu$s, entsprechend $\Delta s = 224\ \mu \cdot 300\,000$ km/s = 67,2 km als Entfernungsunterschied zwischen den Sendern.

Eine Schwierigkeit des OFDM-Verfahrens ergibt sich aus der Tatsache, daß ein nichtidealer Übertragungsfaktor die den Einzelträgern zugeordneten Sendesymbole $\underline{C}_{i,k}$ verfälscht, so daß die Orthogonalität der Träger gefährdet ist und sich Symbolübersprechen und damit Verzerrungen ergeben. Das verfälschte Sendesymbol wird dann mit dem Übertragungsfaktor des Sendekanals $\underline{H}_{i,k}$:

$$\underline{C}'_{i,k} = \underline{C}_{i,k} \cdot \underline{H}_{i,k}. \tag{8.4}$$

Verzerrungsfrei wird die Übertragung des OFDM-Signals nur dann, wenn der komplexe Übertragungsfaktor des Sendekanals durch ein Netzwerk im "Kanal-Entzerrer" des Decoders nach *Bild 8.8b* reziprok nachgebildet wird:

$$\underline{H}'_{i,k} = \frac{1}{\underline{H}_{i,k}}. \tag{8.5}$$

Durchläuft das empfangene OFDM-Signal diesen Entzerrer, dann wird:

$$\begin{aligned} \underline{C}^*_{i,k} &= \underline{C}_{i,k} \cdot \underline{H}_{i,k} \cdot \underline{H}'_{i,k} \\ &= \underline{C}_{i,k} \cdot \underline{H}_{i,k} \cdot \frac{1}{\underline{H}_{i,k}} = \underline{C}_{i,k}. \end{aligned} \tag{8.6}$$

Die Verfälschung der Sendesymbole wird also exakt aufgehoben, und man erhält das unverzerrte Sendesignal zurück.

Nun ist aber der terrestrische Sendekanal sehr instationär, da sich vor allem bei OFDM-Anwendung im mobilen Einsatz ständig Änderungen der Mehrwegeausbreitung (durch Reflexionsänderungen) ergeben. Deshalb muß der Übertragungskanal mit Prüfsignalen, die in kurzen Abständen gesendet werden, ständig neu vermessen und die Kanal-Entzerrung im Decoder nachgestellt werden. Das besorgen die im Addierglied des OFDM-Coders (*Bild 8.8a*) zugesetzten "Pilotsignale", die am Eingang des Decoders (*Bild 8.8b*) wieder abgetrennt und zur Nachstellung der Kanal-Entzerrung verwendet werden.

Eine solch komplizierte Korrektureinrichtung könnte aber völlig entfallen, wenn die in [165; 166] beschriebene 64-DAPSK (Differential Amplitude Phase Shift Keying) verwendet wird. Es handelt sich hier um eine differentielle Modulation, wobei im Decoder auf das jeweils eine Periode vorher empfangene Signal normiert wird, so daß der Übertragungsfaktor des terrestrischen Kanals praktisch herausfällt. Die ständige Messung des Übertragungsfaktors und die komplexe Nachstellung des Kanal-Entzerrers im Decoder kann dann entfallen.

Leider führt die Einführung der differentiellen Modulation zu einer Vergrößerung des für den Empfang benötigten Störabstandes um 2-3 dB. Will man diese erhebliche Systemverschlechterung vermeiden, muß das DAPSK-Signal z.B. kohärent demoduliert werden. Damit allerdings geht der Vorteil des Verfahrens beim Einsatz in mobilen Empfangssituationen wieder verloren. Aus diesem Grund hat das zuständige Gremium "Technical Module" des DVB-Projektes (siehe Abschn. 8.6) sich entschlossen, das differentielle OFDM-Verfahren nicht in den Standard für die digitale terrestrische Übertragungstechnik einzubeziehen.

Ein weiteres Problem des OFDM-Verfahrens ist nun noch seine Empfindlichkeit gegenüber nichtlinearen Verzerrungen. Dies erklärt sich aus dem Auftreten von Kombinationsfrequenzen, wenn die N = 1200 - 6000 Einzelträger (*Tabelle 8.1*) auf eine nichtlineare Kennlinie treffen. In [166; 169] wird die Vergrößerung der Bitfehlerrate unter dem Einfluß von nichtlinearen Kennlinien berechnet, wie sie bei Halbleiter-Verstärkern oder Sender-Endstufen auftreten können. Bei ersten Übertragungsversuchen mit dem OFDM-Verfahren behalf man sich deshalb mit einer Reduzierung der Senderleistung, um die Linearitätsforderung zu erfüllen [168]. Es ist jedoch der bessere Weg, die Nichtlinearität einer Sender-Endstufe durch die im *Bild 8.8a* im Ausgang des OFDM-Coders eingeschaltete "Nichtlineare Entzerrung" zu kompensieren bzw. einen solchen Entzerrer in die Video-Vorstufen des Senders einzubauen.

8.5 Gleichwellen-Sendernetz

Wie bereits in Abschnitt 8.1 (*Bild 8.1*) dargestellt, können beim terrestrischen Empfang digitaler Fernsehsignale die von einem Gleichwellensender empfangenen Signalanteile die gleichen Störeffekte auslösen wie ein Echosignal. In beiden Fällen ergibt sich die im vorigen Abschnitt 8.4

(*Bild 8.9a*) dargestellte Überlagerung des Nutzsignals s_{OFDM} mit dem Echo-Signal bzw. dem Signal des Gleichwellensenders (gestrichelte Darstellung), wobei die Laufzeitdifferenz $\tau_1 - \tau_0$ auftritt. Die Einführung eines "Guardintervalls T_G" sorgt dann dafür, daß Einschwingvorgänge vermieden werden. Dazu muß die Länge des Guardintervalls an die in der Praxis auftretende Echo-Laufzeit bzw. an den zu erwartenden Entfernungsunterschied der Gleichwellensender angepaßt werden. Beträgt letzterer $\Delta s = 60$ km, dann ist nach *Tabelle 8.1* (Fall 2) ein Guardintervall von $T_G = 200$ µs erforderlich, was dann allerdings auch zur Übertragung von N = 6000 Trägern des OFDM-Verfahrens führt. Experimentelle Studien mit hochintegrierten Schaltungen hoher Verarbeitungsgeschwindigkeit zeigen, daß solche OFDM-Techniken realisierbar sind [142, Abschn. 11.4].

Damit eröffnet sich die Möglichkeit einer völlig neuartigen terrestrischen Verteiltechnik der Fernsehsignale. Für die heute übliche Vollversorgung eines Landes mit nur einem einzigen Fernsehprogramm benötigt man nach ***Bild 8.10a*** eine Vielzahl von Sendern mit zum Teil unterschiedlichen Sendefrequenzen (hier beispielsweise 28 Sender), deren Versorgungsgebiete sich theoretisch leicht überlappen. Die Kreise beziehen sich auf eine bestimmte Grenz-Feldstärke. Diese Darstellung ist der Arbeit [170, Bild 1] entnommen und wird vereinfachenderweise auf ein fast ebenes Gelände bezogen. Der UKW-Sendebetrieb erfordert natürlich eine Anpassung an die Topographie mit mehr oder weniger großen Senderabständen und entsprechend gewählten Sendeleistungen. Im Mittel aber gilt die Darstellung von *Bild 8.10a* für eine Vollversorgung. Die Zahlen geben die Kanäle (verschiedene Sendefrequenzen) an.

Man erkennt in *Bild 8.10a*, daß bei der bisherigen Sender-Netzplanung diejenigen Sender, welche die gleiche Sendefrequenz benutzen, weit auseinander liegend angeordnet werden, damit ein "Gleichwellenempfang" weitestgehend ausgeschlossen werden kann, da er bei der derzeit verwendeten Analog-Sendetechnik zu Interferenzstörungen führen würde (siehe die schraffierten Felder für den Kanal 1). Geographisch unmittelbar benachbarte Sender müssen damit auf unterschiedlichen Sendefrequenzen (Sendekanälen) arbeiten. Damit ergibt sich – allein für die Verteilung eines einzigen Programms – bei einer Vollversorgung des ganzen Landes ein ungeheurer Aufwand an Sendefrequenzen. Dies um so mehr, als ja den anderen Programmveranstaltern andere Sendefrequenzen – selbstverständlich über eine zusätzliche Senderkette – mit einer entsprechenden Kanalverteilung zur Verfügung gestellt werden müssen.

Eine um Größenordnungen günstigere Frequenzökonomie würde sich dagegen ergeben, wenn man auf einen Gleichwellenbetrieb übergehen könnte [170]. Alle Sender in *Bild 8.10a* würden dann mit der gleichen Sendefrequenz betrieben. Dies läßt sich nun aber nur mit einer digitalen terrestrischen Fernsehversorgung realisieren bei gleichzeitiger Anwendung der OFDM-Technik. Nach Abschnitt 8.4 (*Bild 8.9a*) muß dann allerdings das Guardintervall T_G groß genug gewählt werden, um Einschwingvorgänge und damit Empfangsstörungen zu vermeiden. *Tabelle*

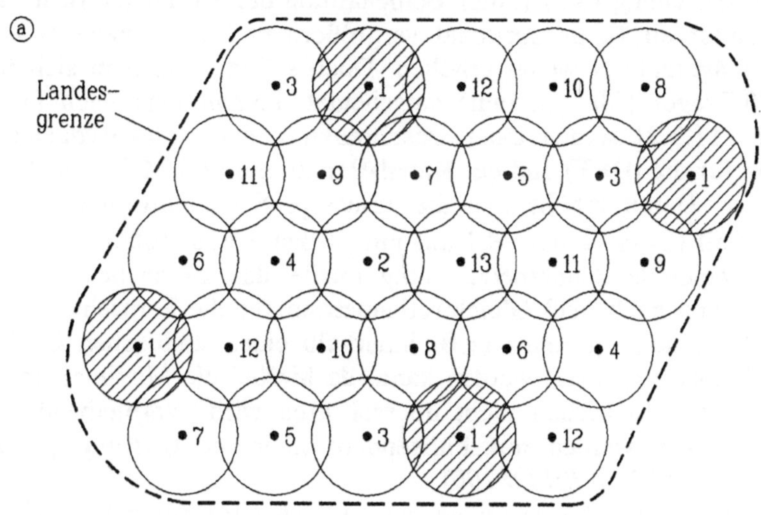

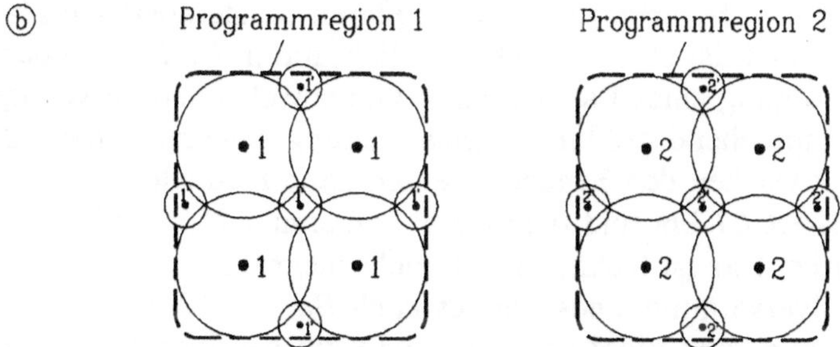

Bild 8.10: Terrestrische Netzstrukturen für die Vollversorgung einer Programmregion
a) Flächendeckende Verteilung eines Fernsehprogramms über 28 Analogsender mit 13 Frequenzkanälen innerhalb eines Landes
b) Gleichwellentechnik mit wenigen Digitalsendern innerhalb einer Region

8.1 zeigt, daß sich für T_G = 200 µs ein zulässiger Entfernungsunterschied zwischen den empfangenen Gleichwellensendern von 60 km ergibt. Im Grenzfall, wenn sich der Empfangsort in unmittelbarer Nähe eines Senders befindet, wäre der Gleichwellensender maximal 60 km entfernt. Dies ist damit auch gleichzeitig der zulässige Senderabstand zwischen den Gleichwellensendern. Für die Vollversorgung eines ganzen Landes nach *Bild 8.10a* würde das kaum ausreichen.

Eine nochmalige Vergrößerung des Guardintervalls T_G würde aber nach Gleichung (8.3) (unter Beibehaltung der Parameter B, m, H') das Nutzintervall T_N proportional vergrößern und damit nach *Tabelle 8.1* die Trägerzahl N weiter erhöhen. Doch selbst wenn man sich für N = 8000 Träger ("8k" genannt) entscheidet, kommt man nach [142, Abschn. 11.3.2] wegen einer Beschränkung der Abtastfrequenz (9,143 MHz für die IDFT) und der Kanal-Bandbreite (7,5 MHz) auf N = 6785 Träger. Damit erhöht sich die zulässige Senderentfernung gegenüber dem Fall (2) in *Tabelle 8.1* auf nur 60 km × 6785 / 6000 ≈ 67 km. Für eine regionale Sendernetzplanung dürfte das ausreichen. ***Bild 8.10b*** zeigt dann auch, daß Gleichwellenbetrieb für die Fernsehverteilung eines Regionalprogramms (z.B. innerhalb eines städtischen Großraums) mit Erfolg eingesetzt werden kann, da hierbei die Maximal-Entfernung 67 km mit Sicherheit nicht überschritten wird. Verbleibende Versorgungslücken werden mit Füllsendern kleinerer Leistung geschlossen (siehe 1' und 2' in *Bild 8.10b*).

Verlockend wäre es, wenn man gleichzeitig mit der Beschränkung auf eine einzige Sendefrequenz (Gleichwellenbetrieb) auch die Zahl der Sender reduzieren könnte. Da aber durch die Beschränkung der Trägerzahl beim OFDM-Verfahren keine größeren Senderabstände als 67 km realisierbar sind, ist es auch nicht möglich, die in *Bild 8.10a* dargestellte Vollversorgung eines Landes durch Gleichwellenbetrieb weniger Sender mit entsprechend größerer Senderleistung sicherzustellen. Die Entfernungen zwischen den Sendern werden dann nämlich so groß, daß sie den Grenzwert 67 km und damit die Trägerzahl N = 6785 bei weitem überschreiten. Das ist technologisch nicht mehr realisierbar.

Die Vollversorgung eines Landes nach *Bild 8.10a* mit Gleichwellenbetrieb ist nur dann möglich, wenn man die heutigen Sender mittlerer Leistung beibehält und sicherstellt, daß die Senderabstände den Grenzwert 67 km nicht überschreiten. Die bei der analogen Sendetechnik erforderlichen zahlreichen Sendefrequenzen (Kanäle) erübrigen sich dann und könnten anderen Nutzern zur Verfügung gestellt werden. Die Programmwahl erfolgt beim Gleichwellenbetrieb durch das zeitliche Demultiplexing im "MPEG-Demux" der Set-Top-Box nach *Bild 7.8*. Der im Gleichwellenbetrieb über eine einzige Sendefrequenz übermittelte Datenstrom von 36-40 Mbit/s (*Tabelle 8.1*) ist ein Bruttowert. Er reduziert sich nach [142, Abschn. 11.6.1] durch Berücksichtigung des Fehlerschutzes auf etwa 20 Mbit/s für die Videoübertragung. Darin können – analog zur Abschätzung in Abschnitt 7.4 – zwei TV-Kanäle in EDTV-Qualität oder vier TV-Kanäle in SDTV-Qualität bzw. später auch 1 HDTV-Signal übertragen werden.

Technologischer Hintergrund

Bei einer digitalen Fernsehübertragung über terrestrische Sendernetze kommt das Problem der Mehrwegeausbreitung hinzu. Durch Anwendung des ursprünglich für "Digital Audio Broadcast" (DAB) entwickelten hochkomplexen Modulationsverfahrens "OFDM" auf die digitale terrestrische Fernsehübertragung läßt sich der Einfluß einer Echostörung vermeiden. Durch ein größeres "Guardintervall" ist auch Gleichwellenempfang möglich. Damit wäre der Weg frei für eine völlig neue Netzstruktur mit hervorragender Frequenzökonomie. Doch zeigt sich hier wieder besonders deutlich die unmittelbare Verknüpfung solcher neuartiger Fernsehverteiltechniken mit den technologischen Fortschritten der integrierten Schaltungstechnik. Für die Anpassung des OFDM-Verfahrens an einen Senderabstand von 67 km des Gleichwellenverfahrens sind 6785 Träger erforderlich, deren Trennung im OFDM-Decoder höchste Präzision erfordert. Hinzu kommt die hierbei notwendige extrem schnelle Verarbeitung der "Diskreten Fourier-Transformation" (DFT). Nach *U. Reimers* [142, Abschn. 11.4] entstanden bereits Mitte 1994 erste Prototypen solcher schnellen IC-Bausteine für die 8192 Transformationspunkte der DFT. Mit ihrer 0,5-µm-CMOS-Technologie stellten sie eine großartige Ingenieurleistung dar, waren aber in der Serienfabrikation zu teuer. Man wartet nun auf eine 0,35-µm-CMOS-Technologie, die nach *Tabelle 6.1* nur mit direkt arbeitenden Belichtungen herstellbar und für die Serienherstellung besser geeignet ist. Im November 1995 hat das "Technical Module" des DVB-Projektes (Abschn. 8.6) die Spezifikation für das terrestrische DVB verabschiedet – später dann noch eine umschaltbare 2k/8k-Version eingeführt –, so daß mit der baldigen Produktion solcher hochkomplexer integrierter Bausteine für das OFDM-Verfahren gerechnet werden kann.

8.6 Entwicklungsstand und Chancen des digitalen terrestrischen Fernsehens

Die Entwicklung des terrestrischen "Digital Video Broadcasting" (DVB-T) ist eingebunden in das Organisationsschema des Europäischen DVB-Projektes (*Bild 8.11*). Nach zunächst inoffiziellen Kontakten seit Ende 1991 als "European Launching Group" bzw. "Working Group for Digital Television Broadcasting" (WGDTB) wurde das "European DVB Project" im September 1993 offiziell ins Leben gerufen und die Organisationsstruktur nach *Bild 8.11* festgelegt. Die Zahl der Mitgliedsfirmen lag zuletzt bei 180, wobei diese aus 17 Ländern Europas kommen [142, Abschn. 1.2.2]. Man kann dies nur als einen bewundernswerten - nahezu gigantischen - Aufbruch in ein neues Zeitalter der Fernsehtechnik bezeichnen. Er trägt einerseits euphorische Züge, andererseits erhofft sich die große Zahl von Mitgliedsfirmen von der Digitalen Fernsehtechnik den entscheidenden Impuls für eine umfassende wirtschaftliche Belebung des Fernsehmarktes. Deshalb sind nicht nur Gerätehersteller, sondern auch Netzbetreiber, Programmanbieter und Behörden aus den einzelnen Ländern beteiligt.

Der hier sichtbare Pioniergeist wurde aber auch initiiert durch die in USA zu beobachtende Entwicklung, die nach vielfältigen Vorschlägen zu den NTSC-kompatiblen HDTV-Übertragungsverfahren 1991 einen totalen Schwenk zu digitalen Übertragungsverfahren vornahm, nachdem die *General Instrument Corporation* auf dem Fernsehsymposium 1991 in Montreux den ersten "Hybrid-Coder" mit der Bezeichnung "Digicipher" in einer Rechner-Simulation vorgeführt hatte (siehe Abschn. 5.5). Hiermit wurden die für das Digitale Fernsehen benötigten Datenreduktionsfaktoren 30 ... 50 realisierbar, so daß die Jahresmitte 1991 als Startzeitpunkt für die in den USA und in Europa ausbrechenden Aktivitäten zur Vorbereitung einer digitalen Fernsehübertragungstechnik angesehen werden kann.

Dabei konzentrierte man sich in den USA zunächst ganz auf die digitale terrestrische HDTV-Übertragung in konsequenter Fortführung der vorausgegangenen Entwicklung von analogen HDTV-Übertragungssystemen. Auch als sich im Frühjahr 1993 vier Firmen und das MIT (Massachussetts Institute of Technology) zur "Grand Alliance HDTV-System" zusammenschlossen, um einen gemeinsamen Vorschlag für das digitale System auszuarbeiten, hielten sie - wie ja die Bezeichnung sagt - an der HDTV-Übertragung fest [142, Abschn. 1.2.1]. Auch die in der WGDTB gebündelten europäischen Aktivitäten bezogen zunächst noch die HDTV-Übertragung ein [145]. 1993 verließ man jedoch dieses Konzept, da aus den in Abschnitt 6.4 angeführten Gründen (noch keine leistungsfähige Displaytechnik vorhanden!) die Hochzeilen-Fernsehtechnik zunächst zurückgestellt werden mußte. Statt dessen setzte man frühzeitig auf die Attraktivität einer Vervielfachung der Kanalzahl mit der Standard-Qualität des 625-Zeilen-Systems (SDTV) [144]. Welche neuartigen medientechnischen Möglichkeiten sich durch diese Kanalvervielfachung ergeben, wurde ja in Abschnitt 7.9 dargestellt.

Ein weiterer wesentlicher Unterschied in der Strategie des Europäischen DVB-Projektes gegenüber den Bemühungen um das Digitale Fernsehen in den USA war, daß man sich schon ab 1993 ganz auf die Satelliten- und Kabelübertragung des digitalen Fernsehsignals konzentrierte [144]. Die zunächst geübte Beschränkung auf das terrestrische Digital-Fernsehen in den USA hängt mit dem starken Interesse der kleinen lokalen Fernsehstationen an der für die regionale Werbung attraktiven terrestrischen Verteilung des Fernsehsignals zusammen. Erst als im Sommer 1994 Versuchssendungen über Satellit mit dem digitalen Multi-Kanalsystem "Direc TV" [155] begannen, war zu erkennen, daß auch in den USA ein Interesse an der digitalen Satellitenübertragung von Fernsehprogrammen besteht.

Das Organisationsschema des Europäischen DVB-Projektes in *Bild 8.11* läßt erkennen, daß man sich in den vom "Steering Committee" eingesetzten "Modules" sowohl mit der digitalen Satelliten- und Kabelübertragung als auch mit der digitalen terrestrischen Übertragung befaßt. Dabei geben die "Commercial Modules" die Anforderungen an das jeweilige Übertragungssystem aus der Sicht des Nutzers vor. Die Koordination der eigentlichen Entwicklungsarbeit und insbesondere die Erarbeitung von Normempfehlungen werden vom "Technical Module" durchgeführt. Diese besonders verantwortungsvolle Aufgabe hat man *Prof. Ulrich Reimers, Technische Universität Braunschweig*, übertragen [142, Abschn. 1.2.2].

Bereits im November 1993 konnte das "Technical Module" einen Normungsvorschlag für die Digitale Fernsehübertragung über Satelliten an das "European Telecommunications Standards Institute" (ETSI) übergeben, das damit im November 1994 den "European Telecommunications Standard" (ETS 300421) für die digitale Satellitenübertragung festschrieb. Die Standardisierung für die digitale Kabelübertragung erfolgte im Januar 1994 als "ETS 300429".

Die Basisarbeit für die Normentwürfe wurde dabei in der jeweils zuständigen Untergruppe von *Bild 8.11* ("Working Groups" für die 3 Standards: DVB-T, DVB-C, DVB-S) durchgeführt. Solch eine Untergruppe existiert also auch für die digitale terrestrische Übertragung

("DVB-T"). Die vorhergehenden Abschnitte dieses Kapitels 8 machten aber sicher deutlich, wieviel komplexer die Festlegung einer Norm für die digitale terrestrische Übertragung ist. Dies ist mit den stark wechselnden Übertragungseigenschaften einer terrestrischen Fernsehverteilung zu begründen. Deshalb nahm die Bearbeitung des Standards für DVB-T (terrestrisches Digital-Video-Broadcasting) etwas mehr Zeit in Anspruch als beim Standard für DVB-S (Satellit) und DVB-C (Kabel).

Ein weiterer Grund für die etwas zögernde Haltung der Entscheidungsgremien bei der Einführung von DVB-T ist das derzeitige Fehlen von freien Kanälen für das terrestrische Digitale Fernsehen. Nach [145] kämen dafür nur die UHF-Kanäle 61-69 in Frage, wenn die hier untergebrachten militärischen Dienste entfernt werden könnten [142, Abschn. 1.5]. Trotz all dieser Schwierigkeiten konnte jedoch zu Beginn des Jahres 1995 auch der DVB-T-Standard vom "Technical Module" verabschiedet werden [142, Kap. 11].

Nach [171; 172] standen für die Vorbereitung dieses DVB-T-Standards die Erfahrungen einiger europäischer Forschungsinstitutionen zur Verfügung, die mit der terrestrischen Digitalübertragung schon seit einigen Jahren experimentierten. Es sind dies die Projekte "dTTb", "HD-DIVINE" und "HDTV-T". Nach [172] wurden diese Aktivitäten in einer speziellen Arbeitsgruppe "Task Force on System Comparison" (TFSC) gebündelt und nach *Bild 8.11* in die Beratungen der Task Force "Digital Terrestrial Television-System Aspects" (DTTV-SA) eingespeist.

Dabei ist "dTTb" ein aus 30 Partnern bestehendes, von der Europäischen Union gefördertes RACE-Projekt mit dem Schwerpunkt der Frequenzplanung sowie der Entwicklung von Modulations- und Kanalcodierungsverfahren. Bei "HD-DIVINE" handelt es sich um das älteste europäische Projekt für die Realisierung einer digitalen Fernsehübertragung (Start bereits 1991). Entwickelt wurde dieses ursprünglich für eine digitale HDTV-Übertragung (mit 24 Mbit/s) gedachte und später an die europäische Digitalnorm angepaßte Verfahren von einem skandinavischen Konsortium, das dann in eine Privatfirma überführt wurde. Auch in Deutschland begannen bereits 1991 die Untersuchungen für eine digitale HDTV-Übertragung. In diesem vom *Bundesministerium für Forschung und Technologie (BMFT)* geförderten Vorhaben war das "*Heinrich-Hertz-Institut (HHI)*" federführend. Ab Frühjahr 1992 gehörten dem Verbundprojekt 9 (später 11) Partner aus Industrie, Behörden und Universitäten an. Untersucht wurde die Frage der "Hierarchical Digital Television Transmission" (HDTV-T) [171]. Die Buchstaben "HDTV" wurden hier also bewußt allgemeiner interpretiert, da man auch in diesem Projekt die HDTV-Übertragungstechnik zurückstellen mußte. Schwerpunkt des Projekts, das man bis Ende 1995 terminiert hatte, war die terrestrische Digitalübertragung von Fernsehsignalen aller Qualitätsgrade unter besonderer Berücksichtigung hierarchischer Methoden (siehe Abschn. 8.2).

Zu den 11 Partnern des HHI gehört nach [171] auch das *Forschungs- und Technologie-Zentrum (FTZ)* der *Telekom* in Darmstadt und Berlin. Hierdurch sollte die Erfahrung dieser Forschungsgruppe mit dem Gleichwellenbetrieb eingebracht werden. Hierbei sind ja Empfangsversuche mit terrestrischen Sendern unter normalen geographischen Bedingungen – sogenannte Feldversuche ("field tests") – von großer Bedeutung.

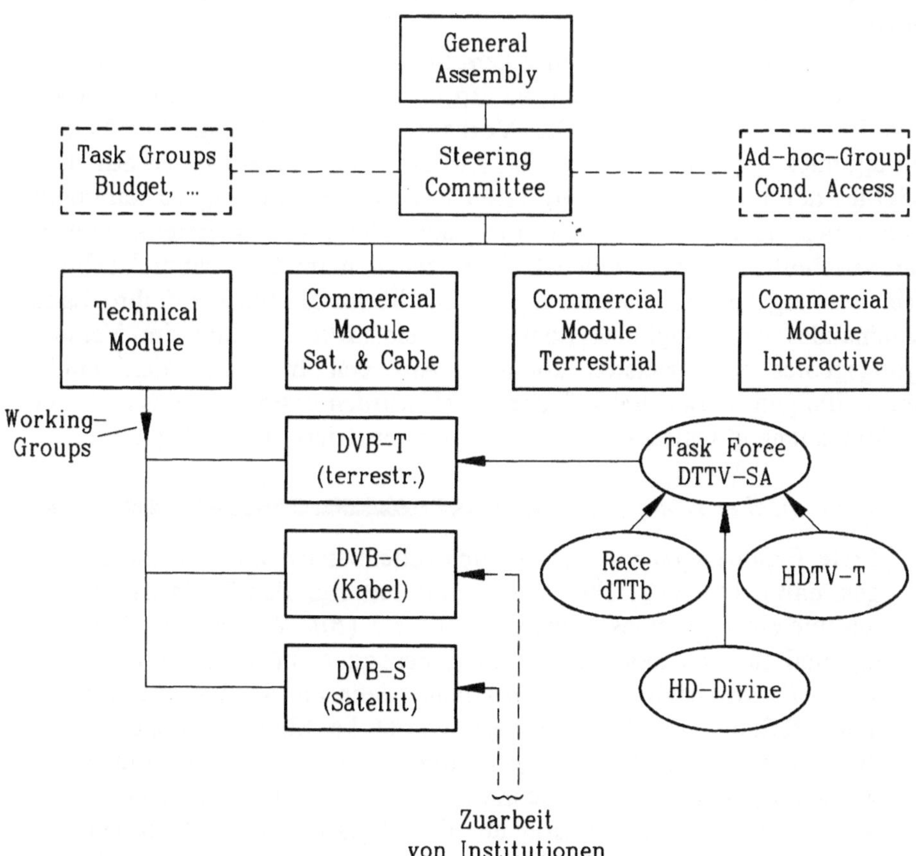

Bild 8.11: Organisationsstruktur des Europäischen DVB-Projektes

In Deutschland wurden allererste Übertragungsversuche mit digitalen Fernsehsignalen im September 1992 vom WDR-Sender Langenberg aus durchgeführt. Es war dies eine Gemeinschaftsaktion des Fachbereichs Nachrichtentechnik der *Bergischen Universität - Gesamthochschule Wuppertal* (*Prof. F. J. In der Smitten*), wo die Empfangsversuche und die Auswertungen stattfanden, der Firma *Thomson CSF, Frankreich*, und der *Thomson Consumer Electronics Corporate Research, Villingen*, von denen die Codier- und Modulationseinrichtungen (OFDM-Verfahren) zur Verfügung gestellt wurden, sowie des *Westdeutschen Rundfunks, Köln*, der die Senderanlage Langenberg (Kanal 38) zur Verfügung stellte. Bei diesen Feldversuchen konnte man erste Erkenntnisse über das Übertragungsverhalten OFDM-modulierter digitaler Fernsehsignale gewinnen [168].

Diese Feldversuche mit nur einem Sender boten noch keine Gelegenheit, den Gleichwellenempfang zu erproben. Dies aber war das Projektziel des FTZ der *Telekom*. Das Vorhaben wurde "VIDINET" (= "Video in digitalen Netzen") genannt. Die Aufgabe war, Erfahrungen auf dem Gebiet der terrestrischen Digitalen Fernsehübertragung zu sammeln unter besonderer Berücksichtigung des Gleichwellenbetriebs, wie er in Abschnitt 8.5 dargestellt ist. Dazu wurden im Großraum Berlin 5 *Telekom*-eigene TV-Sender ausgesucht, die im Hinblick auf ihre Lage zueinander eine möglichst homogene Feldstärkeverteilung im Versorgungsgebiet gewährleisten konnten. Auf den Internationalen Funkausstellungen in Berlin 1993 und 1995 wurden erste Ergebnisse dieser Feldversuche in Online-Vorführungen demonstriert [167; 173].

Technologischer Hintergrund

Erste Erfahrungen mit dem Gleichwellenbetrieb im Feldtest zeigen, daß bei terrestrischer Versorgung mit digitalen Fernsehsignalen nur ein regionales Gleichwellen-Netz (*Bild 8.10b*) zweckmäßig und für den mobilen Empfang besonders nützlich ist [173]. Wie z.B. im Großraum Berlin können dann die Senderentfernungen unterhalb eines Maximalwerts von 60 km bleiben, so daß sich die Trägerzahl des OFDM-Verfahrens nach Abschnitt 8.5 mit etwa 6000 gerade noch in technologisch vertretbaren Grenzen bewegt, was sich auch günstig auf den Preis des OFDM-Modems auswirken dürfte. Die flächendeckende Fernsehversorgung werden bei einer zukünftigen Digitaltechnik bevorzugt Satelliten und Kabel übernehmen. Im lokalen und regionalen Bereich hat dagegen das terrestrische Digitale Fernsehen eine echte Chance.

Literatur

[1] ASCHOFF, V.: Geschichte der Nachrichtentechnik, Band 2. Springer-Verlag Berlin Heidelberg New York London Paris Tokyo 1987

[2] SCHRÖTER, F. (Hrsg.): Handbuch der Bildtelegraphie und des Fernsehens. Julius Springer, Berlin 1932

[3] SCHÖNFELDER, H.: Bildkommunikation. Springer-Verlag, Berlin Heidelberg New York 1983

[4] KIRSCHSTEIN, F.; KRAWINKEL, G.: Fernsehtechnik. S. Hirzel-Verlag, Stuttgart 1952

[5] KELL, R. D.; BEDFORD, A. V.; FREDENDALL, G. L.: A Determination of Optimum Number of Lines in a Television System. RCA Review 5 (1940), No. 1, S. 8-30

[6] PEARSON, D. E.: Transmission and Display of Pictorial Information. Pentech Press Limited, London 1975

[7] TÜMMEL, H.: Laufbildprojektion. Springer-Verlag, Wien New York 1973

[8] DILLENBURGER, W.: Einführung in die deutsche Fernsehtechnik. Schiele & Schön, Berlin 1953

[9] SCHÖNFELDER, H.: Fernsehtechnik, Teil 1. Justus von Liebig Verlag, Darmstadt 1972

[10] SCHÖNFELDER, H.: Fernsehtechnik, Teil 2. Justus von Liebig Verlag, Darmstadt 1973

[11] PRESSLER, H.: Entwicklung des Farbfernsehens in Deutschland. Fernmeldetechn. Zeitschrift 1 (1948), S. 99-102

[12] FINK, D. G.: Alternativ Approaches to Color Television. Proceedings of the IRE 39 (1951), S. 1124-1134

[13] SCHÖNFELDER, H.: Bildübertragung im Weltraum. Fernseh- und Kinotechnik 27 (1973), Teil 2; H. 8, S. 281-282

[14] LANG, H.: 40 Jahre Farbfernsehen nach dem Prinzip der konstanten Luminanz. Fernseh- und Kinotechnik 49 (1995), H. 1/2, S. 35-40

[15] CHASTE, R.; CASSAGNE, P.: Arbeitsweise und Vorteile des Farbfernsehverfahrens SECAM. Elektronische Rundschau 14 (1960), S. 361-366

[16] PEYROLES, H.: Fortschritte beim SECAM Farbfernsehen. Radio Mentor 27 (1961), S. 361-366

[17] CASSAGNE, P.: Neue Verbesserungen beim SECAM-Farbfernsehsystem. Radio Mentor 28 (1962), S. 833-834

[18] BRUCH, W.: Das PAL-Farbfernsehen – Prinzipielle Grundlagen der Modulation und Demodulation. Nachrichtentechn. Zeitschrift 17 (1964), S. 109-121

[19] SCHÖNFELDER, H.: 25 Jahre PAL-Fernsehen. Braunschweigische Wissenschaftl. Gesellschaft, Jahrbuch 1993, S. 97-104

[20] SCHÖNFELDER, H.: 25 Jahre PAL-Farbfernsehen in Deutschland '92, Sonderheft der Firma BTS, Darmstadt 1992

[21] BRUCH, W.; RIEDEL, H.: PAL – Das Farbfernsehen. Deutsches Rundfunk-Museum e.V., Berlin 1987

[22] SCHÖNFELDER, H. (Hrsg.): Digitale Filter in der Videotechnik. Drei-R-Verlag, Berlin 1988

[23] TEICHNER, D; SCHÖNFELDER, H.: Verbesserung der Farbfernseh-Bildqualität durch digitale Videosignalverarbeitung. Nachrichtentechn. Zeitschrift 39 (1986), H. 4, S. 226-236

[24] WELTERSBACH, W.; JACOBSEN, M.: Digitale Videosignalverarbeitung im Farbfernsehempfänger. Fernseh- und Kinotechnik 35 (1981), H. 9, S. 317-323; H. 10, S. 371-379

[25] MÖRING, W.: Konzepte der Taktverkopplung für den digitalen Fernsehempfänger. Fernseh- und Kinotechnik 40 (1986), H. 3, S. 105-111

[26] MÖRING, W.: Takt- und Farbträgerverarbeitung im digitalen Fernsehempfänger. Dissertation an der Techn. Universität Braunschweig 1985

[27] HERRMANN, M.: Digitaler Fernsehempfänger mit unverkoppeltem Systemtakt. Dissertation an der TU Braunschweig 1992

[28] CHRISTOPH, H.: Analyse der Cross-Color-Störung bei schrägem Strichrastertest für das NTSC- und PAL-Farbfernsehsystem. Nachrichtentechn. Zeitschrift 26 (1973), H. 5, S. 210-216

[29] TEICHNER, D.: Fernsehen mit erhöhter Bildqualität. Dissertation an der TU Braunschweig 1989. Drei-R-Verlag, Berlin 1990

[30] WENDLAND, B.; SCHRÖDER, H.: Fernsehtechnik, Band II. Hüthig Buch Verlag, Heidelberg 1991

[31] SCHÖNFELDER, H.: Verbesserung der PAL-Bildqualität durch digitale Interframetechnik. Fernseh- und Kinotechnik 38 (1984), H. 6, S. 231-238

[32] TEICHNER, D.: Qualitätsverbesserung durch adaptive Inter-Intraframe-Verarbeitung im PAL-Heimempfänger. Fernseh- und Kinotechnik 40 (1986), H. 2, S. 65-73

[33] TEICHNER, D.: PAL-Coder und -Decoder mit dreidimensionalen Filtertechniken – Subjektive Tests. Fernseh- und Kinotechnik 43 (1989), H. 6, S. 310-322

[34] BERNATH, K.W.: Grundlagen der Fernseh-System- und -Schaltungstechnik. Springer-Verlag, Berlin Heidelberg New York 1982

[35] JACOBSEN, H.-M.: Bildschärfeverbesserung mittels digitaler Verarbeitung im PAL-Farbfernsehempfänger. Dissertation an der TU Braunschweig 1983

[36] SCHÖNFELDER, H.; JACOBSEN, M.: Qualitätsverbesserung einer PAL-Farbfernsehübertragung durch digitale Filtertechnik. Frequenz 37 (1983), H. 11/12, S. 324-333

[37] SCHÖNFELDER, H.; WIEST, H.: Bewegungsschätzung in Bildfolgen für die Rauschreduktion in Fernsehempfängern und zur Messung von Objektbewegungen bei gestörter Bildinformation. DFG-Vorhaben Scho 33/32-1, Abschlußbericht, September 1994

[38] TEICHNER, D.: PAL-Coder und -Decoder mit dreidimensionalen Filtertechniken. Fernseh- und Kinotechnik 42 (1988), H. 9, S. 403-422

[39] HENTSCHEL, Chr.; JOHANSEN, Chr.; TEICHNER, D.: Bildspeichergestützte digitale Verarbeitung von Fernsehsignalen. Fernseh- und Kinotechnik 40 (1986), H. 3, S. 112-117; H. 4, S. 152-156; H. 5, S. 211-216

[40] KRAUS, U.: Vermeidung des Großflächenflimmerns in Fernseh-Heimempfängern. Rundfunktechn. Mitt. 25 (1981), H. 6, S. 264-269

[41] HENTSCHEL, Chr.: Theoretischer und subjektiver Vergleich verschiedener Flimmerreduktionsverfahren. Rundfunktechn. Mitt. 31 (1987), H. 2, S. 75-82

[42] HENTSCHEL, Chr.: Fernsehen mit erhöhter Bildqualität - Flimmerreduktion durch erhöhte Vertikalfrequenz im Empfänger. Dissertation an der TU Braunschweig 1989. Drei-R-Verlag, Berlin 1990

[43] MÄUSL, R.: Fernsehtechnik. Hüthig Buch Verlag, Heidelberg 1991

[44] MAYER, N.: Die neue Fernsehtechnik. Franzis-Verlag, München 1987

[45] FUKINUKI, T.; HIRANO, Y.; YOSHIGI, H.: Experiments on Proposed Extended-Definition TV with Full NTSC Compatibility. SMPTE Journal 93 (1984), No. 10, S. 923-929

[46] TEICHNER, D.: Von HDTV zu ATV – oder über ATV zu HDTV? Nachrichtentechn. Zeitschrift 42 (1989), H. 9, S. 566-572

[47] WECKENBROCK, H.; WEDAM, W.: ACTV: Advanced Compatible Television - Vorschlag für eine neue, kompatible Breitband-Fernsehnorm für die USA. Fernseh- und Kinotechnik 42 (1988), H. 7, S. 305-311

[48] WENDLAND, B.: Entwicklungsalternativen für zukünftige Fernsehsysteme. Fernseh- und Kinotechnik 34 (1980), H. 2, S. 41-48

[49] HABERMANN, W.: "Breit-PAL" - Anlaß und Überlegungen zu einer Variante des PAL-Standards. Fernseh- und Kinotechnik 43 (1989), H. 10, S. 522-526

[50] REIMERS, U.; SANDBANK, Ch. P.; ZIEMER, A.: PALplus – eine vollkompatible Weiterentwicklung des PAL-Farbfernsehens. Fernseh- und Kinotechnik 45 (1991), H. 6, S. 391-397

[51] HENTSCHEL, Chr.; SCHÖNFELDER, H.: Probleme des Formatwechsels bei zukünftigen verbesserten PAL-Verfahren. Fernseh- und Kinotechnik 45 (1991), H. 7, S. 347-355

[52] HENTSCHEL, Chr.: Bandaufspaltung zur Rasterkonversion für eine PALplus-Übertragung. Fernseh- und Kinotechnik 46 (1992), H. 11, S. 742-754

[53] HERFET, Th.: Breitbild-PAL mit vertikaler Bandaufspaltung. Fernseh- und Kinotechnik 46 (1992), H. 10, S. 673-679

[54] EBNER, A.; MATZEL, E.; MORCOM, R.; OCHS, R.; RIEMANN, U.; SILVERBERG, M.; STOREY, R.; VREESWIJK, F.; WESTERKAMP, D.: PALplus: Übertragung von 16:9-Bildern im terrestrischen Kanal. Fernseh- und Kinotechnik 46 (1992), H. 11, S. 733-739

[55] KAYS, R.: Ein Verfahren zur verbesserten PAL-Codierung und -Decodierung. Fernseh- und Kinotechnik 44 (1990), H. 11, S. 595-602

[56] HEBER, H. K.: Neue Bearbeitungs- und Sendeeinrichtung des ZDF für das Bildformat 16:9. Fernseh- u. Kinotechnik 46 (1992), H. 7/8, S. 497-504

[57] ZIEMER, A.; MATZEL, E.: PALplus – Auf dem Weg zum Durchbruch? Fernseh- und Kinotechnik 49 (1995), H. 3, S. 127

[58] BRUCH, W.: System zur Übertragung eines Farbfernsehsignals, insbesondere für eine Aufzeichnung oder ein Fernsehtelefon. Deutsches Patent Nr. 2056684 vom 18.11.1970 (AEG-Telefunken)

[59] VAN DEN BUSSCHE, W.: Farbfernsehsystem. Deutsches Patent Nr. 2156201 vom 12.11.1971 (Philips)

[60] BRAND, G.: Signalverarbeitung mit analogen Speichern in der Fernsehtechnik. Fernseh- und Kinotechnik 30 (1976), H. 3, S. 81-85

[61] BOYLE, W. S.; SMITH, G. E.: Charge Coupled Semiconductor Devices. Bell System Techn. Journal 49 (1970), S. 587-593

[62] BRAND, G.; MÜLLER, G.; SCHÖNFELDER, H.; WENDLER, K.-P.: "Timeplex" - ein serielles Farbcodierverfahren für Heim-Videorecorder. Fernseh- und Kinotechnik 34 (1980), H. 12, S. 451-458

[63] SCHÖNFELDER, H.: Komponententechnik im Fernsehen. Fernseh- und Kinotechnik 40 (1986), H. 8, S. 371-378

[64] SCHÖNFELDER, H.: Farbfernsehen erhöhter Bildqualität durch Komponenten-Übertragungstechnik. Frequenz 41 (1987), H. 1/2, S. 3-10

[65] LÜKE, H.-D.: Signalübertragung. Springer-Verlag Berlin Heidelberg New York 1979

[66] BRAND, G.: Experimentelle Studie für ein Farbbildtelefonsystem. Fernseh- und Kinotechnik 29 (1975), H. 1, S. 5-9

[67] SCHÖNFELDER, H.: Zur Konzeption eines Farb-Bildfernsprechsystems. Nachrichtentechn. Zeitschrift 30 (1977), H. 2, S. 163-168

[68] BRAND, G.: Ein Zeitmultiplex-Übertragungssystem für das Farbbildtelefon. Dissertation an der Technischen Universität Braunschweig 1979

[69] WENDLER, K.-P.: Ein optimiertes TDM-Farbvideo-Signal zur Satellitenübertragung und terrestrischen Verteilung. Nachrichtentechn. Zeitschrift 36 (1983), H. 12, S. 816-819

[70] DOSCH, Ch.: C-MAC/Paket-Normvorschlag für den Satellitenrundfunk. Rundfunktechn. Mitt. 29 (1985), H. 1, S. 23-35

[71] FUJIO, T.: A Study of High-Definition TV-System in the Future. IEEE Transactions on Broadcasting, Vol. BC-24 (1978), No. 4

[72] NAUMANN, H.-D.: Übertragungsexperimente mit hochauflösenden Fernsehsystemen über Satelliten. Bild und Ton 34 (1981), H. 6, S. 187-188

[73] WENDLAND, B.: Einführungsstrategien für HiFi-Fernsehsysteme. Fernseh- und Kinotechnik 35 (1981), H. 9, S. 325-332

[74] ANNEGARN, M.J.J.C.; ARRAGON, J.P.; DE HAAN, G.; VAN HEUVEN, J.H.C.; JACKSON, R.N.: HD-MAC: A Step Forward in the Evolution of Television Technology. Philips Technical Review 43 (1987), No. 8

[75] VOGT, C.: Kamera-Abtaststandards in zukünftigen Fernsehsystemen. Rundfunktechn. Mitt. 34 (1990), H. 6, S. 249-258

[76] BOIE, W.: TV-Systeme mit erhöhter Bildqualität - Vergleich zwischen MUSE und HD-MAC. Fernseh- und Kinotechnik 45 (1991), H. 12, S. 671-680; 46 (1992), H. 1, S. 41-52; H. 2, S. 128-131

[77] TONGE, G. J.: The Sampling of Television Images. Independent Broadcast Authority IBA, Report No. 112 (1981)

[78] NINOMIYA, Y.; OHTSUKA, Y.; IZUMI, Y.; GOHSHI, S.; IWADATE, Y.: An HDTV Broadcasting System Utilizing Bandwidth Compression Technique - MUSE. IEEE Transactions on Broadcasting, Vol. BC-33 (1987), No. 4, S. 130-160

[79] SILVERBERG, M.: HQTV-Systeme – Ein Vergleich. Fernseh- und Kinotechnik 42 (1988), H. 10, S. 483-502

[80] SCHÖNFELDER, H.: Farbfernsehen 3, Studioregie- und Synchronisiertechnik. Justus von Liebig Verlag, Darmstadt 1968

[81] SCHÖNFELDER, H.: Vom Komponenten-Studio zur HDTV-Produktion. Nachrichtentechn. Zeitschrift 41 (1988), H. 7, S. 406-409

[82] SCHÖNFELDER, H.: Probleme eines HDTV-Fernsehstudios. Nachrichtentechn. Zeitschrift 42 (1989), H. 9, S. 544-554

[83] ZIEMER, A.: Digitales Fernsehen - Eine neue Dimension der Medienvielfalt. R.v.Decker's Verlag, G. Schenck GmbH, Heidelberg 1994

[84] STRACHAN, D.; CONROD, R.: Serial Video Basics. SMPTE Journal 104 (1995), No. 5, S. 254-257

[85] HEBER, H.; WINTER, E.; ZIEMER, A.: Neue Studios für verbesserte Fernsehnormen? Fernseh- und Kinotechnik 45 (1991), H. 1, S. 13-19

[86] KALB, H.-W.: Erste digitale Produktionsinsel im SDR in Stuttgart. Fernseh- und Kinotechnik 48 (1994), H. 10, S. 521-527

[87] LENZ, H. et al.: Das neue Fernsehproduktionsstudio des BR in München-Unterföhring. Fernseh- u. Kinotechnik 48 (1994), H. 12, S. 653-666

[88] SCHÖNFELDER, H.: Digitale Regietechnik im HDTV-Studio. Fernseh- und Kinotechnik 41 (1987), H. 6, S. 237-242

[89] RIEMANN, U.; WIEBEN, W.: Schnelle Signalverarbeitung in einem zukünftigen digitalen HDTV-Studio. Fernseh- und Kinotechnik 40 (1986), H. 3, S. 90-96

[90] RIEMANN, U.; SCHÖNFELDER, H.; CHMIELEWSKI, I.: Methoden der Signalverarbeitung in einem digitalen HDTV-Chromakey-Mischer. Fernseh- und Kinotechnik 42 (1988), H. 6, S. 259-264

[91] RIEMANN, U.: Schaltsignalerzeugung für einen digitalen HDTV-Effektmischer. Dissertation an der TU Braunschweig 1990. Fortschrittberichte VDI, Reihe 10, Nr. 145 (1990)

[92] BOLEWSKI, N.: Olympiade 1250 und neue HDTV-Entwicklungen bei BTS. Fernseh- und Kinotechnik 46 (1992), H. 9, S. 594-596

[93] SCHÖNFELDER, H.: HDTV an den Grenzen der Physik? Fernseh- und Kinotechnik 47 (1993), H. 9, S. 529-530

[94] PRZYBYLA, H.; MORITA, T.: "EBR"-Electron Beam Recording - Der Transfer von "HDVS"-Aufzeichnungen auf 35-mm-Film. Fernseh- und Kinotechnik 40 (1986), H. 8, S. 347-350

[95] N.N.: Tapeless Production & Broadcasting. Fernseh- und Kinotechnik 49 (1995), H. 6, "Special" mit 6 Beiträgen zum Thema

[96] SCHRÖTER, F.: Speicherempfang und Differenzbild im Fernsehen. AEÜ 7 (1953), S. 63-70

[97] HASKELL, BG.; MOUNTS, F.W.; CANDY, J.C.: Interframe Coding of Videotelephone Pictures. Proc. of the IEEE 60 (1972), H. 7, S. 792-800

[98] WENDT, H.: Interframe-Codierung für Videosignale. Internationale Elektronische Rundschau 27 (1973), H. 1, S. 2-7

[99] CUTLER, C.: Differential Quantization of Communication Signals. U.S. Patent 2605361, July 29, 1952

[100] CONNOR, D.J.; BRAINARD, R.C.; LIMB, J.O.: Intraframe Coding for Picture Transmission. Proceedings of the IEEE 60 (1972), No. 7, S. 779-791

[101] SCHÖNFELDER, H.: Nachrichtenreduktion in der Fernsehtechnik. Fernseh- und Kinotechnik 27 (1973), H. 1, S. 3-8; H. 2, S. 53-55

[102] KRETZMER, E. R.: Versuche zur günstigen Codierung von Bildinformation. Nachrichtentechn. Fachberichte 6 (1957), S. II/19-II/25

[103] SCHÖNFELDER, H.; PREUSS, D.; SCHLINK, W.; WENDT, H.: Experimentalvorführung zur Quellencodierung. Nachrichtentechn. Fachberichte 40 (1971), S. 56-71

[104] WENDT, H.: Redundanz- und Informationsreduktion von Fernsehsignalen. Nachrichtentechn. Fachberichte 40 (1971), S. 46-55

[105] BRAINARD, R.D.;CANDY, J.C.: Direct-Feedback Coders: Design and Performance with Television Signals. Proceedings of the IEEE 57 (1969), No. 5, S. 775-786

[106] MUSMANN, G.; PIRSCH, P.; GRALLERT, H.-J.: Advances in Picture Coding. Proceedings of the IEEE 73 (1985), No. 4, S. 523-548

[107] BURGMEIER, J.: Dreidimensionale DPCM mit Entropiecodierung und adaptivem Filter. Nachrichtentechnische Zeitschrift 30 (1977), H. 3, S. 251-254

[108] WINTZ, P. A.: Transform Picture Coding. Proceedings of the IEEE 60 (1972), No 7, S. 809-819

[109] PABEL, K.: Transformationen in der digitalen Signalverarbeitung. Nachrichtentechnische Zeitschrift 37 (1984), H. 5, S. 290-297; H. 6, S. 364-369

[110] BACCHI, H.; MOREAU, A.: Orthogonale Transformation von Farbfernsehbildern in Echtzeit. Philips Techn. Rundschau 38 (1979), H. 4/5, S. 124-137

[111] PALK, W.: Digicipher – All Digital Channel Compatible, HDTV Broadcast System. IEEE Transactions on Broadcasting 36 (1990), No. 4, S. 245-254

[112] YAMAUCHI, H.; TASHIRO, Y.; MINAMI, T.; SUZUKI, Y.: Architecture and Implementation of a Highly Parallel Single-Chip Video DSP. IEEE Transactions on Circuits and Systems for Video Technology 2 (1992), S. 207-219

[113] ETO, Y.; UMEMOTO, M.; MITA, S.; NAGAHARA, Sh.: An Experimental Digital VTR for HDTV. SMPTE Journal 95 (1986), No. 2, S. 215-219

[114] TANIMURA, H.; HASHIMOTO, Y.; YOSHINAKA, T.: HDTV Digital Tape Recording. Proc. 3rd Intern. Colloq. on Advanced Television Systems, HDTV '87, Ottawa, S. 2.7.1.-2.7.19

[115] PRZYBYLA, H.: Digitale HDTV-Aufzeichnung. Fernseh- und Kinotechnik 44 (1990), H. 3, S. 133-142

[116] HAUSDÖRFER, M.: Zur digitalen HDTV-Aufzeichnung. Fernseh- und Kinotechnik 43 (1989), H. 7, S. 364-367

[117] HEDTKE, R.: HDTV – Digitale Aufzeichnung. Fernseh- und Kinotechnik 47 (1993), H. 9, S. 545-550

[118] SCHIFFLER, W.: HD-Recording, digitale Aufzeichnung für die Zukunft. 16. Jahrestagung der FKTG in Nürnberg 1994, Tagungsband, S. 688-710

[119] MORGENSTERN, B.: Technik der magnetischen Videosignalaufzeichnung. B. G. Teubner Verlag, Stuttgart 1985

[120] WEITZEL, O.: Effektiver Band-Kopf-Abstand bei der magnetischen Bildaufzeichnung mit hoher Band-Kopf-Geschwindigkeit und kurzen Wellenlängen. Dissertation an der Techn. Universität Braunschweig 1988

[121] SIAKKOU, M.: Digitale Bild- und Tonspeicherung. VEB Verlag Technik, Berlin 1985

[122] PRZYBYLA, H.: Datenreduktion bei digitalen Videorecordern für Studioanwendungen und zukünftige Strategien. 16. Jahrestagung der FKTG in Nürnberg 1994, Tagungsband, S. 737-752

[123] KAUFF, P.; FECHTER, F.: Leistungsgrenzen datenreduzierter HDTV-Magnetbandaufzeichnung. Fernseh- und Kinotechnik 47 (1993), H. 12, S. 749-756

[124] FELL, W.: Betrachtung des neuen digitalen Aufzeichnungsstandards für Audio- und Videosignale vom Standpunkt des Laufwerkherstellers. 12. Jahrestagung der FKTG in Mainz 1986, Tagungsband, S. 829-843

[125] REIMERS, U.: Zur Auflösung von Fernsehkameras mit Halbleiter-Bildsensoren. Dissertation an der Technischen Universität Braunschweig 1982

[126] BUCHWALD, W.-P.: Analyse von Halbleiter-Farbfernsehkameras erhöhter Bildauflösung. Dissertation an der Techn. Universität Braunschweig 1986

[127] ISHIKAWA, K.; JIZUKA, T.; NISHI, N.; LEWIS, R.; PRZYBYLA, H.: Eine 2 Mio Pixel FIT CCD-Camera für HDTV. 15. Jahrestagung der FKTG in Berlin 1992, Tagungsband, S. 568-588

[128] KOPPE, R.; MOELANDS, A.; STOKE, F.: A high Performance, full Bandwidth HDTV-Camera, applying the first 2.2 Million Pixel Frame Transfer CCD Sensor. 15. Jahrestagung der FKTG in Berlin 1992, Tagungsband, S. 554-567

[129] POETSCH, D.: Lösungswege zur HDTV-Filmabtastung. 12. Jahrestagung der FKTG in Mainz 1986, Tagungsband, S. 273-291

[130] SPEIDEL, J.: Video-Datenkompression – Stand und Perspektiven für multimediale Anwendungen. 6. Dortmunder Fernsehseminar 1995, ITG-Fachbericht 136, VDE-Verlag GmbH Berlin Offenbach, S. 29-38

[131] ROTTHALER, M.: Aspekte der Programmproduktion auf Film für zukünftige Breitbild-Fernsehsysteme. 15. Jahrestagung der FKTG in Berlin 1992, Tagungsband, S. 342-355

[132] MAHLER, G.: Wiedergabe von HDTV-Bildern mit Lichtventilprojektion. Fernseh- und Kinotechnik 38 (1984), H. 1, S. 11-16

[133] MAHLER, G.: Möglichkeiten der Lichtventil-Großbildprojektion für HDTV. Frequenz 37 (1983), H. 11/12, S. 300-306

[134] GERHARD-MULTHAUPT, R.: Light-Valve Technologies for High-Definition Television Projection Displays. Displays 12 (1991), H. 3/4, S. 115-128

[135] SAND, R.: Laser-TV. Fernseh- und Kinotechnik 47 (1993), H. 9, S. 561-562

[136] REUBER, C.: Flachbildschirme ... der weite Weg zu Nipkows Vision. Fernseh- und Kinotechnik 47 (1993), H. 4, S. 231-242

[137] TOMIOKA, M.; HAYASHI, Y.: Liquid Crystal Projection Display for HDTV. 17th International Television Symposium Montreux 1991, Symposium Record, Broadcast Session, S. 697-709

[138] N.N.: Neues Lichtventil-Projektionssystem. Fernseh- und Kinotechnik 47 (1993), H. 5, S. 331-333

[139] MARKANDEY, V.; GOVE, R. J.: Digital Display Systems Based on the Digital Micromirror Device. SMPTE Journal 40 (1995), No. 10, S. 680-685

[140] SÜVERKRÜBBE, R.: Satellitentechnik – Verteiler- und Rundfunksatelliten. Rundfunktechn. Mitteilungen 24 (1980), H. 2, S. 72-78

[141] LIESENKÖTTER, B. (Hrsg.): 12 GHz-Satellitenempfang. Hüthig-Verlag Heidelberg 1986

[142] REIMERS, U. (Hrsg.): Digitale Fernsehtechnik. Springer-Verlag Berlin Heidelberg 1995

[143] MÄUSL, R.: Digitale Modulationsverfahren. Hüthig-Verlag Heidelberg 1988

[144] REIMERS, U.: Das europäische Systemkonzept für die Übertragung digitalisierter Fernsehsignale per Satellit. Fernseh- und Kinotechnik 48 (1994), H. 3, S. 115-123

[145] REIMERS, U.: Systemkonzepte für das Digitale Fernsehen in Europa. Fernseh- und Kinotechnik 47 (1993), H.7/8, S. 451-461

[146] REIMERS, U.: Digitales Fernsehen für Europa - ein Statusbericht. Fernseh- und Kinotechnik 48 (1994), H. 10, S. 517-519

[147] TEICHNER, D.: Der MPEG-2-Standard. Fernseh- und Kinotechnik 48 (1994), H. 4, S. 155-163 (Teil 1); H. 5, S. 227-237 (Teil 2)

[148] HERPEL, C.: Der MPEG-2-Standard (Teil 3). Fernseh- und Kinotechnik 48 (1994), H. 6, S. 311-319

[149] SCHRÖDER, E. F.: Der MPEG-2-Standard (Teil 4). Fernseh- und Kinotechnik 48 (1994), H. 7/8, S. 364-373

[150] RIEMANN, U.: Der MPEG-2-Standard (Teil 5). Fernseh- und Kinotechnik 48 (1994), H. 9, S. 460-468

[151] DÖRING, K.-H.; GRIMM, K.; ROPPEL, C.; SIPAHI, S.: Das Breitbandverteilnetz als Netzplattform für interaktive Videodienste. 6. Dortmunder Fernsehseminar 1995, ITG-Fachbericht 136, VDE-Verlag GmbH Berlin Offenbach, S. 79-84

[152] STENGER, L.: Das europäische Systemkonzept für die Übertragung digitalisierter Fernsehsignale im Kabel. 16. Jahrestagung der FKTG in Nürnberg 1994, Tagungsband, S. 67-80

[153] BARTH, U.; FISCHER, O.; HEIDEMANN, R.; VOGT, C.: Pilotprojekte für interaktive Videodienste in Berlin und Baden-Württemberg. 6. Dortmunder Fernsehseminar 1995, ITG-Fachbericht 136, VDE-Verlag GmbH Berlin Offenbach, S. 59-64

[154] KAYS, R.: Endgeräte für interaktive Video- und Multimediadienste. 6. Dortmunder Fernsehseminar 1995, ITG-Fachbericht 136, VDE-Verlag GmbH Berlin Offenbach, S. 39-47

[155] BEYERS, B.W.; CHRISTOPHER, L.; SAINT GIRONS, R.; TEICHNER, D.: DirecTV/USSB/DSS - das erste Multi-Kanalsystem für die Digitale Satellitenübertragung von Fernsehprogrammen. 16. Jahrestagung der FKTG in Nürnberg 1994, Tagungsband, S. 227-241

[156] BATHE, P.: "Video-on-Demand" - Die Verwirklichung eines Systemkonzepts. 16. Jahrestagung der FKTG in Nürnberg 1994, Tagungsband, S. 835-838

[157] WELLHAUSEN, H.-W.: Neue Nutzungsmöglichkeiten vorhandener Kupferanschlußnetze. Nachrichtentechn. Zeitschrift 48 (1995), H. 4, S. 18-27

[158] WELLHAUSEN, H.-W.; HEUSER, S.: Effiziente Nutzung vorhandener Kupfer-Ortsanschlußkabel. Zeitschrift "Der Fernmelde-Ingenieur" 47 (1993), H. 8/9, S. 1-37

[159] KÖHLER, A.: Stand des Kabelfernsehens in den USA. Fernseh- und Kinotechnik 25 (1971), H. 10, S. 364-369; H. 11, S. 397-400

[160] BREIDE, S.: Interaktives Fernsehen - Service on Demand (SoD). Fernseh- und Kinotechnik 49 (1995), H. 3, S. 93-103

[161] WESTERKAMP, D.: Digitale terrestrische Fernseh-Übertragung. Fernseh- und Kinotechnik 47 (1993), H. 5, S. 327-330

[162] DE LAMEILLIEURE, J.; SCHÄFER, R.: MPEG-2-Bildcodierung für das digitale Fernsehen. Fernseh- und Kinotechnik 48 (1994), H. 3, S. 99-107

[163] KAYS, R.: Digitale Fernsehübertragung - Systemkonzepte und Einführungschancen. Fernseh- und Kinotechnik 46 (1992), H. 9, S. 559-570

[164] WESTERKAMP, D.: Systemaspekte einer digitalen hierarchischen Übertragung von TV und HDTV. Fernseh- und Kinotechnik 48 (1994), H. 3, S. 95-98

[165] ENGELS, V.; ROHLING, H.; BREIDE, S.: OFDM-Übertragungsverfahren für den digitalen Fernsehrundfunk. Rundfunktechn. Mitteilungen 37 (1993), H. 6, S. 260-270

[166] ENGELS, V.; ROHLING, H.: OFDM-Übertragungsverfahren mit einer 64-DAPSK Modulation. 16. Jahrestagung der FKTG in Nürnberg 1994, Tagungsband, S. 178-195

[167] BREIDE, S.; ENGELS, V.; JOHANN, J.; KÜHN, M.: Digitaler Fernsehrundfunk - Technische Teilaspekte des Telekom-Projektes "VIDINET". Fernseh- und Kinotechnik 47 (1993), H. 9, S. 535-544

[168] IN DER SMITTEN, F.J.: Digital-Video-Broadcast - Feldversuch zur digitalen Übertragung OFDM-codierter Farbbildsignale in einem terrestrischen Fernsehkanal. Fernseh- und Kinotechnik 47 (1993), H. 7/8, S. 473-481

[169] BOGENFELD, E.: Trelliscodiertes OFDM zur terrestrischen Übertragung digitaler HDTV-Signale. Fernseh- und Kinotechnik 48 (1994), H. 5, S. 238-245

[170] MÜLLER-RÖMER, F.: Künftige digitale terrestrische Sendernetze für Fernsehen. Fernseh- und Kinotechnik 46 (1992), H. 9, S. 553-558

[171] SCHÄFER, R.: Das HDTV-T-Projekt im Rahmen der europäischen Entwicklungen zu digitalem TV/HDTV. Fernseh- und Kinotechnik 48 (1994), H. 3, S. 88-94

[172] HEPPER, D.: Der DVB-Standard für die digitale terrestrische Fernsehübertragung. 6. Dortmunder Fernsehseminar 1995, ITG-Fachbericht 136, VDE-Verlag GmbH Berlin Offenbach, S. 101-108

[173] KÜHN, M.: Verteilung digitaler TV-Programme in Gleichwellennetzen. 6. Dortmunder Fernsehseminar 1995, ITG-Fachbericht 136, VDE-Verlag GmbH Berlin Offenbach, S. 119-124

Springer-Verlag und Umwelt

Als internationaler wissenschaftlicher Verlag sind wir uns unserer besonderen Verpflichtung der Umwelt gegenüber bewußt und beziehen umweltorientierte Grundsätze in Unternehmensentscheidungen mit ein.

Von unseren Geschäftspartnern (Druckereien, Papierfabriken, Verpackungsherstellern usw.) verlangen wir, daß sie sowohl beim Herstellungsprozeß selbst als auch beim Einsatz der zur Verwendung kommenden Materialien ökologische Gesichtspunkte berücksichtigen.

Das für dieses Buch verwendete Papier ist aus chlorfrei bzw. chlorarm hergestelltem Zellstoff gefertigt und im pH-Wert neutral.